电磁兼容与电磁防护系列著作

# 电磁兼容原理

主　编　谭志良

副主编　王玉明　闻映红

编　著　谭志良　王玉明　闻映红

　　　　毕军建　谢鹏浩　胡小锋

　　　　马立云　王平平　陈光辉

国防工业出版社

·北京·

# 内容简介

本书从电磁兼容性的基本原理出发,充分考虑这门学科与工程应用紧密结合的实际,系统地介绍了电磁兼容相关概念、电磁干扰源、电磁干扰的传播与耦合、电磁危害与控制、电磁兼容性设计方法、电磁兼容性预测、电磁兼容性试验设施、电磁发射和电磁敏感度测试等。书中既有理论分析与基本原理阐述,又有示例和工程应用,内容丰富、深入浅出,具有较强的实用性和可读性。

本书可作为高等院校电磁场与电磁防护、电气与电子工程、无线电与通信工程等相关专业本科生与研究生教材,也可以作为工程技术人员的参考书。

**图书在版编目(CIP)数据**

电磁兼容原理/谭志良等编著.—北京:国防工业出版社,2013.5
ISBN 978-7-118-08532-7

Ⅰ.①电… Ⅱ.①谭… Ⅲ.①电磁兼容性 – 理论
Ⅳ.①TN03

中国版本图书馆 CIP 数据核字(2013)第 031453 号

※

国防工业出版社出版发行
(北京市海淀区紫竹院南路 23 号   邮政编码 100048)
北京嘉恒彩色印刷责任有限公司
新华书店经售
*
开本 710×960   1/16   印张 15¾   字数 297 千字
2013 年 5 月第 1 版第 1 次印刷   印数 1—3000 册   定价 48.00 元

**(本书如有印装错误,我社负责调换)**

国防书店:(010)88540777        发行邮购:(010)88540776
发行传真:(010)88540755        发行业务:(010)88540717

# 前　言

随着电气、电子技术的迅速发展,电磁环境日趋复杂,电磁兼容问题日益突出。电磁兼容的应用范围涉及所有用电领域,来保证现代生产、生活中人身及设备的安全。

电磁兼容学科是一门综合性交叉学科,与电磁场与微波技术、信息与信号处理、电子科学与技术、通信与信息系统、计算机科学与技术等许多学科相互渗透。它起源于无线电干扰问题的解决,随着信息技术的发展,成为自然科学与工程学的一个交叉学科,其核心仍然是电磁理论,但理论基础宽,工程实践性强,是电气、电子、电力等专业必须掌握的基本知识和技术。

本书编著委员会由 9 人组成,谭志良任主编,王玉明、闻映红任副主编,毕军建、谢鹏浩、胡小锋、马立云、王平平、陈光辉任编委。

全书共 11 章:第 1 章为电磁兼容概论;第 2 章介绍引起电磁干扰的电磁干扰源;第 3 章介绍电磁干扰传播与耦合理论;第 4 章介绍电磁危害与控制;第 5 章为接地技术及应用;第 6 章为屏蔽技术;第 7 章为滤波技术及应用,第 8 章为电磁兼容性预测;第 9 章为电磁兼容性试验设施;第 10 章为电磁发射和电磁敏感度测试;第 11 章为电缆的电磁兼容分析。

本书是在军械工程学院强电磁场环境模拟与防护技术国防科技重点实验室的大力支持下完成的。第 1、2、4、11 章由谭志良、王平平编写,第 5 ~ 7 章由王玉明、马立云编写,第 3、9 章由闻映红编写,第 8 章由胡小锋、谢鹏浩编写,第 10 章由毕军建、陈光辉编写。

由于电磁兼容原理涉及多个学科,内容丰富,相关理论和技术发展迅速,工程要求不断提高,本书不能涵盖全部内容。加之作者水平有限,书中难免存在错误和不足,衷心希望广大读者批评指正。

作　者

# 目　录

第1章　电磁兼容概论 ……………………………………………………………… 1

1.1　电磁兼容学科发展历史 ……………………………………………………… 1

1.1.1　早期历史概述 …………………………………………………………… 1

1.1.2　EMC 技术的发展进程 ………………………………………………… 2

1.1.3　EMC 技术在军事领域的发展现状 …………………………………… 3

1.1.4　我国 EMC 技术的发展状况 …………………………………………… 3

1.1.5　电磁兼容学科发展趋势 ………………………………………………… 4

1.2　电磁兼容基本概念 …………………………………………………………… 5

1.3　电磁兼容标准概述 …………………………………………………………… 8

1.3.1　电磁兼容标准分级 ……………………………………………………… 8

1.3.2　主要制定电磁兼容标准的组织和标准介绍 ………………………… 9

1.3.3　电磁兼容标准的内容 …………………………………………………… 9

1.4　电磁兼容问题三要素 ………………………………………………………… 11

1.5　电磁兼容学科的主要研究内容 ……………………………………………… 11

1.5.1　电磁兼容仿真预测技术 ………………………………………………… 11

1.5.2　电磁兼容设计与全寿命周期控制技术 ……………………………… 12

1.5.3　电磁兼容试验与评估技术 ……………………………………………… 14

1.5.4　电磁频谱工程 …………………………………………………………… 15

第2章　电磁干扰源 ………………………………………………………………… 17

2.1　电磁干扰源的分类 …………………………………………………………… 17

2.2　自然干扰源 …………………………………………………………………… 17

2.2.1　大气噪声 ………………………………………………………………… 17

2.2.2　宇宙噪声 ………………………………………………………………… 18

2.2.3　静电噪声 ………………………………………………………………… 18

2.2.4　热噪声 …………………………………………………………………… 18

2.3　人为干扰源 …………………………………………………………………… 18

2.3.1 功能性干扰源 ················································· 19

2.3.2 非功能性干扰源 ·············································· 19

**第3章 电磁干扰传播与耦合** ······································ 21

3.1 电磁干扰的传播与耦合 ········································· 21

3.2 传导耦合原理 ·················································· 21

   3.2.1 电阻性耦合 ·············································· 22

   3.2.2 电容性耦合 ·············································· 24

   3.2.3 电感性耦合 ·············································· 26

3.3 辐射耦合 ······················································ 28

   3.3.1 天线的辐射 ·············································· 28

   3.3.2 场对天线的耦合 ········································· 31

   3.3.3 场对导线的耦合 ········································· 35

**第4章 电磁危害与控制** ·········································· 37

4.1 电磁环境效应 ·················································· 37

4.2 电磁干扰对电气、电子设备的危害 ···························· 39

4.3 电磁干扰对燃油的危害 ········································· 41

4.4 电磁能量对军械的危害 ········································· 43

4.5 电磁能量对人员的危害 ········································· 45

**第5章 接地技术及应用** ·········································· 47

5.1 接地的含义与目的 ············································· 47

5.2 安全接地方法及原则 ··········································· 48

   5.2.1 设备安全接地 ············································ 49

   5.2.2 接零保护接地 ············································ 50

   5.2.3 防雷安全接地 ············································ 50

5.3 地线干扰形成的原因 ··········································· 51

   5.3.1 信号接地 ················································ 51

   5.3.2 地线阻抗 ················································ 52

   5.3.3 地线干扰形成的原因 ····································· 54

5.4 信号接地方法及原则 ··········································· 55

   5.4.1 单点接地 ················································ 56

   5.4.2 多点接地 ················································ 58

   5.4.3 混合接地 ················································ 60

　　　5.4.4　悬浮接地 ································································· 61

　5.5　电子电路的接地设计 ···························································· 62

　　　5.5.1　一般单元电路的接地 ·················································· 62

　　　5.5.2　多级电路的接地 ························································· 63

　5.6　地线干扰的抑制措施 ···························································· 65

　　　5.6.1　隔离变压器 ······························································ 65

　　　5.6.2　纵向扼流圈 ······························································ 66

　　　5.6.3　光耦合器 ································································· 69

　　　5.6.4　差分平衡电路 ··························································· 70

第6章　屏蔽技术 ················································································ 72

　6.1　屏蔽的原理 ········································································ 72

　　　6.1.1　屏蔽的分类 ······························································ 72

　　　6.1.2　电场屏蔽原理 ··························································· 72

　　　6.1.3　磁场屏蔽原理 ··························································· 75

　　　6.1.4　电磁屏蔽原理 ··························································· 79

　6.2　屏蔽效能和屏蔽理论 ···························································· 80

　　　6.2.1　屏蔽效能的表示 ························································· 80

　　　6.2.2　屏蔽的传输理论 ························································· 80

　　　6.2.3　屏蔽效能的计算 ························································· 83

　　　6.2.4　低频磁场的屏蔽方法 ·················································· 89

　6.3　几种实用屏蔽技术 ······························································· 91

　　　6.3.1　薄膜屏蔽 ································································· 91

　　　6.3.2　多层屏蔽 ································································· 92

　　　6.3.3　泄漏抑制措施 ··························································· 93

　6.4　屏蔽体的设计 ····································································· 95

　　　6.4.1　屏蔽体的设计原则 ······················································ 95

　　　6.4.2　屏蔽体设计中的处理方法 ·············································· 96

第7章　滤波技术及应用 ········································································ 101

　7.1　滤波器的特性及分类 ···························································· 101

　　　7.1.1　滤波器的特性 ··························································· 101

　　　7.1.2　滤波器的分类 ··························································· 103

　7.2　反射式滤波器 ····································································· 104

　　　7.2.1　低通滤波器 ······························································ 104

    7.2.2 高通滤波器 ······························· 108

    7.2.3 带通滤波器与带阻滤波器 ······················· 109

7.3 电磁干扰滤波器 ································· 109

    7.3.1 电磁干扰滤波器的特点 ······················· 109

    7.3.2 电磁干扰滤波器的基本电路结构 ·················· 110

    7.3.3 电磁干扰滤波器的阻抗匹配问题 ·················· 111

7.4 电源线滤波器 ·································· 112

    7.4.1 共模干扰和差模干扰 ························· 112

    7.4.2 电源线滤波器的网络结构 ······················ 112

7.5 滤波器件的实现 ································· 114

    7.5.1 电容器的实现 ···························· 114

    7.5.2 电感器的实现 ···························· 117

7.6 滤波器的选择与安装 ····························· 118

    7.6.1 滤波器的选择 ···························· 118

    7.6.2 滤波器的安装 ···························· 119

第8章 电磁兼容性预测 ································ 122

8.1 电磁兼容性预测的原理 ·························· 123

8.2 电磁兼容性的基本方程 ·························· 124

8.3 电磁兼容性预测的数学方法 ······················ 124

    8.3.1 数学模型 ······························ 126

    8.3.2 干扰源模型 ···························· 127

    8.3.3 传输耦合模型 ···························· 127

    8.3.4 敏感设备模型 ···························· 128

8.4 电磁兼容性预测的步骤 ·························· 129

    8.4.1 系统间分析预测步骤 ························· 131

    8.4.2 系统内预测分析步骤 ························· 132

    8.4.3 设备级预测分析步骤 ························· 133

    8.4.4 电磁兼容性预测分析软件 ····················· 135

8.5 小孔腔体的电磁耦合规律仿真预测分析 ················ 139

    8.5.1 实验方案 ······························ 139

    8.5.2 仿真结果分析 ···························· 139

第9章 电磁兼容性试验设施 ···························· 149

9.1 测试场地 ································· 149

　9.1.1　屏蔽室 ················································· 149

　9.1.2　开阔场地 ············································· 151

　9.1.3　电波暗室 ············································· 154

9.2　常用测量仪器及设备 ···································· 161

　9.2.1　测量接收机(电磁干扰测量仪) ·············· 162

　9.2.2　频谱分析仪/电磁干扰接收机 ················ 165

　9.2.3　电源阻抗稳定网络 ······························· 167

　9.2.4　亥姆霍兹线圈 ······································· 168

　9.2.5　电流探头 ············································· 169

　9.2.6　横电磁波传输小室 ······························· 170

　9.2.7　常用天线 ············································· 176

第10章　电磁发射和电磁敏感度测试 ··························· 181

10.1　对测试场地、仪器设备的一般要求 ··············· 182

　10.1.1　测量容差 ··········································· 182

　10.1.2　环境电平 ··········································· 183

　10.1.3　测试场地 ··········································· 183

　10.1.4　接地平板 ··········································· 184

　10.1.5　电源阻抗 ··········································· 185

　10.1.6　EUT 测试配置 ····································· 186

　10.1.7　EUT 状态及其监控 ······························ 188

　10.1.8　测试设备 ··········································· 190

　10.1.9　扫描频率控制 ····································· 192

　10.1.10　场强监控 ·········································· 193

　10.1.11　测量注意事项 ····································· 193

10.2　CE102 10kHz～10MHz 电源线传导发射 ········ 194

　10.2.1　极限值 ············································· 194

　10.2.2　测试设备及测试配置 ···························· 195

　10.2.3　校准 ················································ 196

　10.2.4　测试 ················································ 198

　10.2.5　注意事项 ··········································· 198

10.3　CS101 25Hz～50kHz 电源线传导敏感度 ······· 199

　10.3.1　极限值 ············································· 199

　10.3.2　测试设备及测试配置 ···························· 201

　10.3.3　校准 ················································ 201

　　　　10.3.4　测试 ································································ 202

　10.4　CS114 10kHz~400MHz 电缆束注入传导敏感度 ·············· 203

　　　　10.4.1　极限值 ···························································· 203

　　　　10.4.2　测试设备及测试配置 ·········································· 205

　　　　10.4.3　校准 ································································ 205

　　　　10.4.4　测试 ································································ 206

　10.5　RE102 10kHz~18GHz 电场辐射发射 ·························· 207

　　　　10.5.1　极限值 ···························································· 208

　　　　10.5.2　测试设备及测试配置 ·········································· 208

　　　　10.5.3　校准 ································································ 209

　　　　10.5.4　测试 ································································ 210

　10.6　RS103 10kHz~40GHz 电场辐射敏感度 ······················ 211

　　　　10.6.1　极限值 ···························································· 212

　　　　10.6.2　测试设备 ·························································· 212

　　　　10.6.3　校准 ································································ 213

　　　　10.6.4　测试 ································································ 213

　10.7　RS101 25Hz~100kHz 磁场辐射敏感度 ······················ 214

　　　　10.7.1　极限值 ···························································· 214

　　　　10.7.2　测试设备及测试配置 ·········································· 215

　　　　10.7.3　校准 ································································ 215

　　　　10.7.4　测试 ································································ 216

　10.8　电缆屏蔽效能测试 ························································ 217

　10.9　电磁干扰滤波器的测试 ·················································· 219

第 11 章　电缆的电磁兼容分析 ················································· 221

　11.1　电缆和导线的辐射 ························································ 221

　　　　11.1.1　环路的辐射 ······················································ 223

　　　　11.1.2　几何形状的传输线辐射 ········································ 223

　11.2　串扰和电磁耦合 ··························································· 225

　11.3　导线和电缆间的容性串扰和电场耦合 ································ 227

　11.4　导线和电缆间的感性串扰和磁场耦合 ································ 233

　11.5　接口电路 ···································································· 235

　11.6　连接器 ······································································· 237

　11.7　PCB 之间的互连 ························································· 238

参考文献 ············································································· 241

# 第1章  电磁兼容概论

电磁兼容(EMC)一般指电气、电子设备在共同的电磁环境中能执行各自功能的共存状态,既要求都能正常工作又互不干扰,达到"兼容"状态。

随着科技的发展,人们在生产、生活中使用的电气、电子设备越来越广泛。这些设备在工作中产生一些有用或无用的电磁能量,这些能量影响到其他设备的工作,就形成了电磁干扰。严格地讲,只要将两个以上的元件(或电路、设备、系统)置于同一电磁环境中,就会产生电磁干扰。

近年来,电磁干扰问题越来越成为电子设备或系统中的一个严重问题,电磁兼容技术已成为许多技术人员和管理人员十分重视的内容。其主要原因如下:

(1)电子设备的密集度已成为衡量现代化程度的一个重要指标,大量的电子设备在同一电磁环境中工作,电磁干扰的问题呈现出前所未有的严重性。

(2)现代电子产品的一个主要特征是数字化,微处理器的应用十分普遍,而这些数字电路在工作时,会产生很强的电磁干扰发射。不仅使产品不能通过有关的电磁兼容性标准测试,甚至连自身的稳定工作都不能保证。

(3)电磁兼容性标准的强制执行,使电子产品必须满足电磁兼容性标准的要求。

(4)电磁兼容性标准已成为西方发达国家限制进口产品的一道坚固的技术壁垒。

## 1.1  电磁兼容学科发展历史

### 1.1.1  早期历史概述

最早出现的电磁干扰现象是于19世纪发现的"单线电报间的串扰"。1881年,英国著名科学家希维赛德发表了"论干扰"的文章,可算是最重要的早期文献。但这类干扰现象在当时并未引起干扰者和被干扰者的重视。

1833年法拉第发现电磁感应定律,指出变化的磁场在导线中产生感应电动势。1864年麦克斯韦引入位移电流的概念,指出变化的电场将激发磁场,并由此预言电磁波的存在。这种电磁场的相互激发并在空间传播,正是电磁干扰存在的理论基础。

随着电气运输的出现,在一根通信线与不对称的强电线之间有较长的平行运行,干扰问题日益严重。这样在 1887 年,柏林电气协会成立了"全部干扰问题委员会",成员有赫姆霍尔兹和西门子等。

1888 年,赫兹用实验证明了电磁波的存在,同时该实验也证明各种打火系统向空间发出电磁干扰。从此开始了对干扰的实验研究。

1889 年,英国邮电部门研究了通信干扰问题,美国《电世界》杂志登载了电磁感应方面的文章。

20 世纪初,许多学者对电磁感应影响的研究日益深入,并进一步研究感性、容性及阻性等耦合方式引起的干扰,还对辐射性干扰进行了大量研究。

早期的专业刊物——美国的 *Radio Frequency Interference* 是有关射频干扰的专业刊物。到 1964 年,随着专刊内容范围的增加,改名为 EMC 专刊。

美国从 1945 年开始,颁布了一系列电磁兼容方面的军用标准和设计规范,并不断加以充实和完善,使得电磁兼容技术得到快速发展。苏联在 1948 年制定了"工业无线电干扰的极限允许值标准"。之后,其他国家也相继加强了射频干扰的研究工作。

## 1.1.2 EMC 技术的发展进程

电气、电子技术的发展及广泛应用,设备和系统数量的急剧增多,使得电磁环境日益复杂。例如,1975 年,日内瓦国际频率登记委员会所登记的无线电发射机有 100 多万台,其中 1 万多台无线发射机的总功率超过 540MW,在更高频率上,情况更复杂。1976 年,仅在美国就有 200 多万台移动式无线电发射机和基地台在工作,而军用无线电发射机可能更多。1988 年,世界范围内的工业、科学和医疗(ISM)设备的数量已达到一亿两千万台,并以 5% 的速度逐年递增,这些设备有相当数量工作在国际电信联盟(IUT)指定的频率之外,或超过国际无线电干扰特别委员会(CISPR)对 ISM 设备所规定的辐射干扰极限值的要求,其功率泄漏及高次谐波造成强烈的干扰。

20 世纪 60 年代以来,现代科技向高频、高速、高灵敏度、高安装密度、高集成度、高可靠性方向发展,其应用范围越来越广,渗透到社会的每一个角落。大规模集成电路的出现将人类带入信息时代,信息高速公路和高速计算机技术成为人类社会生产和生活的主导技术。快速发展带来的负面影响之一就是电磁干扰问题的日趋严重,这也极大地促进了 EMC 技术的发展。

电磁背景功率的增加会导致需要增加无线电发射机的功率。例如,60 年前,工业活动还很少时,1 台 120kW 长波发射机的功率场就能覆盖 $3 \times 10^5 km^2$。而现在,要想达到同样的效果,其功率就要增大 17 倍(达到 2MW)。电磁波发射功率竞相增大和社会电子化、工业化增长的共同作用,最终会导致现有利用电信号作为代码的接收、传输和处理信息的系统的危机与崩溃,这将带来难以想象的,也是史无前例的灾难。

为了避免出现这种结果,就必须采取控制措施,不能让这种趋势不加限制地继续下去,要从组织上、技术上采取相应措施。所以电磁兼容的研究和管理受到各国的重视,近年来获得较快的发展。

进入 20 世纪 80 年代,电磁兼容已成为十分活跃的学科领域,许多国家(美、德、英、法、日等国)在电磁兼容标准与规范,分析预测、设计、测量及管理等方面均达到很高水平,有高精度的电磁干扰(EMI)和电磁敏感度(EMS)自动测量系统,可进行各种系统间的 EMC 试验,研制出系统内和系统间的各种 EMC 计算机分析程序。在电磁干扰抑制技术方面,理论和实际处理方法日臻完善,研制出许多专用的新材料、新器件,并形成了一类新的 EMC 产业。特别是一些国家还建立了对军品和民品 EMC 检验及管理的专门机构,不符合 EMC 标准要求的产品不能装备或不能进入市场,这样还达到了在国际贸易中建立技术壁垒的目的。

### 1.1.3　EMC 技术在军事领域的发展现状

战争本身是刺激技术发展的重要因素,先进的技术首先会应用于国防和军事,因此各国军工行业的 EMC 技术领先于其他行业。

从军用电子设备角度看,在战争模式发展到电子战的今天,制电磁权的争夺使得强化电子设备的电磁兼容性是确保在战争环境中人员、电子设备、信息情报的安全、获得战争胜利的关键环节。

现代军用装备中大量电子设备装配在密集狭小的空间内,相互间的电磁干扰非常严重,常造成失灵、瘫痪等事故,甚至由于不能同时兼容工作而遭受攻击的情况屡见不鲜。

美国在电磁兼容方面的研究已经开展了 50 年,在电磁兼容的各个领域都处于领先位置。发射电磁干扰已作为特殊进攻方式应用于战场,目前美国已拥有电磁干扰飞机和电磁炸弹等。

特别值得提出的是,美国科研部门为保护通信网和某些军事装备不受强电磁(包括高空核磁爆)影响,正在全力研究新的抗电磁干扰技术。为此,仅在 1982 年开始时,美国国防部就投入了 200 亿美元,用以专门对付"电磁脉冲(EMP)"的科学研究与设施开发。

### 1.1.4　我国 EMC 技术的发展状况

我国开展 EMC 工作较晚,与先进国家差距较大,尤其是缺乏管理规范和设计规范。第一个干扰标准是 1966 年由原第一机械工业部制定的部级标准 JB - 854—1966《船用电气设备工业无线电干扰端子电压测量方法与允许值》。

1986 年我国出台 GJB 151—86《军用设备和分系统电磁发射和敏感度要求》后,电磁兼容问题逐步得到重视。到 1997 年颁布并强制执行了 GJB 151A—97、GJB 152A—97《军用设备和分系统电磁发射和敏感度测量》电磁兼容国军标及保密委标准后,电磁兼容技术水平提高很快。目前已制定出国家标准及军用标准 30 余个,标准要求基本等同于国际标准和美军标。为考核进出口电子、电气产品的干扰特性提供了一定条件,使我国在电磁兼容标准与规范方面有了较大进展。

近年来国家有关部门对电磁兼容十分重视,电磁兼容学术组织纷纷成立,在许多单位建立了 EMC 实验室,引进较先进的 EMI、EMS 自动测量系统和设备,在各地区及一些军工系统建立了国家级 EMC 测量中心,已具备各种 EMC 测量和试验的能力。

## 1.1.5　电磁兼容学科发展趋势

现代工业的快速发展,使辐射源的增长率达到每年 5% ~8%,特别是在城市,人为的电磁辐射密度增长率达到每年 7% ~14%。因此,城市中电磁能量密度每 5~10 年增加 1 倍。在今后 25 年内,社会生产所引起的电磁干扰能量密度将增加 30 倍,50 年内可增加 700~1000 倍,21 世纪电磁环境恶化形势已成定局。因此,如何使电子设备正常工作将变得越来越困难,对释放的干扰控制也越来越严格。

在军事方面,美俄等国正在研制中的第三代核武器之一就是核电磁脉冲弹。一般的核武器有三大效应:冲击波、热辐射(光辐射)和放射性污染。实际上核武器还有第四效应——电磁脉冲(Electromagnetic Pulse,EMP),普通核武器以电磁脉冲形式释放的能量仅占总释放量的 $3/10^{10} ~3/10^5$,而核电磁脉冲弹则可将此值提高到 40%。核爆炸瞬间,弹体释放出大量 γ 射线、X 射线和高能中子。由于这些射线能量很大,使周围空气分子电离,产生大量带电粒子,这些粒子的运动形成电流,激励电磁场,使爆心周围产生一个很强的瞬时电磁场,它以波的形式并以光速向外传播。其电场强度可达 50kV/m ~100kV/m,频谱很宽,作用范围大,能在电子设备的导体中感应出很大的瞬时电压和电流,使电子设备、电路和元器件受到不同程度的干扰和破坏。EMP 可使敌方指挥、控制、通信和情报、监视、侦察(Command、Control、Communication、Computer&Intelligence、Surveillance、Reconnaissance,简写为 $C^4ISR$)系统遭到毁灭性打击,并导致系统瘫痪、电力网断路、金属管线及地下电缆通信网等受到影响而陷入无电源、无通信、无计算机的三无世界。它的后果是破坏电子设备而不伤害人(这与中子弹的效果恰好相反),这就把核武器常规化了。这个新的发现,直接促成现在研究核电磁脉冲的热潮。

信息系统的 TEMPEST 技术是电磁兼容领域发展起来的一个新的研究方向。其具体内容是针对信息设备的电磁干扰与信息泄漏问题,从信息接收和防护两个方面展开一系列研究和开发工作,包括信息接收、信息破译、防泄漏能力与技术、相关规范标准及管理手段等。

由于计算机系统是各种信息处理设备中最为关键和重要的组成部分,因而也使得利用信息设备的电磁泄漏来获取信息情报更为及时、准确、广泛及连续,而且安全、可靠、隐蔽。正是这样,TEMPEST防护研究一般都是针对计算机系统及其外设配置而开展的,也包括接收系统、电传机、数字电话等。

信息处理设备的电磁辐射有两方面影响:

(1)对电磁环境构成污染。

(2)对信息安全与信息保密构成严重威胁。

海湾战争中,美国通过其间谍卫星的TEMPEST接收系统截获伊拉克及海湾地区的政治、军事、经济情报,其相当多的部分就是利用对方电子设备自身泄漏的电磁波获取的。

分析表明,数字电路组成的信息处理设备由于辐射频谱及谐波非常丰富,因而很容易被窃收和解译,其信息泄漏现象非常突出和严重。以计算机视频显示器为例,其中各种印制电路、各部件之间的电源、信号接口与连线、数据线、接地线等都可以产生程度不同的电磁辐射。在辐射频谱中,所包含的信息也各不相同,理论上这些信息都可以被接收和解译。

因此,研究计算机的TEMPEST技术已和研究计算机病毒一样,被认为是涉及计算机安全的重要方面,受到国内外相关部门的密切关注。

从电气、电子设备的抗干扰问题,到同一电磁环境中能执行各自功能的共存状态,达到"兼容"。随着科技的发展,电磁兼容学科研究的范围不断扩大,涉及的专业越来越多,目前一些电磁兼容学者又进一步探讨电磁污染,电磁环境对人类及生物的危害影响,地球电磁,地震电磁学,太阳、宇宙电磁等。学科范围已不仅局限于设备与设备、系统与系统之间的问题。因此一些学者也将电磁兼容这一学科发展称为"环境电磁学"。

## 1.2 电磁兼容基本概念

(1)电磁兼容(Electromagnetic Compatibility,EMC):国家军用标准GJB 72A—2002《电磁干扰和电磁兼容性术语》中给出电磁兼容性的定义为:"设备、分系统、系统中共同的电磁环境中能一起执行各自功能的共存状态。包括以下两个方面:设备、分系统、系统在预定的电磁环境中运行时,可按规定的安全裕度实现设计的工作性能,且不因电磁干扰而受损或产生不可接受的降级;设备、分系统、系统在预定的电磁环境中正常地工作且不会给环境(或其他设备)带来不可接受的电磁干扰"。可见,从电磁兼容性的观点出发,除了要求设备、分系统、系统能按设计要求完成功能外,还要求设备、分系统、系统有一定的抗干扰能力,不产生超过规定限制

5

的电磁干扰。

美军在 2007 年 10 月出版的《国防部军事相关术语词典》中对于电磁兼容定义为："设备、分系统、系统利用电磁频谱,在想定的操作环境中,避免因电磁辐射和敏感而引起的不可接受的降级而实现其功能的能力"。

国际电工委员会(IEC)认为:"电磁兼容性是设备的一种能力,它在其电磁环境中能完成自身的功能,而不至于在其环境中产生不允许的干扰"。

电磁兼容与电磁环境密切相关,国家军用标准 GJB 72A—2002 对电磁环境的定义为:"电磁环境是指存在于给定场所的所有电磁现象的总和"。美军在 2007 年 10 月出版的《国防部军事相关术语词典》中定义电磁环境为:"在特定的行动环境里军队、系统或者平台执行其规定的任务时可能遇到的,在各种频率范围内由辐射或传导的电磁发射(电平)功率和时间分布的结果。它是电磁干扰、电磁脉冲、电磁辐射对人员、军械和挥发性物质危害,以及雷电和沉积静电等自然现象的综合"。苏联军事百科全书对电磁环境的定义是:"影响无线电装置或其部件工作的电磁辐射环境。规定区域内或目标上的电磁环境,主要取决于无线电装置(及其部件)的数量、工作状态、功率和辐射频率。并且还认为,电磁环境是指电子战双方在特定的感兴趣的区域内,由使用各自电磁能的电子战系统构成的信号和信号密度的总和"。

美国军用标准 MIL－STD－464A《系统电磁环境效应要求》给出电磁环境效应的定义为:"电磁环境对军事力量、设备、系统和平台工作能力的影响"。

(2)安全裕度:敏感度阈值与环境中的实际干扰影响下性能降级或不能完成规定任务的特性。

(3)电磁骚扰:任何可能引起装置、设备或系统性能低或对有生命或无生命物质产生损害作用的电磁现象。电磁骚扰可能是电磁噪声、无用信号或传播介质自身的变化。

(4)电磁干扰(EMI):电磁干扰引起的设备、传输通道或系统性能的下降。又可解释为:任何可能中断、阻碍,甚至降低、限制无线电通信或其他电子设备性能的传导或辐射的电磁能量。

(5)辐射干扰:任何源自部件、天线、电缆、互连线的电磁辐射,以电场、磁场形式(或兼而有之)存在,并导致性能降级的不希望有的电磁能量。

(6)传导干扰:沿着导体传输的不希望有的电磁能量,通常用电压或电流来定义。

(7)电磁脉冲(EMP):核爆炸或雷电放电时,在核设施或周围介质中存在光子散射,由此产生的康普顿反冲电子和光电子所导致新的电磁辐射。由电磁脉冲所产生的电场、磁场可能会与电子或电子系统耦合产生破坏性的电压和电流浪涌。

(8)浪涌:沿线路或电路传播的电流、电压或功率的瞬态波。其特征最先快速上升后缓慢下降。浪涌由开关切换、雷电放电、核爆炸引起。

(9) 静电放电(ESD):不同静电电位的物体靠近或直接接触时产生的电荷转移。

(10) 串扰:通过与其他传输线路的电场(容性)或磁场(感性)耦合,在自身传输线路中引入的一种不希望有的信号扰动。

(11) 串扰耦合:对于从一个信道传输到另一个信道的干扰功率的度量;存在于两个或多个不同信道之间、电路组件或元件之间的不希望有的信号耦合。

(12) 抑制:通过滤波、接地、搭接、屏蔽和吸收,或这些技术的组合,以减小或消除不希望有的发射。

(13) 射频:在电磁频谱中介于音频和红外线频率之间、用于无线电发射的频率。目前应用的射频范围是 $9kHz \sim 3000GHz(3THz)$。

(14) 电磁敏感度(EMS):设备、器件或系统因电磁干扰可能导致工作性能降级的特性。

(15) 辐射发射(RE):以电场形式,通过空间传播的有用或无用的电磁能量。

(16) 传导发射(CE):沿金属导体传播的电磁发射。此类导体可以是电源线、信号线及一个非专门设置、偶然的导体辐射敏感度(RS)对造成设备、分系统、系统性能降级的辐射干扰场强的度量。

(17) 传导敏感度(CS):当引起设备呈现不希望有的响应式性能降级时,对电源线、信号线或控制线上的干扰信号电流或电压的度量。

(18) 屏蔽效能(SE):屏蔽体的有效性用屏蔽效能(SE)来度量。具体定义为

$$SE = 20lg(E_0/E_1) \text{(电场)}$$

$$SE = 20lg(H_0/H_1) \text{(磁场)}$$

式中:$E_0$、$H_0$ 为没有屏蔽时测得的电场强度、磁场强度;$E_1$、$H_1$ 为屏蔽后测得的电场强度、磁场强度。屏蔽效能的单位是 dB。

屏蔽效能与衰减量的关系:

分贝(dB)的定义:分贝是两个功率的比值的对数,具体形式为

$$\text{分贝} = 10lg(P_2/P_1) \quad \text{(dB)}$$

式中:$P_1$、$P_2$ 为两个功率数值,分贝可以用来表示功率增益($P_2 > P_1$)或功率损耗($P_2 < P_1$)。

使用分贝数的好处是可以用较小的坐标描述很宽的范围。由于在 EMC 中,干扰的幅度范围和频率范围都很宽,因此用分贝描述更加方便。

(19) 远场与近场:

近场区:到辐射源的距离小于 $\lambda/2\pi$ 的区域。

远场区:到辐射源的距离大于 $\lambda/2\pi$ 的区域。

波阻抗：$Z_W = E/H$。

近场波阻抗：分为电场波阻抗和磁场波阻抗两种。

远场波阻抗：真空中为 $377\Omega$。

（20）电磁场近场与场域：静态场中是没有近场与远场之分的，这时有场源就有场。静态场电荷周围的电场随场源距离的增大呈平方反比关系衰减；而稳定电流周围的磁场，则随距场源距离的增大，按立方比关系衰减。当场由静态过渡到时变场时，上述这种在电荷、电流周围所产生的场依然存在，然而此时已出现了随时间变化的特点，这种场称为感应场。此外还出现一种新的电磁成分，称为辐射场。它是脱离电荷、电流并以波的形式向外传播的场，它一旦从场源辐射出去后，就按自己的规律运动。与场源以后的状态没有关系。感应场与距离的平方成反比例关系衰减，而辐射场仅与距离成反比例关系衰减。干扰主要通过空间辐射和导线传导方式从干扰源传输到受感器。当两者间距离与波长相比较大（大于 $\lambda/2\pi$）时，干扰以电磁波的形式传播，这就需要研究干扰电波的传播特性；当两者间的距离与波长相比较小（小于 $\lambda/2\pi$）时，干扰的传输可看成是近场感应，即电场（电容）耦合或磁场（电感）耦合。主要讨论线与线、机壳与机壳、场与导线等之间的耦合问题。

（21）频谱管理：指军队领导机关和电磁频谱管理机构制定电磁频谱管理政策、制度，划分、规划、分配、指配频率和航天器轨道资源，以及对频率和轨道资源使用情况进行监督、检查、协调处理等活动的统称。频谱管理的手段和措施分为政策、法律、经济和技术措施，其中技术措施就是通过频谱管理来确保各种用频系统（装备）相互兼容，共同发挥效能。因此，频谱管理也是确保系统（装备）电磁兼容性的一种管控措施。

## 1.3 电磁兼容标准概述

### 1.3.1 电磁兼容标准分级

电磁兼容标准可以分为 4 级。

（1）基础标准：涉及 EMC 术语、电磁环境、EMC 测量设备规范和 EMC 测量方法，是编制其他各级 EMC 标准的基础。

（2）通用标准：对通用环境中的所有产品提出一系列最低的电磁兼容性要求，通用标准给出的试验环境、试验要求可以成为产品标准和专用产品标准的编制导则。

（3）产品类标准：根据特定产品类别而制定的电磁兼容性能的测试标准，它包含产品的电磁干扰发射和产品的抗扰度要求两方面的内容。

（4）专用产品标准：通常不单独形成电磁兼容标准，而以专门条款包含在产品的通用技术条件中。专用产品标准对电磁兼容的要求与相应的产品类标准相一致,在考虑了产品的特殊性后,可增加试验项目和对电磁兼容性能要求作某些改变,对产品的电磁兼容性要求更加明确。

## 1.3.2 主要制定电磁兼容标准的组织和标准介绍

随着科学技术的发展,世界上许多国家和许多组织都制定了电磁兼容的标准和规范,具有权威性和广泛影响的是 IEC、CISPR、CENELEC、MIL、FCC、GB 等标准,另外有些国家的保密局还制定了 TEMPEST 标准,它是研究信息泄漏的标准。

(1)国际电工委员会(IEC):国际上的标准化组织,其下有 3 个组织与 EMC 有关。

① ACEC(电磁兼容咨询委员会):承担电磁兼容国际标准化研究工作。

② CISPR(国际无线电干扰特别委员会):为了促进国际贸易,CISPR 于 1934 年确定了射频干扰的测量方法,1985 年对信息技术设备制定了新的发射标准,许多欧洲国家将这个标准作为自己国家的标准。目前设有 7 个分会。

③ TC77(第 77 技术委员会):与 CISPR 并列的涉及电磁兼容的组织。

(2)FCC(联邦通信委员会):主要制定美国民用标准。

(3)MIL – STD(美国军用标准):主要制定美国军用标准。

(4)CENELEC(欧洲电工标准化委员会):由欧共体委员会授权制订欧洲标准 EN。EN 标准引用了很多 CISPR 和 IEC 标准。

(5)GB(中国国家标准):基本采用 CISPR 和 IEC 标准。

(6)GJB(中国军用标准):基本采用美国军用标准,如 GJB 151A—97/GJB 152A—97 等同于美军标 MIL – STD – 461D/MIL – STD – 462D。

## 1.3.3 电磁兼容标准的内容

**1. 电磁兼容标准对设备的要求**

电磁兼容标准对设备的要求有两个方面:一个是工作时不会对外界产生不良的电磁干扰影响;另一个是不能对外界的电磁干扰过度敏感。前一个方面的要求称为干扰发射要求,后一个方面的要求称为敏感度要求。

**2. 能量传播的途径**

电磁能量从设备内传出或从外界传入设备的途径只有两个:一个是以电磁波的形式从空间传播;另一个是以电流的形式沿导线传播。因此,电磁干扰发射可以分为传导发射和辐射发射,敏感度可分为传导敏感度和辐射敏感度。各种电磁兼容标准测试的内容包括传导发射、辐射发射、传导敏感度和辐射敏感度。

目前 IEC 61967 标准用于测量集成电路电磁辐射频率 150kHz ~ 1GHz,包括以下 6 部分:通用条件和定义;辐射测量方法——横向电磁波室法;辐射测量方法——表面扫描法;传导辐射测量方法——1/150Ω 直接耦合法;传导辐射测量方法——WBFC(Workbench Faraday Cage)方法;传导辐射测量方法——探磁针法。这 6 部分及一些新的提议如表 1-1 所列。

表 1-1　IEC 61967 路线图——集成电路电磁辐射测量

| 标　准 | 描　述 | 2009 年发展进程 |
|---|---|---|
| IEC 61967-1 | 通用条件和定义 | 国际标准 |
| IEC 61967-2 | 横向电磁波室法 | 国际标准 |
| IEC 61967-3 | 表面扫描法 | 国际标准 |
| IEC 61967-4 | 1/150Ω 直接耦合法 | 国际标准 |
| IEC 61967-5 | WBFC 方法 | 国际标准 |
| IEC 61967-6 | 探磁针法 | 国际标准 |
| IEC 61967-7 | 搅拌混响室法 | 新的建议(计划中) |
| IEC 61967-8 | 带状线法 | 新的建议(即将出版) |

IEC 62132 标准用于测量集成电路电磁抗扰度,目前暂时包括以下 5 部分:通用条件和定义;辐射抗扰度测量方法——横向电磁波室法;传导抗扰度测量方法——大量电流注入法(BCI);传导抗扰度测量方法——直接激励注入法(DPI);传导抗扰度测量方法——传导辐射测量方法 WBFC。这 5 部分及一些新的提议如表 1-2 所列。

表 1-2　IEC 62132 路线图——集成电路电磁敏感度测量

| 标　准 | 描　述 | 2009 年发展进程 |
|---|---|---|
| IEC 62132-1 | 通用条件和定义 | 国际标准 |
| IEC 62132-2 | 横向电磁波室法 | 国际标准 |
| IEC 62132-3 | 大量电流注入法(BCI) | 国际标准 |
| IEC 62132-4 | 直接激励注入法(DPI) | 国际标准 |
| IEC 62132-5 | WBFC 方法 | 国际标准 |
| IEC 62132-6 | 喇叭天线注入法 | 新的建议(即将出版) |
| IEC 62132-7 | 搅拌混响室法 | 新的建议(计划中) |
| IEC 62132-8 | 带状线法 | 新的建议(即将出版) |
| IEC 62132-9 | 近场扫描敏感度法 | 新的建议(计划中) |

以上两项标准描述的测量方法可以被用作集成电路辐射和抗扰度规范说明的基础。当然这些方法既有它们的优势,同时也存在局限性。因此,电子设备的设计者及半导体生产商应谨慎地选择最符合其自身需求的测量方法。虽然能够用这些测量方法来描述芯片级集成电路的电磁兼容性,但不可能在系统级与芯片级测量

方法之间进行直接比较。即使集成电路已经可以满足芯片级电磁兼容的需要,生产商仍需在整个系统中实现电磁兼容的测量。

## 1.4　电磁兼容问题三要素

　　电磁兼容技术研究紧密围绕电磁干扰三要素——干扰源、耦合途径和敏感源进行的,即研究干扰产生的机理、干扰源的发射特性及如何抑制干扰的发射;研究干扰以何种方式、通过什么途径传播及如何切断这些传播通道;研究敏感设备对干扰产生何种响应,以及如何降低其干扰敏感度,增强抗干扰能力。因此,可将电磁兼容及防护技术归结为以下几个方面:电磁兼容仿真预测技术、电磁兼容设计与全寿命周期控制技术、电磁兼容试验与评估技术、电磁兼容标准和电磁兼容新材料。

## 1.5　电磁兼容学科的主要研究内容

### 1.5.1　电磁兼容仿真预测技术

　　电磁兼容仿真预测技术是指通过理论计算对电子设备电磁兼容性进行分析评估的方法。对电子设备实施的电磁兼容设计、实现和管理维护等都可能需要进行电磁兼容预测,通过预测分析产生电磁不兼容的环节和潜在因素,评价电子设备电磁兼容安全裕度的合理性,为方案实施、修改和防护措施采用提供依据。

　　电磁兼容预测主要采用仿真技术,根据预测对象的具体状态,用数学模型描述电磁干扰特性、传输特性和敏感度特性,进行仿真计算获得电磁兼容性结果。因此,电磁兼容预测必须建立干扰源模型、耦合途径模型和敏感设备模型。电磁兼容预测分析的数学方程往往是一组微分方程或积分方程,求解时必须根据边界条件对结果进行限定,这称为边界值问题。电磁场的边界值问题求解归纳起来有 3 种方法:第一种是严格解析法或解析法;第二种是近似解析法或近似法;第三种是数值法。

　　目前,电磁兼容预测一般在 3 个级别上进行。第一个级别是芯片的电磁兼容预测。传统的芯片设计一般不考虑电磁兼容问题,在芯片工作在低速或低频时一般不会出现显著的电磁兼容问题。但当芯片工作在高频时,电磁兼容问题十分突出,它直接影响到芯片的质量,因此必须在芯片的设计时就考虑电磁兼容问题。目前,美国和其他一些西方国家的半导体芯片生产厂家把电磁兼容设计、预测作为生产的第一个主要过程。第二个级别是部件的电磁兼容预测,如印制电路板、多芯线、驱动器等电子电气部件本身的电磁兼容预测,以及部件与部件之间的电磁兼容预测。据报道,美国 IBM 公司投入了许多优秀的科技人员进行电磁兼容研究与设计,以使他们的产品性能更加优越,更具竞争力,其他公司纷纷效仿。第三个级别是系统的电磁兼容预测,这是对飞机、舰船、导弹、飞船等装有多种复杂电子电气设备的系统进行电磁兼容预测。

## 1.5.2 电磁兼容设计与全寿命周期控制技术

电磁兼容设计与控制技术是解决电子设备电磁兼容性问题的核心技术。正像电子设备的可靠性、可维修性是设计出来的一样,电子设备的电磁兼容性也必须通过完善的设计与控制予以解决。

电磁兼容设计自下向上可以分为 3 个层次:芯片级电磁兼容设计、设备和分系统级电磁兼容设计、系统级电磁兼容设计。系统级电磁兼容设计在军事装备领域发挥着重要作用,电子设备的良好的电磁兼容性不仅是电子设备的一种性能,更是电子设备的一种能力。系统级电磁兼容问题是大型复杂系统全寿命周期中必须面对的客观问题,如果解决不当,其不仅带来大量研制经费的浪费,同时还将导致系统从根本上丧失使用能力。

针对传统电磁兼容设计工作忽视预设计、缺乏系统性及解决后期暴露问题的难度大等问题,采取"自顶向下全系统电磁兼容量化预设计"方法,可以比较好地解决复杂电子设备电磁兼容设计问题,如图 1 - 1 所示。其主要步骤为:在复杂电子设备方案论证阶段充分考虑系统集成电子设备的数量、功能、设计性能、设备预布局等特性,通过数值仿真、行为级仿真、等效推算、模拟测试、数据统计等手段,评估全系统的电磁兼容性;根据评估结果,对系统集成的各分系统性能指标进行量化分解和重新分配(其中包括频率指配、设备布局、发射功率、发射带外衰减、接收灵敏度、接收带外抑制、屏蔽性能、电缆布局、电磁环境分布、舱体谐振特性、系统分系

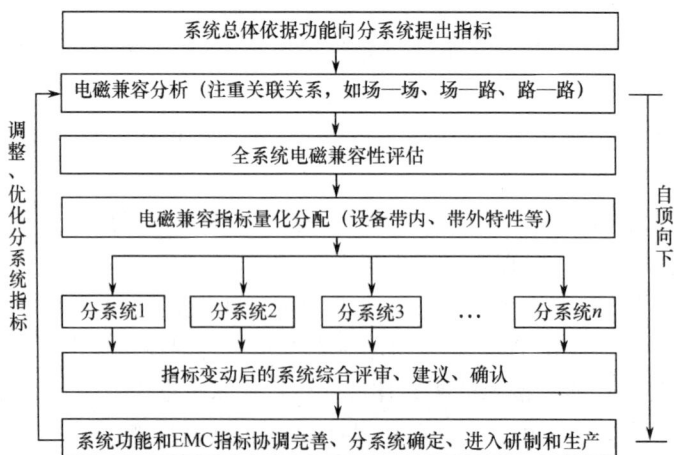

图 1 - 1　自顶向下全系统电磁兼容量化预设计流程

12

统及设备降级状况、设备安全性优先级等);然后对分系统指标指配之后的电子设备重新进行电磁兼容性评估;根据评估结果对各分系统指标、设备布局等进行再调整和优化,直至全系统达到良好的电磁兼容状态。

"全寿命周期电磁兼容量化控制"技术是指在电子设备的研制、生产和使用全寿命周期内,对电磁兼容指标进行量化分配和最优化处理,使其电磁兼容性得到有效的控制。使电子设备在装备论证阶段、方案评审阶段、工程研制阶段、定型生产阶段、装备使用维护阶段和设备加改装等寿命周期内的每一阶段,电磁兼容性指标都能得到科学、合理的量化和控制。其关键技术为电磁兼容指标量化控制、评估方法及指标优化技术和复杂电子设备级电磁兼容全寿命控制管理流程。

**1. 芯片级电磁兼容设计**

从 20 世纪 50 年代出现分离电子元器件开始到现在的片上系统,人们对集成电路的电磁干扰及电磁敏感度的关注一刻也没有停止,在过去的 10 年里,低辐射和高敏感度成为关注的重点。在电磁兼容方面的国际会议上都会有芯片级电磁兼容的分报告场,比如,IEEE 电磁兼容年会、欧洲电磁兼容会议、苏黎世电磁兼容会议、亚洲电磁兼容会议等。1999 年 1 月在法国南部城市图卢兹召开的第一届集成电路的电磁兼容会议是第一次以芯片级电磁兼容命名的会议,第二届于 2000 年 6 月在图卢兹召开,第三届于 2002 年召开,吸引了主要来自法国、德国、意大利、比利时的 70 多位专家,第四届于 2004 年在法国召开,来自学术机构和工业企业的 100 多名专家参与了会议,第五届于 2005 年 11 月在德国的慕尼黑召开,到了 2007 年在意大利图灵召开的第六届会议吸引了更多的参与者。

目前,越来越多的学术机构结合工业需求,开始了芯片级电磁兼容方面的研究,表 1 - 3 列举了一些欧洲在芯片级电磁兼容方面的研究项目。

表 1 - 3　欧洲在芯片级电磁兼容方面的项目

| 项目名称 | 时间 | 描　　述 |
|---|---|---|
| JESSI AC - 5 | 1989 年—1997 年 | EMC 建模和测试方法 |
| MEDEA A408 - EMC Workbench | 1996 年—1999 年 | 芯片级电磁兼容、线间串扰、芯片级电磁辐射建模 |
| MEDEA + A509 - MESDIE | 2000 年—2003 年 | 低辐射的标准 |
| EPEA | 2007 年—2010 年 | 嵌入式平台的 EMC、芯片级敏感度标准 |

**2. 设备和分系统级电磁兼容设计**

一般来说,发电机、电动机、整流器、变压器、继电器、开关装置等电气设备、器件,是产生干扰而本身不易敏感的装置,但是一些控制部件和低电平驱动的设备也是容易敏感的。因此,对这些设备的电磁兼容性提出以下要求:

13

（1）设备电源线的传导发射不应超过规定的极限值。

（2）设备、分系统和所有互连电缆的辐射发射，不应超过规定的极限值。

（3）设备、分系统和所有互连电缆，频率范围在 10kHz～1GHz 内，电场强度为 20V/m 的电磁环境中，以及频率范围在 1GHz～18GHz 内，电场强度为 60V/m 的电磁环境中，不应出现任何故障、性能降低或偏离设备说明书规定的技术指标。

**3. 系统级电磁兼容设计**

美国在研制第四代战机的初期，就开始了射频传感器系统的电磁兼容设计。为实现第四代战机综合化设计和隐身功能，对电磁兼容设计提出了很多新的需求。这时电磁兼容不再是一个单独的项目，而是多种技术的集合。有源雷达和数据链特征减少要求在可能的截获接收机位置上减小辐射功率密度，有源特征减少还取决于在辐射过程中尽量减少暴露时间。这时在系统设计时就必须重视频率管理、功率管理及时分处理等一系列电磁兼容技术管理要求，并需要对很多具体指标进行量化处理。

白俄罗斯国立信息与无线电电子大学电磁兼容实验室研制成功了电磁兼容分析仪，它可以用于解决局部无线电电子设备群中的电磁兼容难题，并能应用于从设备设计、改进到使用的全过程，实现不同阶段设备的电磁兼容分析与性能跟踪。电磁兼容分析仪已经考虑了机载无线电电子设备或地面设备群之间各种类型的寄生耦合，能模拟无线电接收机的功能，并考虑非线性效应，保证所有系统及其单元的高精度模拟，可对系统内部电磁兼容性进行检验，通过改变系统结构，达到系统内、系统间的电磁兼容。

## 1.5.3  电磁兼容试验与评估技术

电磁兼容试验与评估贯穿于设备、系统的电磁兼容性分析、建模、开发、检测和干扰诊断等各个环节。由于电磁兼容性测试的对象主要是干扰和噪声，不同于一般有用信号的测试，因此噪声的拾取、噪声的衡量和误差分析等都有自己的特点。对测试方法、测试仪器设备、测试场所和测试过程自动化的研究是电磁兼容性测试和试验技术研究的基本内容。

电磁兼容性测试包括干扰源的辐射发射和传导发射特性的测试以及敏感设备的辐射敏感度和传导敏感度的测试。由于干扰源和敏感设备种类繁多，用途不一，有军用、民用的，所占频带很宽，从几赫到几十吉赫，所以测试方法必须分频段并根据用途归类进行研究。

电磁兼容性测试和试验中使用的专门仪器通常有干扰场强测量仪、带预选器和准峰值适配器的频谱分析仪、数字或模拟存储示波器等，用于进行干扰的频域和时域测量。由于绝大部分认为无线电干扰都是脉冲性的宽带干扰，所以要求这些仪器具有良好的脉冲响应。与这些仪器配合使用的专用设备有各种天线、各种探头、功率吸收钳、人工电源网络、模拟产生辐射和传导干扰信号的各种干扰脉冲信号模拟器等。这些仪器设备的研究、开发、使用和自动测试系统的组建及测试软件开发等是测试仪器设备研究的主要内容。

电磁兼容性测试应该在规定的场所进行,如室外开阔场地、屏蔽室、屏蔽半暗室、混响室、横电磁波小室(TEM Cell)、角锥型横电磁波小室(GTEM Cell)等。要了解场地对测试结果的影响,必须研究场所的特性。

自动测试系统(Auto Test System,ATS)是以计算机为核心,能自动完成某种测试任务的组合测量仪器和其他设备的有机整体。它将计算机技术、软件技术、智能仪器、总线与接口技术等有机地结合在一起。现在 EMC 测试中获得的测量数据基本上是表征单项电磁干扰参数的数据。随着数据融合技术和综合性多参数测试技术的发展,今后将采用多传感器、多参数测量和处理手段来获取单个的或综合的电磁兼容性参数指标,使测试系统的集成化、自动化程度越来越高。

## 1.5.4 电磁频谱工程

电磁频谱管理是指对电磁频谱和卫星轨道资源的使用进行规划和控制的活动,主要包括无线电频率管理、用频台站管理、用频装备管理、卫星频率/轨道管理和非用频装备的电磁辐射管理等方面。电磁频谱管理的主体是无线电频谱管理。

对无线设备进行频率管理的目标就是使得各种设备之间能够协调工作并且不会产生相互干扰,目前使用无线电提供的业务包括陆地和空间通信、监视、定位、定向和导航及射电天文等,有效的频谱管理能够使得这些无线设备保持正常工作而不至于发生干扰。无线频率管理包括一系列的行政管理手段和技术管理方法,行政管理手段包括频段和频点的划分、频率的发放和监管等。频率分配(Frequency Allocation)和频率指配(Frequency Assignment)是属于技术上的管理功能,频率分配通常是指将一部分频段或一组频点分配给某个运营商或集团使用,而频率指配则是将可用的频点指配给特定的无线设备。

随着各国无线电应用对频谱要求的日益增长和对频谱争夺的日益加剧,频谱工程的重要性日益突现出来,频谱工程的研究内涵也在不断扩展。以美国为例,据美国国防部联合频谱中心(美国无线电频谱使用的技术保障单位)1998 年公布的一份电磁频谱图表披露,100MHz ~ 6000MHz 是美国无线电频谱使用的重要频率区间,其中非政府部门控制 31.6%,政府控制 27.1%,由政府和非政府共享的频谱占41.3%。但随着私营机构对频谱需求的日益增长,商业应用与军事应用对无线电频谱的争夺日益加剧,已给部队管理、军事训练、武器装备使用和作战带来不利影响。为满足商用通信市场的需求,美国国会 1993 年和 1997 年分别出台了"混合预算协调法案"和"平衡预算协议"两个文件,要求政府拍卖 5000MHz 以下频谱至少200MHz 以及 3000MHz 以下频谱至少 20MHz。由于美军无线电系统,包括战术无线电台、卫星通信与导弹遥测设备、全球定位系统等,所使用的频率都在 3000MHz 以下,因此拍卖频谱这一行动,进一步加剧了美军无线电频谱管理和规划的难度,甚至可能影响到美军与盟军的信息互通能力。为此,美国国防部正在审查它的频谱需求,评估频谱可共享的范围,以寻求有效的频谱管理方法。评估准则是站在国家的高度,优先考虑一些频谱被私营部门占用后对军事战备、军事行动和国家安全可能产生的影响,以及开发新频谱的成本因素,妥善解决私营部门和联邦政府的需求。国防部要求参谋长联席会议、负责 $C^3I$ 的国防部部长助理、国防信息系统局和各军种开展调查,研究频谱管理工作。国防部为此采取了两项专门行动:一是用两年时间,确认共用频谱重新分配的成本计算与分析方法,修改国防部频谱政策与战略规划,确定直到 2010 年作战人员对航天与地面系统需求和实施频率采办程序等问题;二是提出加强频谱管理新措施,进一步明确相关部门的频谱管理责任,重新分配任务和资源。国防部联合频谱中心已协助负责 $C^3I$ 的国防部部长助理办公室评估潜在的频谱损失对作战的影响,并为国防部制定其电磁战略频谱规划以及在此规划基础上形成的未来频谱管理构想提供支持。

在最近的海湾战争、科索沃战争及阿富汗战争中,美英联军具有的绝对制控权而导致对方的通信系统、雷达系统丧失战斗力,各航母战斗群发射的巡航导弹也因此发挥了精确打击的作用,所有这些无不都是以美军所拥有的超强制电磁权为支撑的,它表明在现代战争中,制电磁权及其相关的频谱管理系统具有举足轻重的意义。

美军高度重视战场频谱管理,机构和人员编制科学合理、职责明确,管理方法与措施可操作性强,自动化、智能化程度高,有关管理条例、野战手册、标准与规范齐全配套,频谱管理系统能进行及时、有效的电磁兼容分析,确保军事电子系统互不干扰、相互兼容。尤其是拥有可靠的数据库、先进的管理软件、准确的干扰识别方法和快速的频率分配能力,能较好地适应信息时代作战对战场频谱管理的动态需求。已较好地解决了一国的海战场频谱管理技术,正在对多国联合作战时的频谱管理技术进行研究。

# 第2章　电磁干扰源

## 2.1　电磁干扰源的分类

电磁干扰源一般可分为两大类:自然干扰源和人为干扰源,如图 2-1 所示。自然干扰源是指来源于自然现象产生的电磁干扰;人为干扰源是指来源于人工装置的电磁干扰。

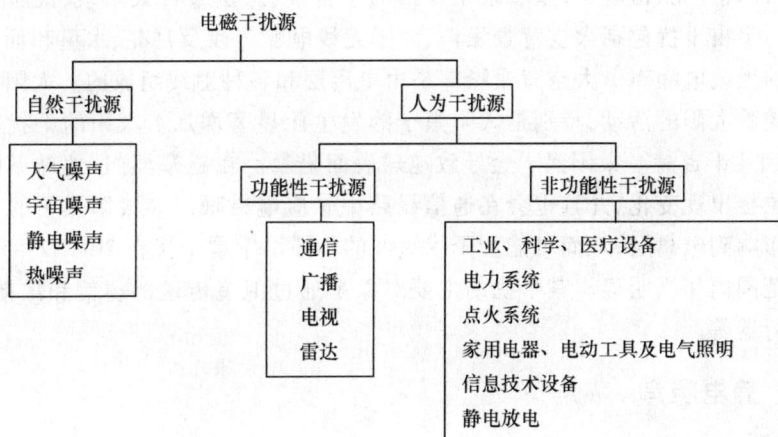

图 2-1　电磁干扰源

## 2.2　自然干扰源

自然干扰源主要来源于大气层的天电噪声、地球外层空间的宇宙噪声、沉积静电噪声及热噪声等。

### 2.2.1　大气噪声

大气干扰主要是由夏季本地雷电和冬季热带地区雷电产生的。地球上平均每秒发生 100 次左右的雷击放电。雷电是一连串的干扰脉冲,其电磁发射可以通过电离层和空间传播到几千千米以外。它具有以下几个特点:

（1）冲击电流大。其峰值范围为数千安至数百千安。

（2）持续时间短。一般雷击分为先导放电和主放电两个阶段,其中主放电持续时间为 $50\mu s \sim 100\mu s$。

（3）雷电多为多重放电。同一放电通道中往往有多次放电尾随,放电之间的间隔为 $0.5ms \sim 500ms$。

（4）频带宽。雷电冲击波的上升时间多为 $1\mu s \sim 5\mu s$,它从极低频到 $50MHz$ 都有能量分布,主要能量分布在 $100kHz$ 左右,随频率升高而迅速衰减。

大气干扰的频谱主要在 $30MHz$ 以下,对地球上 $20MHz$ 以下的无线电通信影响很大。大气层中的其他自然现象,如沙暴、雨雾等,也会形成较强烈的电磁噪声。

## 2.2.2　宇宙噪声

从太阳、月亮、恒星、行星和星系发出的宇宙干扰,是来自太阳系、银河系的电磁干扰。宇宙干扰包括太空背景噪声、太阳无线电噪声以及月亮、木星和仙后座 A 等发射的无线电噪声。太空背景噪声是由电离层和各种射线组成的。太阳无线电噪声则随着太阳的活动,特别是太阳黑子的发生而显著增加。太阳的干扰频率从 $10MHz$ 到几十吉赫。太阳黑子会导致地球表面磁暴。在磁暴期间,地球不同地点的地电位会出现变化,并且也会在通信线路中感应电磁噪声。太阳黑子的大量出现也会影响到电离层,从而可能会干扰短波的传播。宇宙干扰在 $20MHz \sim 500MHz$ 的频率范围内相当明显。其干扰的主要对象是通过卫星传送的通信和广播信号、航天飞行器等。

## 2.2.3　静电噪声

沉积静电干扰是指大气中尘埃、雨点、雪花、冰雹等微粒在高速通过飞机、飞船表面时,由于相对摩擦运动而产生电荷迁移,从而沉积静电,当电势升高到 $1000kV$ 时,就发生火花放电、电晕放电。这种放电产生的宽带射频噪声频谱分布在几赫到几千赫的范围内,严重影响高频、甚高频和超高频频段的无线电通信和导航。

## 2.2.4　热噪声

热噪声是物质中电子在热力学状态下无规则运动形成的噪声,如电阻热噪声、气体放电噪声、有源器件的散弹噪声等。

# 2.3　人为干扰源

人为干扰源按其属性可分为功能性干扰源和非功能性干扰源。功能性干扰源是指设备实现其功能过程中产生的有用电磁能量对其他设备造成干扰,如雷达、广播、电视、通信等。非功能性干扰源是指设备在实现自身功能的同时伴随产生或附加产生副作用,如开关或继电器在闭合或切断时产生的电弧放电、车辆点火系统产生的电火花等。

### 2.3.1 功能性干扰源

通信、广播、电视、雷达等大功率无线电发射设备发射的电磁能量对系统本身来说是有用信号,而对其他设备则可能是无用信号而造成干扰,并且其强功率也可能对周围的生物体产生危害。

大功率的中、短波广播电台或通信发射台的功率达数十千瓦、数百千瓦。这些大功率发射设备的载波均经过合法指配,一般不会形成电磁干扰,但一台发射机除了发射工作频带内的基波信号外,还伴随有谐波信号和非谐波信号发射,它们将对有限的频谱资源产生污染。

### 2.3.2 非功能性干扰源

非功能性干扰源包括各种各样的电气、电子设备,常见的有以下几种:

**1. 工业、科学、医疗设备**

工业、科学、医疗设备利用射频电磁能量工作,但其电磁能量对外发射则成为干扰源。用于科学研究的射频设备在我国不是主要的电磁干扰源。随着科学技术的发展,医疗射频设备逐渐成为一个重要的电磁干扰源,医院内的电磁干扰问题与日俱增。主要的电磁干扰源包括从短波到微波的各种电疗设备、外科用高频手术刀。

**2. 电力系统**

电力系统干扰源包括架空高压输电线路与高压设备。输电线路上的开关和负载投切、短路、电流浪涌、雷电放电感应、整流电路及功率因数校正装置等,将干扰以脉冲形式馈入输电线路,并经输电线以传导和辐射方式耦合到与输电线连接或在输电线的电气、电子设备。高压设备的电晕放电、不良接触引起的火花等也会形成电磁干扰。

**3. 点火系统**

点火系统利用点火线圈产生的高压,通过点火栓进行火花放电,由于放电时间短、电流大、波形上升陡,产生很强的电磁辐射。发动机点火系统是最强的宽带干扰源之一。其产生干扰的最主要原因是电流的突变和电弧现象。点火时产生的波形前沿陡峭的火花电流脉冲群和电弧,火花电流峰值可达几千安,并具有振荡性,振荡频率在 20kHz ~ 1MHz 内,其频谱包括基波及其谐波,形成的干扰场对环境影响很大。

#### 4. 家用电器、电动工具及电气照明

这一类设备或装置种类繁多,干扰特性复杂。按其产生电磁干扰的原因,大致可分为以下几类。

(1)由于频繁开关动作而产生干扰的设备,这一类电磁噪声在时域上有明确定义,如电冰箱、洗衣机等。

(2)带有换向器的电动机旋转时,由于电刷与换向器间的火花形成电磁干扰的设备,如电钻、电动剃须刀、吸尘器等。

(3)可能引起低压电网各项指标下降的干扰源,如空调机、感性负载等。

(4)各种气体放电灯,如荧光灯、高压汞灯等。

#### 5. 信息技术设备

信息技术设备以处理高速数字信号为特征,典型的代表性产品如计算机及其外围设备、传真机、服务器等。随着这些设备的时钟频率不断提高,其电磁干扰的发射频率已达几百兆赫甚至几吉赫,包含丰富的频谱,有较强的辐射能力,会产生电磁干扰及信息泄漏。

#### 6. 静电放电

静电放电是一种常见的电磁干扰源。当两种介电常数不同的材料发生接触,特别是相互摩擦时,两者之间会发生电荷转移,而使各自成为带有不同电荷的物体。当电荷累积到一定程度时,就会产生高电压。此时若带电物体与其他物体接近时就会产生电晕放电或火花放电,形成静电干扰。

静电干扰能导致测量、控制系统失灵或故障,以及计算机程序出错、集成电路芯片损毁,甚至能引起火灾,导致易燃、易爆品引爆。

# 第3章　电磁干扰传播与耦合

　　干扰源、敏感设备和耦合途径是构成电磁兼容性问题的三要素。要想解决电磁兼容问题,可以从干扰源、敏感设备和耦合途径这三个要素入手去考虑。而通常对于已设计完成的设备或系统而言,消除或减弱干扰的传播和耦合途径往往是解决电磁干扰问题的唯一有效手段。因此,清楚电磁干扰传播和耦合的机理是十分必要的。

## 3.1　电磁干扰的传播与耦合

　　电磁干扰源将干扰能量通过各种途径以不同方式传递到敏感设备的过程,称为电磁干扰的传播与耦合。"传播"强调的是电磁干扰能量传递的途径和方式,而"耦合"更强调电磁干扰能量与敏感设备的相互作用。

　　一般而言,依据干扰能量的表现形式及其传播介质,可将电磁干扰的传播和耦合方式分为两类,即传导和辐射。在频率比较低的情况下,电磁干扰可以通过导线传输,即通过设备的信号线、电源线等直接耦合到敏感设备,这种方式称为传导耦合。如果电磁干扰的频率较高,干扰能量则主要以辐射的方式通过空间传播并耦合到与其没有任何物理连接的较远处的敏感设备中,这种方式称为辐射耦合。

　　事实上,这两类干扰的传播和耦合方式都不是单独存在的,而经常是在一定的条件下,某一种传播和耦合方式起主导作用。

## 3.2　传导耦合原理

　　传导耦合是指干扰源的电磁干扰能量以电压或电流的形式通过金属导线、电阻、电容和电感元件而耦合至敏感设备。传导耦合可分为电阻性耦合、电感性耦合和电容性耦合。电阻性耦合更多地是指干扰通过导线或公共阻抗直接传导耦合至敏感设备的情况。干扰源和敏感设备之间有直接的导线连接,如信号电缆,或存在公共地回路,或共用同一个电源网。而电容性耦合和电感性耦合更多地是指近场耦合或感应场耦合,即首先干扰源的频率较低;其次,干扰源和敏感设备位置比较靠近或两者的信号线存在并排走线的情况,这时干扰源的干扰信号通过两者外壳

21

之间或信号线之间的分布参数,包括分布电容和分布电感而耦合到敏感设备中。分布电容和分布电感完全可以通过干扰源所产生的近场得到。一般情况下,同一设备内部各电路或元件之间的距离均满足近场条件,因而它们之间的干扰常常可以考虑是近场耦合,从而用容性耦合和感性耦合的解决方法来处理。

## 3.2.1 电阻性耦合

电阻性耦合是传导耦合的一种。干扰电压或电流可以通过导线直接耦合或通过电源线和地线的公共阻抗进行传播耦合。电源线在一定的条件下会产生明显的阻抗,通常使用的电源也不是理想电源,都具有一定的内阻抗,因此,当多个设备或元件使用同一电源供电时,电源的内阻抗及它们所共用的电源线的阻抗就成为这些设备或元件的公共阻抗。类似地,如果多个设备或元件使用同一条地线接地,则地线的阻抗也会成为这些设备或元件的公共阻抗。所以,电阻性耦合可分为共电源阻抗耦合和共地线阻抗耦合。导线的直接耦合比较直观,易于理解,这里不再讨论。

### 1. 共地线阻抗耦合

如果多个设备或元件之间有公共阻抗存在,那么当通过公共阻抗的电流发生变化时,公共阻抗上的电压降也随之变化,该阻抗上的电压变化就可能会对与之相连的其他设备或元件造成干扰,这种干扰的传播耦合方式就称为公共阻抗耦合,公共阻抗耦合属于传导耦合,一般常见的有共地线阻抗耦合和共电源阻抗耦合。

如图 3 - 1 所示,当干扰源(系统 A)与敏感设备(系统 B)共用一根接地线时,由于系统 A 的输出电流会流过图 3 - 1 中 XX 段所示的公共阻抗,从而在该公共阻抗上会产生与系统 A 的负载相关的压降。由于系统 A 和系统 B 共用了接地线,所以该压降又显然会加在系统 B 的输入端,从而有可能对系统 B 造成干扰。此外,由于接地导线的阻抗呈感性,因此系统 A 输出电流中的高频或高 $di/dt$ 分量更容易被耦合到系统 B 中。而如果当输出和输入在同一系统内时,公共阻抗也将构成寄生反馈通路,这有可能导致振荡。

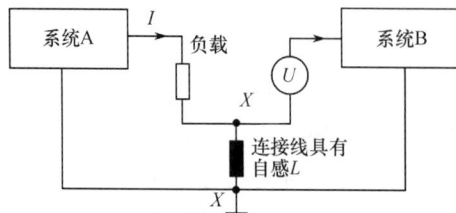

图 3 - 1 共地线阻抗耦合

要解决上述共地线阻抗耦合,可以将两个系统直接分别接地,如图 3-2 所示。当系统 A 和系统 B 分别直接接地后,两个系统之间也就不存在公共通路,即不存在公共阻抗了。这种方法的代价是多了接地导线。

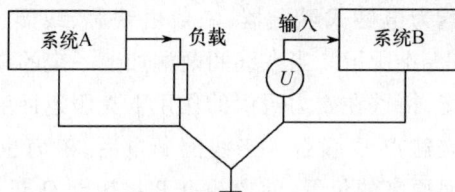

图 3-2    共地线阻抗耦合的解决示例

## 2. 共电源阻抗耦合

当多个设备或元件共用同一个电源供电时,就有可能产生共电源阻抗耦合。例如,把电动剃须刀和电视机插在同一个交流电源插座上,开动剃须刀就可能影响电视机画面质量,这时剃须刀和电视机之间就发生了共电源阻抗耦合干扰。断开大电感负载,使用晶闸管等对电网的污染实质上就是干扰的共电源阻抗耦合的典型例子。在设备内部印制板的直流供电轨线上也同样会产生干扰的共电源阻抗耦合,如模拟电路和数字电路用同一对轨线供电时就可能造成数字电路对模拟电路的干扰。

图 3-3 所示为共电源阻抗耦合的一个例子。电路 I 和电路 II 共用一个电源,电源的输出电压为 $U$,工作电流为 $I_S$,$Z$ 为电路的共电源阻抗,包括电源内阻、供电电缆的电阻及供电电缆的感抗。设 $Z = R + j\omega L$,$R$ 为电源内阻和供电电缆的电阻,$\omega$ 为电流的角频率,$L$ 为供电电缆的等效电感。$R$ 一般很小,通常可以忽略,所以 $Z \approx j\omega L$。对于直流或频率为 $50\,Hz$ 的工作电流 $I_S$,$L$ 的感抗 $\omega L$ 也很小,$Z \approx 0$,$I_S$ 在 $Z$ 上产生压降几乎为 0,所以一般情况下电路两端的电压 $U_{AB} \approx U$。假设电路 I 工作时在供电电缆上产生干扰电流 $i$,$i$ 的角频率 $\omega$ 通常很高,因此 $L$ 的感抗很大,$i$ 会在 $L$ 上产生明显的干扰电压 $j\omega iL$,此时电路两端的实际电压 $U_{AB}$ 为

$$U_{AB} = U - j\omega iL \qquad (3-1)$$

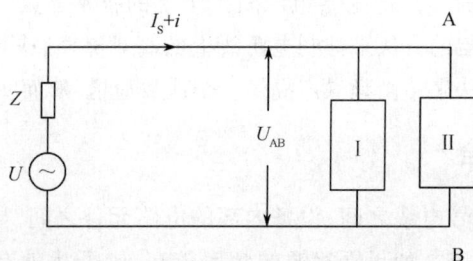

图 3-3    共电源阻抗耦合

23

干扰电压 $j\omega iL$ 通过共电源阻抗 $Z$ 耦合至电路 I 和电路 II。当干扰电压超过电路 I 或电路 II 的抗扰度电平时,就会对其造成干扰。例如,继电器是工业及家用电器中广泛使用的电子开关器件,在电路中起着自动调节、安全保护、转换电路等作用。最常见的继电器为电磁式继电器,一般由铁芯、线圈、衔铁、触点簧片等组成。其工作原理如图 3 - 4 所示。当在线圈两端加上一定的电压,线圈中就会流过一定的电流并产生磁场,衔铁在磁力吸引的作用下克服返回弹簧的拉力吸向铁芯,使得衔铁上的触点 P 与触点 Q 吸合。当线圈断电后,磁力也随之消失,衔铁就会在弹簧的反作用力返回原来的位置,使得触点 P 与触点 Q 断开。经过触点 P 和触点 Q 的电路通过这样的吸合和释放实现电路的导通和切断。可见,电磁式继电器实际上是通过线圈两端控制电压的"有"、"无"来实现被控制电路的"通"、"断"。当继电器与其他设备或元件使用同一电源时,根据式(3 - 1)继电器线圈两端的实际电压 $U_{AB}$ 可能在共电源阻抗干扰电压的作用下与控制电压 $U$"相反",从而使继电器产生误动作。继电器的动作电压一般都较低(常见的有 6V、9V、12V、24V、48V、110V 等),因此很容易受到电磁干扰。继电器一般被认为是一种不可靠的电子元件,在整机可靠性设计中与电位器、可调电感器及可变电容器一同列为建议不用或少用的元件。

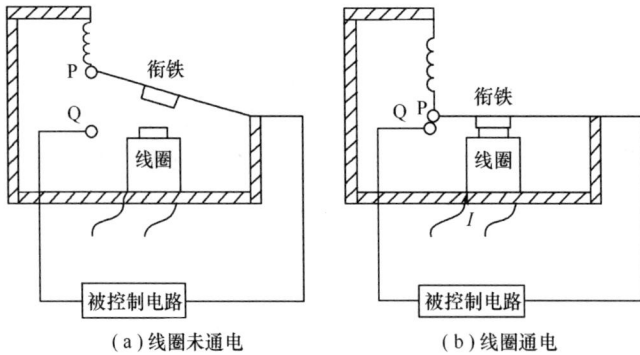

（a）线圈未通电　　　　　　　　（b）线圈通电

图 3 - 4　继电器工作原理

电源线上的高频噪声是产生共电源阻抗干扰的根本原因。通常采用在设备和器件的供电处加滤波器的方法来抑制电源线上的高频噪声,或是通过在电源线与地之间加去耦电容的方法来给高频噪声提供一个泄放通道,从而实现消除干扰的目的。

### 3.2.2　电容性耦合

设备或系统的信号电缆之间、设备内部的电路元件之间、导线之间及导线和元件之间都存在分布电容。如果干扰源的频率较高,则干扰就有可能通过分布电容耦合至敏感电路或设备,这样的耦合就称为电容性耦合。电容性耦合的条件是作为干扰源的导线回路中的电压高、电流小,干扰源和敏感导线回路之间的间距足够接近,导线与导线之间的分布参数不能忽略,导线间的耦合主要通过感应电场进行。

下面以平行线的电容性耦合为例,来详细阐述电容性耦合的原理。图 3-5 (a)所示为两平行线之间电容性耦合的示意图。$C_m$ 为平行线间的分布电容,$C_m$ 的值与导体之间距离、有效面积及有无电屏蔽材料有关;$C_1$ 为导线 1 和地之间的分布电容;$C_2$ 为导线 2 和地之间的分布电容。导线 1 上的信号电流或噪声电流可以通过分布电容 $C_m$ 将部分信号能量或噪声能量注入导线 2,进而可能对其所连接的电路造成干扰。两平行线之间的电容性耦合等效电路如图 3-5(b)所示。

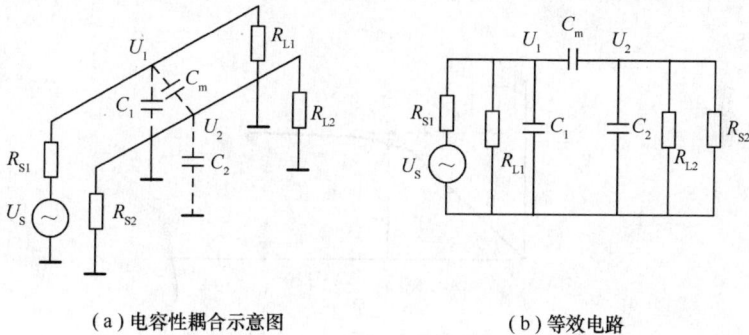

(a)电容性耦合示意图          (b)等效电路

图 3-5  平行线的电容性耦合

由电容性耦合在接收电路导线上产生的电压 $U_2$ 与作为干扰源电路的导线上的电压 $U_1$ 之间的关系为

$$U_2 = \frac{Z_2}{Z_2 + X_{Cm}} U_1 \tag{3-2}$$

式中:$X_{Cm}$ 为电容 $C_m$ 的容抗,且

$$X_{Cm} = \frac{1}{j\omega C_m}$$

$Z_2$ 为 $C_2$、$R_{S2}$、$R_{L2}$ 三者并联的阻抗,且

$$Z_2 = \frac{X_{C2} R_2}{X_{C2} + R_2}$$

式中

$$X_{C2} = \frac{1}{j\omega C_2}, R_2 = \frac{R_{S2} R_{L2}}{R_{S2} + R_{L2}}$$

当频率较低时,$|X_{C2}| \gg R_2$,则 $Z_2 \approx R_2$,同时 $|X_{Cm}| \gg R_2$,因此式(3-2)可简化为

$$U_2 = j\omega C_m R_2 U_1 \tag{3-3}$$

当频率较高时,有

$$U_2 = \frac{C_m}{C_m + C_2} U_1 \tag{3-4}$$

由式(3-4)可知,电容性耦合量 $U_2/U_1$ 随频率升高而增加。当频率 $\omega > \omega_c \left( \omega_c = \dfrac{1}{R_2(C_m + C_2)} \right)$,即高频时,其耦合量基本保持不变,如图 3-6 所示。

除上述常见的电容性耦合原理外,由干扰源产生的电压干扰信号还可以通过与敏感设备之间的静电电容而耦合到敏感设备上,即干扰的电容性耦合中还包括静电耦合。

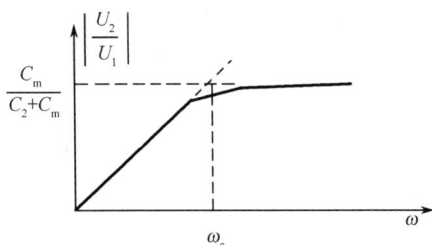

图 3-6　电容性耦合与频率之间的关系

总之,干扰源回路与敏感设备靠得越近,平行布线的距离越长,电容性耦合就越严重。由于电容性耦合主要取决于电压而不是电流,所以即使在不发生事故的情况下也会发生这种电容性耦合作用,通常高频通道上的干扰主要是通过电容性耦合而直接进入敏感设备的。

### 3.2.3　电感性耦合

干扰源的干扰能量通过近场磁场或者分布电感而传输耦合至敏感设备的方式,称为电感性耦合。电感性耦合的条件是干扰源回路导线中的电流大、电压低,导线间的耦合主要通过互感实现,如图 3-7 所示。

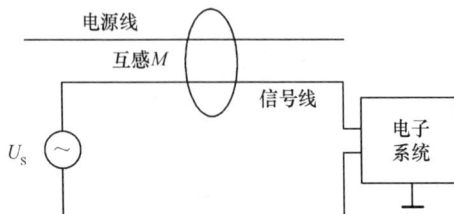

图 3-7　电感性耦合

电感性耦合程度主要由干扰源电流的变化所决定。当干扰源回路中的电流发生快速变化时,必然在其周围产生大的磁场,从而在其附近的敏感设备上感应出干扰电压。例如,当回路中的隔离刀闸操作时,会产生多次重燃的电弧,并在线路上产生相应的高频脉冲,从而对邻近的敏感设备造成干扰。

在敏感设备中感应的干扰电压由下式确定,即

$$U = M\mathrm{d}i/\mathrm{d}t$$

式中:$U$ 为敏感设备感应的干扰电压;$M$ 为互感;$\mathrm{d}i/\mathrm{d}t$ 为干扰源回路中电流的变化率。

$M$ 取决于干扰源和敏感设备中的环路面积、方向、距离及两者之间有无磁屏蔽。通常靠近的短导线之间的互感在 $0.1\mu\mathrm{H} \sim 3\mu\mathrm{H}$ 之间。电感性耦合的等效电路相当于将等效的干扰电压源串联在敏感设备的电路中。值得注意的是,干扰源和敏感设备之间有无直接连接对耦合没有影响,并且无论干扰源和敏感设备对地是隔离的还是非隔离的,感应的干扰电压都是相同的。

下面以平行线的电感性耦合为例,详细阐述电感性耦合的原理。图 3 - 8(a)所示为两根导线之间的电感性耦合示意图,图 3 - 8(b)所示为其等效电路。电路 I 的等效电感为 $L_1$,电路 II 的等效电感为 $L_2$,两电路间的互感为 $M$。当电路 I 中通过高频噪声电流时,其产生的高频磁场通过互感 $M$ 耦合到电路 II,进而可能对电路 II 造成干扰。

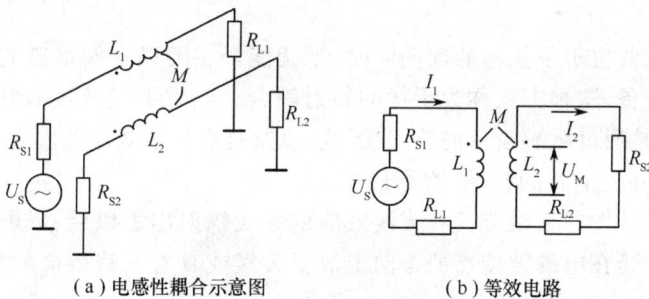

(a)电感性耦合示意图　　　　(b)等效电路

图 3 - 8　电感性耦合

干扰源电路在敏感设备电路中产生的电动势为

$$U_{\mathrm{M}} = \mathrm{j}\omega M I_1$$

$I_1$ 为干扰源电路中的电流。电动势 $U_{\mathrm{M}}$ 在敏感设备电路中产生的电流为

$$I_2 = \frac{\mathrm{j}\omega M I_1}{R_{\mathrm{S2}} + R_{\mathrm{L2}} + \mathrm{j}\omega L_2} \tag{3 - 5}$$

频率较低时,$R_{\mathrm{S2}} + R_{\mathrm{L2}} \gg \omega L_2$,式(3 - 5)可简化为

$$I_2 = \frac{j\omega M I_1}{R_{S2} + R_{L2}} \qquad (3-6)$$

频率较高时，$R_{S2} + R_{L2} \ll \omega L_2$，式（3-6）可简化为

$$I_2 = \frac{M}{L_2} I_1 \qquad (3-7)$$

由式（3-7）可知，磁场耦合量 $|I_2/I_1|$ 随频率升高而增加，当频率 $\omega > \omega_c \left( \omega_c = \dfrac{R_{S2} + R_{L2}}{L_2} \right)$ 时，其耦合量基本保持不变，如图3-9所示。

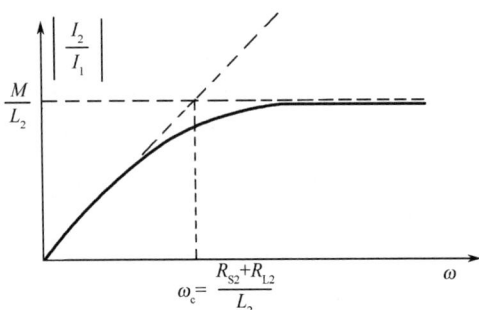

图3-9  电感性耦合与频率的关系

# 3.3  辐 射 耦 合

当敏感设备位于干扰源的远场区时，干扰能量主要以空间电磁波的形式传播耦合到敏感设备，这种方式称为干扰的辐射耦合。电磁干扰通过辐射耦合进入敏感设备，主要是通过敏感设备的收、发天线，以及具有天线效应的输入、输出馈线和设备外壳（即外壳上开的孔、缝隙等）。

干扰能量从发射天线或具有天线效应的导线辐射出去以后，以电磁波的形式向四面传播。若在电磁波传播的方向上放置天线或具有天线效应的导线，则在电磁波的作用下，天线或导线上就会产生感应电动势。若此时天线或导线与接收设备相连，则在接收设备输入端就会产生高频电流，此高频电流进入设备内部就有可能造成干扰。

## 3.3.1  天线的辐射

一段长度为 $\Delta l$ 比电磁波波长小得多的载流导线可看成是电偶极子（短线天线）。许多实际天线都可以看成是由无数个电偶极子所构成的。电偶极子经一对导线与高频电源相连，电偶极子两端电荷大小相等、极性相反并随时间变化。设电偶极子上的传导电流做余弦变化，$I = I_m \cos(\omega t)$，与空间的位移电流构成回路。在直角坐标系中的电偶极子如图3-10所示，电偶极子的中心位于坐标原点。

28

一根半径为 $a$ 远小于波长的环形载流导线可看成是磁偶极子(小环形天线)。这一小环形载流导线可看作一假想的相距很近并具有磁荷 $+q_m$ 和 $-q_m$ 的偶极子。磁荷随时间的变化与小环中的电流相同。设小环形载流导线中的电流做余弦变化，$I = I_m \cos(\omega t)$。在直角坐标系中的磁偶极子如图 3-11 所示，磁偶极子的中心位于坐标原点。

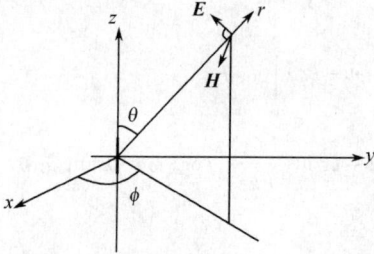

图 3-10　电偶极子产生的辐射场　　　　图 3-11　磁偶极子产生的电磁场

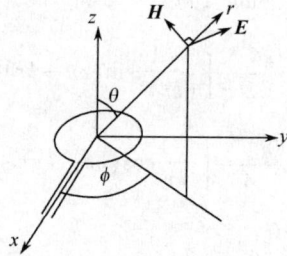

　　当电偶极子或磁偶极子中的电流随时间变化时，它们在周围空间产生的电磁场也是随时间变化的，符合麦克斯韦方程描述的源和时变场之间的关系，即

$$\begin{cases} \nabla \times \boldsymbol{H} = \mathrm{j}\omega\varepsilon\boldsymbol{E} \\ \nabla \times \boldsymbol{E} = -\mathrm{j}\omega\mu\boldsymbol{H} \\ \nabla \cdot \boldsymbol{B} = 0 \\ \nabla \cdot \boldsymbol{D} = 0 \end{cases}$$

式中：$\boldsymbol{H}$ 为磁场强度矢量；$\boldsymbol{E}$ 为电场强度矢量；$\boldsymbol{B}$ 为磁感应强度矢量；$\boldsymbol{D}$ 为电位移矢量；$\varepsilon$ 为介电常数；$\mu$ 为磁导率。在球坐标系中解得偶极子周围的电磁场如下：

　　电偶极子，有

$$\begin{cases} H_r = 0 \\ H_\theta = 0 \\ H_\phi = \dfrac{I_m \Delta l}{4\pi} k^2 \left[ \dfrac{-1}{kr}\sin(\omega t - kr) + \dfrac{1}{(kr)^2}\cos(\omega t - kr) \right]\sin\theta \\ E_r = \dfrac{I_m \Delta l}{2\pi\omega\varepsilon} k^3 \left[ \dfrac{1}{(kr)^2}\cos(\omega t - kr) + \dfrac{1}{(kr)^3}\sin(\omega t - kr) \right]\cos\theta \\ E_\theta = \dfrac{I_m \Delta l}{4\pi\omega\varepsilon} k^3 \left[ \dfrac{-1}{kr}\sin(\omega t - kr) + \dfrac{1}{(kr)^2}\cos(\omega t - kr) + \dfrac{1}{(kr)^3}\sin(\omega t - kr) \right]\sin\theta \\ E_\phi = 0 \end{cases}$$

$$(3-8)$$

半径为 $a$ 的磁偶极子,有

$$
\begin{cases}
E_r = 0 \\[2mm]
E_\theta = 0 \\[2mm]
E_\phi = \dfrac{I_m a^2 k^4}{4\omega\varepsilon}\left[\dfrac{1}{kr}\cos(\omega t - kr) + \dfrac{1}{(kr)^2}\sin(\omega t - kr)\right]\sin\theta \\[4mm]
H_r = \dfrac{I_m a^2 k^3}{2}\left[\dfrac{-1}{(kr)^2}\sin(\omega t - kr) + \dfrac{1}{(kr)^3}\cos(\omega t - kr)\right]\cos\theta \\[4mm]
H_\theta = \dfrac{I_m a^2 k^3}{4}\left[\dfrac{-1}{kr}\cos(\omega t - kr) + \dfrac{1}{(kr)^2}\sin(\omega t - kr) + \dfrac{1}{(kr)^3}\cos(\omega t - kr)\right]\sin\theta \\[4mm]
H_\phi = 0
\end{cases}
$$

$$(3-9)$$

式中:$r$ 为观察点到坐标原点的距离(m);$k = 2\pi/\lambda$,$\lambda$ 为电磁波波长(m)。

在电磁兼容领域,一般将 $r < \lambda/2\pi$ 的区域称为近场区,将 $r > \lambda/2\pi$ 的区域称为远场区。远场区中主要为辐射场。辐射场与距离的一次方成反比,所以将式(3-8)和式(3-9)中与 $r$ 的高次方项忽略,可得电偶极子和磁偶极子的辐射场。

电偶极子的辐射场,有

$$
\begin{cases}
H_\phi \approx \dfrac{-I_m \Delta l k}{4\pi r}\sin\theta\sin(\omega t - kr) \\[4mm]
E_\theta \approx \dfrac{-I_m \Delta l k^2}{4\pi\omega\varepsilon r}\sin\theta\sin(\omega t - kr)
\end{cases}
$$

$$(3-10)$$

磁偶极子的辐射场,有

$$
\begin{cases}
E_\phi \approx \dfrac{-I_m a^2 k^3}{4\omega\varepsilon r}\sin\theta\cos(\omega t - kr) \\[4mm]
H_\theta \approx \dfrac{-I_m a^2 k^2}{4r}\sin\theta\cos(\omega t - kr)
\end{cases}
$$

$$(3-11)$$

由上述公式可见,电偶极子与磁偶极子的辐射特性如下:

(1)辐射电场与磁场在时间上相位相同,波阻抗为实数。可以看出,电偶极子辐射场的波阻抗 $Z_e = E_\theta/H_\phi$ 与磁偶极子辐射场的波阻抗 $Z_m = E_\phi/H_\theta$ 相等,均等于介质的波阻抗 $Z_c$。

$$
Z_e = Z_m = \frac{k}{\omega\varepsilon} = \frac{2\pi}{\lambda}\bigg/(2\pi f\varepsilon) = \frac{1}{\varepsilon v} = \sqrt{\frac{\mu}{\varepsilon}} = Z_c
$$

$$(3-12)$$

在自由空间中 $Z_c = \sqrt{\mu_0/\varepsilon_0} = 377\Omega$。

（2）电偶极子与磁偶极子的辐射场均为横电磁波,即电场方向、磁场方向和传播方向两两相互垂直。

（3）在任一瞬间,空间任一点电场的能量密度 $W_e$ 与磁场的能量密度 $W_m$ 相等,各为电磁场总能量密度 $W$ 的一半,即

$$W_e = \frac{1}{2}\varepsilon E^2$$

$$W_m = \frac{1}{2}\mu H^2$$

$$W = W_e + W_m = 2W_e = 2W_m$$

（4）电场强度与磁场强度与离开干扰源的距离 $r$ 成反比,即

$$E \propto 1/r, H \propto 1/r$$

图 3-12 所示为自由空间干扰源发射的电磁波中波阻抗 $Z_w$ 与干扰源类别及距离的变化关系。

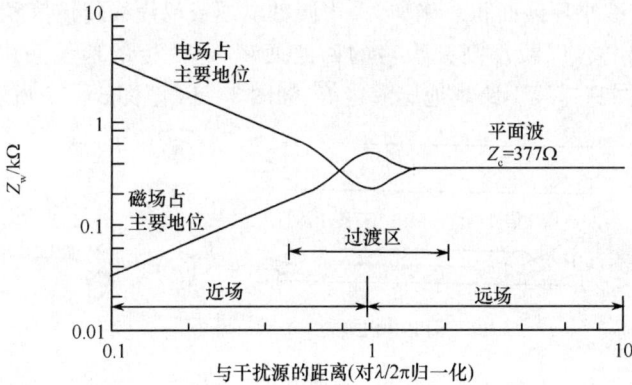

图 3-12　自由空间波阻抗 $Z_e$ 与干扰源类别和距离的变化关系

## 3.3.2　场对天线的耦合

除常见的真正天线外,设备内每个电路都可能是等效磁场天线,机壳和电缆都可能是等效电场天线的一部分。它们都可以发射和接收电磁波,将通过辐射方式传播的干扰信号耦合进敏感设备。

信号源—传输线—负载组成的电流回路就相当于磁场天线,所有信号环路、电源供电环路、输入和输出环路,都等效为磁场天线(图 3-13)。设备的等效磁场天线可以产生差模辐射,同时也可以耦合来自空间的辐射干扰。设备内的等效天线是互易的,既可以发射电磁波,也可以接收电磁波。

磁场通过孔缝耦合进金属屏蔽机箱内部,则机箱内各个等效磁场天线所接收

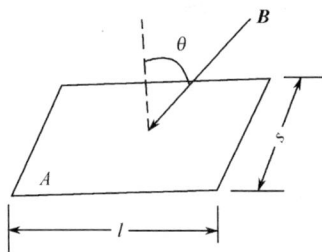

图 3 – 13　磁场在闭合环路中产生感应电压

到的感应电动势为

$$e = 2\pi fBA\cos\theta \qquad\qquad (3-13)$$

式中:$A$ 为环路面积;$B$ 为穿过环路的磁感应强度;$\theta$ 为入射角;$f$ 为频率。

　　这种耦合会对设备或系统产生不同程度的干扰,因此应尽可能地减小磁场天线的差模耦合,根据式(3 – 13),可得措施如下:

　　(1)尽量减小环路面积。例如,采用同轴电缆或双绞线传输信号;在集成芯片两端并联去耦电容以减小高频噪声的回路面积;PCB 板的地线采用梳形结构或"井"字形结构;高速线不跨越地层隔缝等,如图 3 – 14 至图 3 – 17 所示。

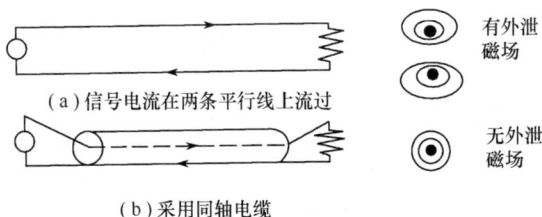

(a)信号电流在两条平行线上流过

(b)采用同轴电缆

图 3 – 14　环路中电流的安排

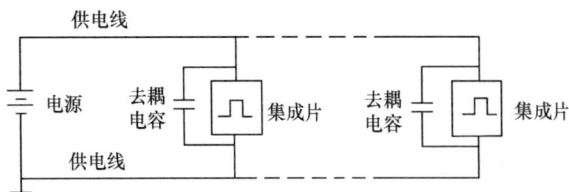

图 3 – 15　去耦电容的干扰抑制作用

　　(2)频率越高,辐射耦合越强,所以应尽量减小有用信号的高次谐波分量。模拟信号应减小信号的失真,数字信号应增加信号的上升沿时间。这些都是减小高次谐波分量的有效方法。

　　(3)增加机箱的屏蔽效能。由于金属对电磁波的反射和吸收,全封闭的金属

（a）梳形结构　　　　　　　　　（b）"井"字形网状结构

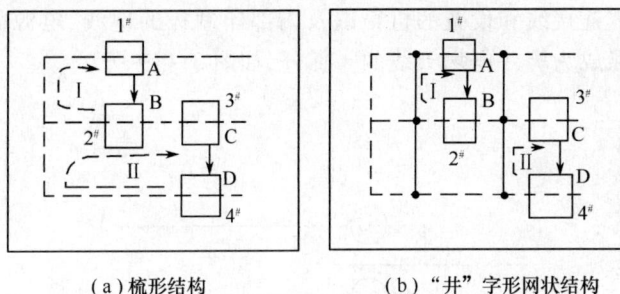

图 3-16　地线的梳形结构和"井"字形网状结构

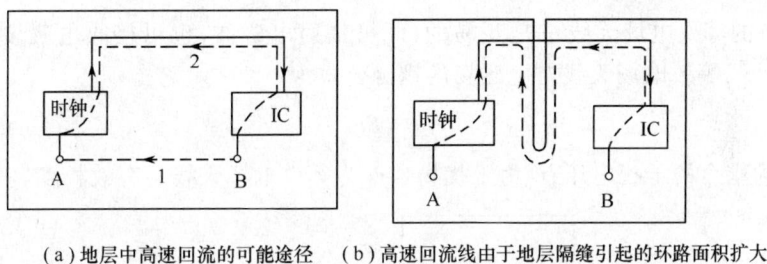

（a）地层中高速回流的可能途径　（b）高速回流线由于地层隔缝引起的环路面积扩大

图 3-17　高速线不应跨越地层隔缝

壳有很高的屏蔽效能,但外壳上开的孔缝会显著降低其屏蔽效能。机箱的屏蔽效能由孔缝的形状和直径所决定。机箱上的孔缝等效于二次发射天线,当孔缝的长度等于半波长的整数倍时,其发射和耦合电磁波最强。对于固定的孔缝长度,频率越高,耦合越严重,如图 3-18 所示。

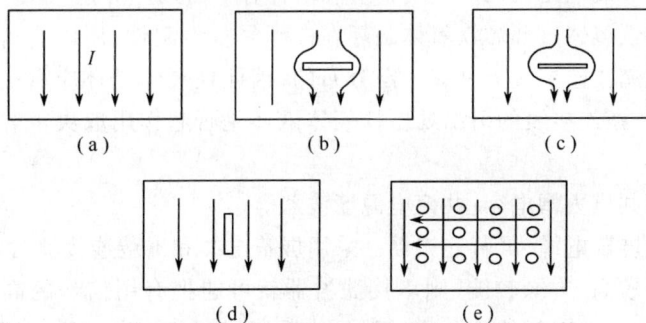

（a）　　　　　　　（b）　　　　　　　（c）

（d）　　　　　　　（e）

图 3-18　孔缝对屏蔽的影响

在设计中要使缝隙尺寸满足要求(商用设备,$d < \lambda/20,20dB$;军用设备,$d < \lambda/50,28dB$),显示窗应使用屏蔽玻璃;接缝处应良好搭接,缩短连接螺钉的间距,可使用导电衬垫;通风窗可使用波导管。这些措施都能有效地防止电磁场通过孔逢泄漏出去或耦合进电磁干扰而造成干扰。

设备的外部连接线和设备的机箱以及内部印制板的地线、电源面、散热片、金属支架等都可以成为等效电场天线的一部分,如图3-19所示。

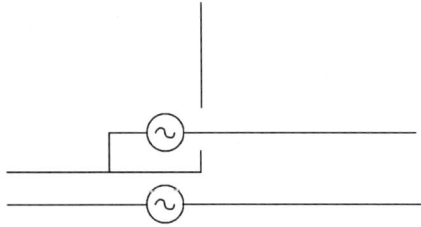

图3-19    等效电场天线的辐射

设备的等效电场天线也是互易的,既可辐射电磁波,也可接收电磁波。如图3-20所示,等效电场天线对电磁场的耦合公式为

$$e = El \tag{3-14}$$

式中:$e$为耦合的干扰电压;$E$为干扰场强;$l$为等效电场天线的有效长度。

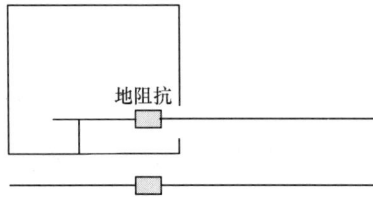

图3-20    等效电场天线的耦合

通常抑制等效电场天线的共模辐射和耦合有下面几种措施:

(1)使用铁氧体磁环。铁氧体磁环在高频时呈电阻性,所以能消耗高频共模电流。共模电流在连接线上是有一定分布的,因此铁氧体磁环应放在电流较高的位置上,一般放在连接线的引出处。铁氧体磁环是否起作用取决于等效电场天线的阻抗。

(2)采用共模去耦电容、共模电源滤波器等。

(3)采用屏蔽电缆、屏蔽连接器。采用屏蔽电缆和屏蔽连接器时,如果要求传输信号的速率较高、边缘较陡,则串接滤波器就可能把有用信号的高频部分也滤掉,从而影响信号的正常传输。这时就只能采用屏蔽的方法。屏蔽层应保持电连续性和一致性,要求电缆屏蔽层和连接器插头的金属外壳要有360°的完整搭接,不能出现"猪尾巴"现象(图3-21至图3-23)。

(4)改进产品内部结构的设计与布置。改进产品内部结构的设计与布置时要注意尽量减小回流地线的阻抗;在PCB的上方不允许有任何电气上没有连接并悬空的金属存在等。

34

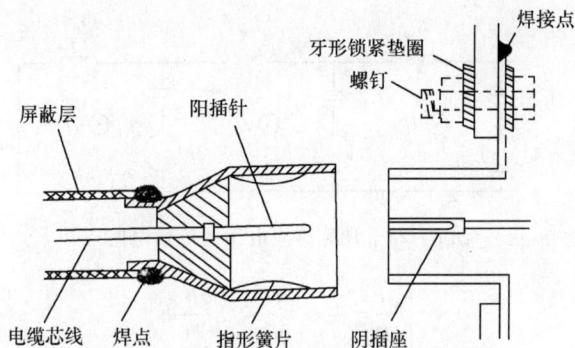

图 3 – 21　同轴电缆连接器

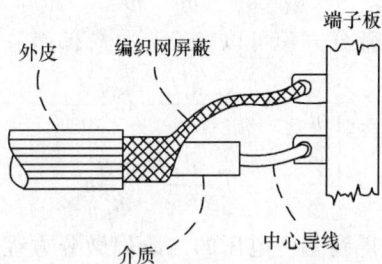

图 3 – 22　屏蔽电缆接头处的"猪尾巴"现象

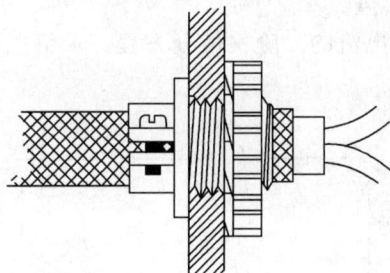

图 3 – 23　多芯屏蔽电缆的端接

### 3.3.3　场对导线的耦合

　　干扰源产生的空间电磁场在传输线上会产生分布干扰电压源,如雷电产生的空间电磁场在输电线路上产生的干扰电压。图 3 – 24 所示为 Ⅱ 形分布参数电路,其中 $H$ 为与每个回路相连的水平方向的磁场分量,电压源 $U$ 是垂直方向电场分量 $E_v$ 与线路高度 $h$ 的乘积。研究表明,轴向的电场分量也影响总的感应电压。

　　图 3 – 24 所示的 Ⅱ 形分布参数电路的每个 LC 段可以进一步转化为如图 3 – 25 所示的 LC 等效电路。在外部电磁场作用时,线路的电流和电压可以用偏微分方程来描述,即

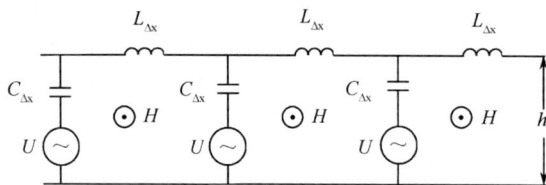

图 3 - 24　计算感应电压的等效电路

$$\begin{cases} \dfrac{\partial I}{\partial \chi} = -C \dfrac{\partial U}{\partial t} - C \dfrac{\partial E_{\mathrm{v}}}{\partial t} h \\[3mm] \dfrac{\partial U}{\partial \chi} = -L \dfrac{\partial I}{\partial t} + \dfrac{\partial B}{\partial t} h \end{cases} \tag{3-15}$$

式(3-15)的一阶偏微分方程可以变换为二阶偏微分方程,即

$$\begin{cases} \dfrac{\partial^2 I}{\partial t \partial \chi} = -C \dfrac{\partial^2 U}{\partial t^2} - C \dfrac{\partial^2 E_{\mathrm{v}}}{\partial t^2} h \\[3mm] \dfrac{\partial^2 U}{\partial \chi^2} = -L \dfrac{\partial^2 I}{\partial t \partial \chi} + \dfrac{\partial^2 B}{\partial t^2} h \end{cases} \tag{3-16}$$

从式(3-16)中可以得到感应电压的二阶偏微分方程为

$$\frac{\partial^2 U}{\partial \chi^2} = LC \frac{\partial^2 U}{\partial t^2} + LC \frac{\partial^2 E_{\mathrm{v}}}{\partial t^2} h + \frac{\partial^2 B}{\partial t^2} h \tag{3-17}$$

同理,可以得到感应电流的二阶偏微分方程。求解二阶偏微分方程可以得到感应电压。

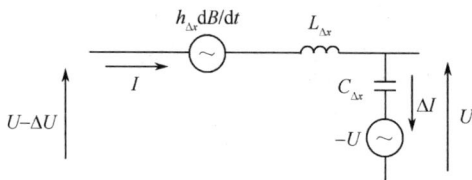

图 3 - 25　计算感应电压的 LC 等效电路

如果不考虑垂直方向的感应电压 $U$,则等效计算电路如图 3 - 26 所示。

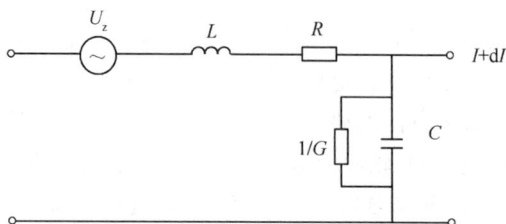

图 3 - 26　干扰源产生的空间电磁场在传输线上会产生分布干扰电压源

# 第4章 电磁危害与控制

电磁辐射危害指人体、设备、军械或燃料暴露于危险的电磁辐射环境中时,电磁能量导致的打火、挥发性易燃品的燃烧、有害的人体生物效应、电引爆装置的误触发、安全关键电路的故障或逐步降级等。电磁辐射对人体、燃油和设备的危害在军用和民用场合都可能存在。1989 年 8 月,青岛市黄岛地区一座 2.3m³ 半地下式非金属油罐在雷雨中一声巨响后起火,引爆了周围 3 座油罐。1992 年 8 月,赣州市 60% 的有线电视和 50% 闭路电视遭受雷击,其中 91 台电视机因感应雷击而被毁。对于军用系统,由于飞机和军舰等军用装备中电子系统的相互干扰不能同时兼容工作,而遭到对方攻击的战例也非常多。在英阿马岛海战中,当时英军先进的"谢菲尔德"号导弹驱逐舰,由于没有很好地解决卫星通信和雷达系统的电磁兼容问题,以至于卫星通信与警戒雷达不能同时工作,该舰在与上级卫星通信时关闭了雷达系统,导致装有先进雷达系统的"谢菲尔德"号,未能及时发现来袭的阿根廷战机及所发射的"飞鱼"导弹而被其击沉。

概括而言,电磁能量所造成的危害包括 4 类:

(1)电磁干扰会破坏或降低电子设备的工作性能。

(2)电磁干扰能量可能引起易燃易爆物的起火和爆炸,如储油罐起火爆炸等。

(3)电磁干扰可能造成武器装备的失灵,给国家安全带来威胁。

(4)电磁干扰能量可对人体组织器官造成伤害,危及人类的身体健康。

## 4.1 电磁环境效应

要明确电磁危害,首先需要了解电磁环境及电磁环境效应。电磁环境是指特定区域内各种电磁信号特性与信号密度的总和。其中,信号特性包括频率特性、脉冲串特性、天线扫描特性、极化特性和功率电平特性等。信号密度主要指辐射源的数目或在接收动态范围之内电子系统可以接收到的每秒脉冲数。

在介绍电磁兼容的基本概念时,也介绍了美国军方将电磁环境定义为在特定的行动环境里军队、系统或者平台执行其规定的任务时可能遇到的,在各种频率范围内由辐射或传导的电磁发射(电平)功率和时间分布的结果。它是电磁干扰、电磁脉冲、电磁辐射对人员、军械和挥发性物质危害,以及雷电和沉积静电等自然现象的综合。

由此可见,电磁环境和自然环境一样,是必须时刻面对的一种客观存在。但同时电磁环境的构成主体电磁频谱也是一种电磁资源,虽然它在不断扩展,但它本身是有限、不可再生的。

电磁环境主要取决于下列基本因素:

(1)电子设备的数量。

(2)电子设备的使用方案。

(3)电子设备的复杂性及辐射信号的特性。

(4)对电子设备的依赖程度。

(5)分析、掌握电磁环境的能力和需求等。

影响电磁环境的主要因素如下:

(1)电磁信号的密度、强度越来越大。电子设备日益密集、种类增多,电磁信号的功率与频谱域值增大。

(2)电子设备杂散辐射多。由于电子设备的电磁兼容性设计、控制较差,加之设备老化,电子设备的杂散辐射无处不在。

(3)无意干扰多、电磁环境变得恶劣。现在电子目标星罗密布,频率拥挤不堪,各种电磁波纵横交错,在陆、海、空、天多维空间形成密集的电磁频谱网。

(4)有意干扰强。

电磁环境主要特征如下:

1)客观真实性

电磁环境的客观真实性包括两层含义:电磁波既是信息的载体也是信息的表面形式;电磁环境客观存在,具有规律可以把握。

2)动态交织性

复杂电磁环境中各种电磁信号交织在一起,空间交错、信号重叠、时间覆盖且变化无常。

3)激烈对抗性

电磁资源为我所用,必然限制其他使用,因此电磁频谱资源越来越紧张。特别是战场电磁环境的对抗性集中体现在敌对双方对电磁频谱的使用权和控制权的激烈争夺上,以达到摧毁敌方使用电磁资源的能力,同时我方能最大限度地使用电磁资源的目的。

4)人为可控性

尽管影响复杂电磁环境的因素很多,甚至许多因素还不能确定,但是对复杂电磁环境人们也不是无能为力的。从后面电磁干扰源及电磁耦合途径分析可知,构成电磁环境的某些要素和某些环节是可以人为控制的,因此复杂电磁环境具有可控性。

5）相对复杂性

电磁环境越来越复杂。复杂电磁环境中的电磁信号密集、样式繁杂，其复杂性主要体现在客观认识不足、感知有限、交织杂乱、动态无常、对抗激烈和控制能力有限。

电磁环境效应（Electromagnetic Environment Effects，$E^3$）是指构成电磁环境的某种因素或总体对装备和易挥发材料及生物体等的作用效果。

美国政府工作报告（AD—A243367）和《电磁干扰和兼容性术语》GJB 72A—2002 指出电磁环境效应包括电磁兼容性、电磁干扰、电磁易损性、电磁脉冲、电子对抗、电磁辐射对武器装备和易挥发物质的危害及雷电和静电效应。美军 2007 年出版的《电子战》一书将电磁环境效应定义为：电磁环境对军队、设备、系统和平台作战能力所产生的影响。它包罗所有的电磁学科，如电磁兼容性与电磁干扰，电磁易损性，电磁脉冲，电子防护、电磁辐射对人员、军械和挥发性材料的危害及闪电和沉积静电（P – Static）等自然现象效应。

## 4.2　电磁干扰对电气、电子设备的危害

电磁干扰不仅影响电子设备的正常工作，甚至造成电子设备中的某些元件损坏，因此对电子设备的电磁兼容技术要给予充分的重视。既要注意电子设备不受周围电磁干扰而能正常工作，又要注意电子本身不对周围其他设备产生电磁干扰，影响其他设备正常运行。

例如，飞机上不允许使用手机、笔记本电脑等，其原因就在于避免这些设备产生电磁干扰。一旦电磁干扰通过飞机上的线缆耦合到机上的敏感设备，就可能造成干扰，使设备工作不稳定，甚至失控。如果这些干扰通过机舱向外辐射，空间的电磁环境更加复杂，而机身上装有大量传感器和天线，这就有可能因为干扰而使得飞机偏离航线甚至造成事故。现代交通工具也越来越多地依赖电子系统。对车载导航系统，如果受到干扰就可能导致导航、定位错误。铁路道岔的信号自动控制，如果因电磁干扰造成，将给列车带来不堪设想的灾难。此外，信息技术设备的信息传输也依赖于电磁信号。随着微电子技术的发展，信息设备朝高速度、高灵敏度和高集成度方向发展，系统已是含有多种元器件、多个分系统的复杂传输设备。高速运转的元器件和电路，高密度的空间结构，给系统的稳定性、可靠性和安全性带来严峻挑战。

此外，电磁干扰还可能特别对含有半导体器件的电气、电子设备或系统造成严重的破坏作用。半导体器件的损伤阈值一般为 $10^{-5}\mathrm{J/cm^2} \sim 10^{-2}\mathrm{J/cm^2}$，易损器件

则降为 $0.1\mu J/cm^2 \sim 1\mu J/cm^2$；若不损坏器件，只引起瞬时失效或干扰，其损伤阈值还要降低 2 个或 3 个数量级。

电磁干扰对电气、电子设备的损坏效应归纳起来主要有以下几点：

1）高压击穿

当器件接收电磁能量后可转化为大电流，在高阻处也可转化为高电压，结果可引起接点、部件或回路间的电击穿，导致器件损坏或瞬时失效。例如，脉宽为 $0.1\mu s$、电流幅值为 1A 的电流脉冲，可在 1pF 的电容接点上产生 100kV 电压，该接点被击穿后还会产生数百千赫的衰减正弦振荡，并辐射出电磁波。

2）器件烧毁或受瞬变干扰

除高压击穿外，器件因瞬变电压造成短路损坏的原因一般都归结于功率过大而烧毁，或 PN 结的电压过高而击穿，无论是集成电路、存储器还是晶体管、二极管、晶闸管等都是一样的。大多数半导体器件的最低损坏有效功率为 $1\mu s$、10W 或 $10\mu J$，一些敏感器件为 $1\mu s$、1W 或 $1\mu J$。一般硅晶管的 e 极和 b 极之间的反向击穿电压为 $2V \sim 5V$，而且它还随温度升高而下降，干扰电压很容易使其损坏。

对于半导体器件损坏或受瞬变干扰的过程还可能出现以下几种情况：

（1）所有 CMOS 器件都用氧化膜绝缘或用它保护集成电路中的不同元器件，但氧化膜的厚度只有几微米，一旦电压超过氧化膜的绝缘强度便会将它击穿，造成短路。

（2）当电流通过 PN 结时，由于电流的不均匀往往会烧毁镀敷的金属导体，造成开路。

（3）出现因瞬变电压的能量尚不足以立即损坏器件，但会使其性能下降，影响功能，丢失数据，产生误动作，使半导体器件进入不能自动复原的导通状态，而切断电源重新开机后又恢复正常工作。

（4）器件存在潜在性的损毁现象，即器件反复经受瞬变电压的冲击，每次都使性能降低一些，积累起来后可能在某一天会出现灾难性损坏。以整流二极管为例，在经受很高的瞬变电压后，二极管的反向漏电流会增加。每经受一次冲击，反向漏电流就会增加一些，表面看起来仍能工作，性能没有明显变化，但发热增加，到最后终会因偶然一个瞬变电压而导致二极管烧毁。这种潜在性损毁在半导体器件中非常常见，半导体器件在制造时产生的缺陷也会造成潜在性损毁。对于无源器件，瞬变电压也同样会使其烧毁或性能降低，如降低耐压和额定工作电压及其他电气性能。

3）浪涌冲击

对有金属屏蔽的电子设备，即使壳体外的微波能量不能直接辐射到设备内部，但在金属屏蔽壳体上感应的脉冲大电流，像浪涌一样在壳体上流动，壳体上的缝隙、孔洞、外露引线一旦将一部分浪涌电流引入壳内设备,就足以使内部的敏感器件损坏。

4)影响电路正常工作

电磁干扰对低压电子电路也有较大影响。对模拟电路的影响随干扰强度的增大而增大,直接影响电路的工作性能和参数;对数字电路,电磁干扰容易导致信号电平的变化,从而影响数据链传输的准确性。

## 4.3　电磁干扰对燃油的危害

无论在日常生活还是在现代战争中,燃油堪称为"血液",没有燃油,绝大多数系统将形同"废铁",无法正常发挥其功效。对于民用系统,这一点由日益倍增的加油站就有所体现。而对于军用系统,为大力提高武器装备远程作战能力,各类先进的舰艇、飞机、装甲车、大型运输车等燃油驱动装备得到大力发展,与之相配套的油料库、加油站等数量也不断增加。正是由此,因静电放电导致油库燃油爆炸起火、雷电导致飞机油箱爆炸的事故屡次发生。与此同时,人们所处的电磁环境日益恶劣,大量雷达、通信设备、导航系统等向外产生的高强度电磁辐射,加之偶发的雷电、静电等自然辐射源的作用,燃油将受到严重的电磁辐射威胁。在这样的条件和环境中,载油装备、储油设施中的燃油能否安全可靠,是必须极为关注的一个重要问题。

美国等发达国家一直对燃油的电磁危害高度关注。由于燃料蒸气能被强射频场引起的电弧点燃,美军标《系统电磁环境效应要求》MIL－STD－464中专门对"电磁辐射对燃料的危害(HERF)"做出了具体要求:燃料不应被辐射的电磁环境意外点火。电磁环境包括发射机和外部的电磁环境。其符合性通过试验、分析、检验或其结合来证实。燃料危害的存在和燃料危害的程度通过把实际的射频功率密度与所制定的安全标准进行比较来确定。这当中,TO31A－10－4和OP 3565给出了计算射频危害源危险距离的分类法及制定安全作业距离的程序。

同时,美国海军指出,由于舰船上高电平的电磁辐射场产生的金属与金属之间的飞弧,有可能点燃燃料蒸气,靠近大功率发射天线附近的燃油加注操作出现事故的可能性最大。美国海军实验室测试得出的结论是:电弧能量是确定燃料蒸气点火的因素,要使汽油点火,需要50V・A阈值。用50V・A作为标准,对各种不同燃料进行测试以建立电磁场强度、辐射功率及与电磁辐射源天线的距离。我国则在GJB 1446.40—92《舰船系统界面要求电磁环境电磁辐射对人员和燃油的危害》中,对电磁干扰对燃油的危害做出了具体要求。

而对于飞机装载燃油使燃油箱爆炸,长久以来一直是威胁飞机安全的重要隐患。自1960年以来,共有18架飞机因为燃油箱爆炸而损坏或坠毁。美军曾有飞机驾驶员在两机配合时看到了在加油探头和加油舱之间产生了电弧,这些放电电弧有几英寸长,可见某些电磁环境会对燃油产生极大的危害。1996 年 7 月 17 日,环球航空 TWA800 号班机起飞后不久在纽约长岛上空爆炸,造成机上人员全部罹难。这起事故促使美国联邦航空管理局(FAA)迅速做出行动,以确保燃油箱安全。也正因此,燃油系统适航限制项目(ALI)应运而生。同时,FAA 也出台有 AC 20 – 53《飞机燃料系统防燃料蒸气因雷电而致点火的措施》等在电磁环境下防燃油点火的相关标准。在美军标 MIL – STD – 464《系统电磁坏境效应要求》中还专门提到 T000 – 25 – 17 中介绍的飞机加油过程中控制静电的指南。

总体来讲,各种燃油在强电磁场作用下有发生燃烧和爆炸的危险,常见的事故有 3 种情况。

(1)直接照射。试验表明,燃油蒸气在电磁波频率为 2MHz ~ 13MHz 发射天线辐射的电磁波照射下,如果发射功率为 100W,天线与燃油距离为 11.5m ~ 75m 之间时就会发生自燃而引起爆炸。

(2)电火花点燃。在大功率发射天线周围给飞机加油时,在特定条件下当油枪嘴从飞机油箱中抽出来的瞬间会引起爆炸。这是因为油枪、接地电缆和飞机构架组成了一个射频接收回路,接收到的电磁场能量使油枪和飞机油箱之间产生了非常高的电位差,形成较大电流,油枪嘴离开油箱时引起电弧放电,电火花使燃油燃烧起爆。

据试验研究指出,引起电弧和电火花放电所需要的伏安极限是 50V·A。一辆中型加油车为飞机加油时,如在飞机油箱附近存在电磁波辐射,这个电磁波频率若在 24MHz ~ 32MHz 之间,场强只需 37V/m 即可获得引起火花放电的电磁能量达到 50V·A 的极限值。

(3)静电放电。当易挥发的燃油装在密封的油罐车中运输时,由于燃油在车罐内晃动摩擦会造成电荷积累,产生静电放电。当挥发的油蒸气和空气的混合物比例合适时,就会起火爆炸。

以上 3 种使燃油引燃起爆的情况,其物理本质基本上取决于电能的热效应,因此引燃点火必须具备 3 个条件:

(1)在一个给定的环境温度中,燃料蒸气和空气混合比例恰当。

(2)在电弧和火花放电中必须具有足够的能量,它能为点燃提供适当的温度。

(3)为了维护电弧中的热量,电弧间隙必须有足够的长度,以便产生点燃温度。

由此可见,燃油的点燃主要取决于电磁能量,当然也和其他条件有关,诸如温度、压力、电极间隙、蒸气混合物的成分等。虽然以上 3 个条件同时存在使燃料意外点燃的可能性不大,但仍不能掉以轻心,一旦发生燃爆,所带来的生命财产损失巨大。

## 4.4　电磁能量对军械的危害

电磁能量对军械的危害是军用装备和设施所特有的。这种电磁辐射现象无论在和平时期还是在战时都是普遍存在的,因此不可避免地会造成电磁辐射危害,它表现在几乎所有具有电磁辐射的设备周围或场合。其中,典型的区域包括弹药库、油库、直升机、各类固定翼飞机、舰船等。尤其是对于空间小、工作频段宽、发射功率大的装备,电磁辐射导致潜在危害的问题表现得更加突出。具体表现在由于发射机产生的强电磁场可能导致导弹引信引爆、舰艇出航试验不得不卸下装舰导弹等。

电爆装置是电起爆器或利用电能起爆内部炸药、推进剂、烟火材料的其他组件。而军械系统就是装有一个或多个电爆装置的武器系统、弹药、安全和应急装置或其他设备。一架飞机上使用的电爆装置通常都在百个以上,如此大量的应用,是由于它具有成本低、具有高能量重量比、激发电流小、可靠性高等优点。但是,电爆装置对电磁能量非常敏感,它通过引线耦合拾取电磁能量,而引起意外引爆、瞎火或性能下降,从而影响整个武器装备战术性能的发挥,甚至整个装备的损毁。对于航母,由于需要频繁装卸各种弹药、炸弹、导弹和火箭等,这种危害尤为明显。美军标 MIL - STD - 464《系统电磁环境效应要求》中"电磁发射对军械的危害(HERO)"部分也提到,飞机在航空母舰上起飞和降落时,飞行甲板上和飞机中的机务人员穿戴的自动升压装置发生了无指令启动的事故,类似这样的涉及射频感应意外爆炸事故的报告有许多。这些问题对机务人员特别是发生问题时正在飞行的人员造成了极大的危害。另外,在海军舰船上发生的火箭和导弹意外发火的多起事故,也造成了人身伤亡和设备的巨大损失。因此,电磁辐射对军械的危害问题受到特别关注。

与此同时,信息化战争中,军械系统依靠电子技术大大提高了其作战效能,但也使军械系统的使用可靠性强烈依赖于电子设备的电磁环境适应性。以电子技术和信息技术为基础发展起来的信息化武器装备,其战场生存能力、作战和保障能力能否得到保证,对于信息化条件下的作战行动影响巨大。战场电磁环境效应会引起武器系统电子、电气元件的失效或损伤,以及电爆装置等的误动作,也可能直接导致军械系统中电磁火工品的误爆等。而对于火箭、导弹以及无线电引信中以电子设备为基础的侦察、导航、测距、遥控、点火等多个部件或分系统,都有可能由于电磁环境效应而出现失效或损伤,从而迫使整个军械系统的电子传感器"致盲",通信手段"致聋",最终使军械系统"致亡"。以无线电引信为例,无线电引信利用目标回波所携带的位置、速度等信息确认目标,比触发引信更能有效地发挥弹丸对目标的毁伤效能,是现代信息化弹药能否发挥战斗效能的关键部件,被称为现代武器系统终端效能的倍增器。然而,它本身就是一部由大量复杂的电子部件构成的小型雷达,它的主要缺点之一就是易受电磁干扰。

实际上,从 20 世纪 50 年代以来,电磁辐射对军械的危害就一直受到关注。美国更从电磁发射对军械的危害研究逐渐扩展为现在的武器装备电磁环境效应研究,在概念和研究范围上不断更新和扩展。在试验对象上,从小的电子元器件,到 F - 16 战斗机和 B - 52 轰炸机等大型武器装备,都进行了电磁脉冲模拟实验。进行效应试验和阈值研究的同时,还建立了武器装备电磁脉冲效应实验数据库。美国政府工作报告在 1991 年就强调指出:"应把电磁环境效应和每个武器系统的维修计划与集成化后勤保障计划放在同等重要的地位"。此后,美国国防部还专门召开电磁环境会议研究电磁环境效应与信息战问题。另外,俄罗斯在苏联时代就完成了强电磁脉冲对电子元器件及电路的辐照效应实验研究,并建立了多种大型电磁脉冲模拟器,借以测试电磁脉冲武器的效应和各种电子系统的防护能力,并对军舰等大型武器装备进行抗电磁脉冲的模拟试验。值得注意的是,美国和俄罗斯都十分重视武器装备电磁环境效应和防护加固的基础研究与仿真模拟实验研究。即使是陆军使用的常规武器装备,他们也进行电磁环境效应考核试验,并制定了一系列的军用标准。如美军的雷达等电子装备部件和弹药包装袋都有抗静电和防电磁危害的性能,俄罗斯的"红土地"制导炮弹和炮射导弹等武器装备,都有抗静电、抗电磁脉冲的技术指标。

美军标 MIL - STD - 464 在"电磁发射对军械的危害(HERO)"部分指出,装有电起爆装置的军械,在暴露于外部发射电磁环境的过程中和之后,不应被直接感应的射频或由发火电路耦合的射频意外起爆或使其性能降低。其符合性通过系统、分系统和设备级的试验与分析来证实。对由近场条件诱导出的高频带的电磁环境,其试验验证使用能代表装备中各种类型的发射天线。OP 36395 为控制电磁对军械的危害提供了设计原理和惯例。MIL - STD - 1576 对空间和运载火箭中军械装置的使用和试验提供了指南。

美国海军为确定军械对电磁辐射各种形式的敏感度电平进行了较全面的测试。测试是在模拟最大射频环境中进行的,而军械及军械系统从储存到发射都很可能处于这种电磁环境中。根据测试和采集的数据划分军械的敏感度,然后提出适当的安全预防措施建议。在取得的重要成果的基础上,制定了相应的标准、规范和手册,如 MIL - STD - 1385、MIL - STD - 1399、MIL - HDBK - 238、MIL - HDBK - 335、OP 3565 等。海军技术手册 OP 3565 第 II 卷中规定了在军械安全操作程序、运输、储存等方面及在电磁辐射各种可能存在的状态下预防早爆、误爆的措施,要求特别注意军械类型、暴露界限值及电磁辐射对军械的危害最小安全距离。

国内军械电磁危害防护的军用标准有 GJB 786—89《预防电磁场对军械危害的一般要求》及 GJB 1446.42—93《舰船系统界面要求 电磁环境 电磁辐射对军械

的危害》。GJB 786—89 中规定了暴露在电磁环境中装有电爆装置军械的一般要求。GJB 1446.42—93 规定了舰船电磁辐射对军械危害的界面要求及防护措施。另外 GJB 344—2005《钝感电起爆器能用规范》规定了钝感电起爆器的能用要求。

对于军械系统的电磁危害问题,人们除了在使用、操作方法上注重规范外,还不断在设计、工作原理上改进,如近年来国内外对射频钝感电火工品的研制,有防射频的泄放式电爆装置、屏蔽式电爆装置、防射频的半导体桥起爆器、蛇形电阻器式点火元件等。

## 4.5　电磁能量对人员的危害

电磁能量通过对人体组织器官的物理及化学作用会产生有害生理效应,造成较严重的危害。电磁辐射对人体的危害表现为热效应和非热效应两个方面。

热效应是在电磁辐射强度大于 $10mW/cm^2$ 时产生的,它使机体体温升高,这是由于生物组织在电磁场作用下,产生"位移"电流,电介质振动和局部感应涡流而引起的。不同频率、不同场型的外界激发强场可使电子重新排列,分子自旋轴向偏转,分子或电子间的摩擦加速。电磁辐射通过对细胞加热增加血液的流通和发热,并使外部神经末梢受到加热刺激作用产生病理、生理和神经反应。电磁辐射的生物作用与功率密度成正比,且波长越短,组织穿透深度越小,组织内吸收能量就越大。研究表明,1GHz 以下的射线能透入深部组织,并在此处被吸收;150MHz 以下时,则能透过人体。当频率为 1GHz ~ 3GHz 时,电磁波透入的程度因组织的特性而有所不同,其结果是在组织的表层或深部都有可能被吸收。而在 3GHz 以上时,能量主要被皮肤吸收,只加热表面皮肤。当人整个身体的温度超过正常体温时,每升高 1℃,基础代谢率为 5% ~ 14% ,在组织中的氧气需要增加 50% ~ 100% 。因此,热效应对人体的伤害是明显的,人体的不同部位由于散热率不同,受伤害的程度就不一样。

非热效应是由低于 $10mW/cm^2$ 的低中强度辐射长期作用引起的。虽然目前还不完全了解非热效应的作用机理,但是它确实存在危害,表现为在适当频率和强度的电磁场中,人的血液特性有微小变化;在射频场作用下,染色体结构出现变异。

过量的电磁辐射可导致有害的作用,重要的是如何确定能造成危害的辐射量。

包括我国在内的许多国家,制定了有关电磁辐射公众照射的安全性规定。美国及大多数西方国家采用的最高安全接触水平为:在正常环境条件下,当入射电磁能的频率为 10MHz ~ 100GHz 时,连续波的辐射防护标准定为 $10mW/cm^2$ 。可调频场的功率密度按 0.1h 求平均值,即接触时间在 0.1h 或以上者,其功率密度为 $10mW/cm^2$ ;或者在任何 0.1h 期间内,能量密度为 $1mW \cdot h/cm^2$ 。

当高压输电线路运行时,将在周围产生较强的工频电场和工频磁场。关于工频电场对人身影响的机理,尚未取得一致结论。国外医学研究结果表明,高压输电线路的电磁场对人身组织将产生有害影响。据德国医学杂志报道,住在高压输电线路附近的居民,由于强电场的长时间作用,血液和神经系统发生变化,使一些居民受电的污染而死亡。苏联研究结果表明,当电场强度在 5kV/m 以下时,对人身安全并不构成威胁,但这只是对维护人员来说,并未考虑长时间居住条件下对人们的长期污染问题,其影响尚需进行试验确定。同样,关于工频磁场对人体的影响,也尚有不同看法。实际上,家用电器在居室中产生的电磁波要比高压输电线路强很多倍。这些电器很多都是在人体很近的地方使用,如剃须刀、电吹风等。每天使用剃须刀的时间超过 2.5min,就会对人的身体造成伤害。受电磁波辐射的时间越长,受到的危害越严重。

# 第5章 接地技术及应用

对设备和系统进行电磁兼容性设计是一项复杂的技术任务,需要多种方法综合运用。接地、屏蔽与滤波技术是进行电子设备或系统电磁兼容性设计的三种最基本方法。

接地是抑制电磁干扰、提高电子设备电磁兼容性的重要手段,也是电子设备或系统正常工作的基本技术要求。正确的接地设计既能抑制电磁干扰对设备的影响,又能抑制设备向外发射干扰。错误的接地则会引入共地线干扰、地回路干扰等,甚至会使电子设备无法正常工作。因此,在电磁干扰领域中,接地技术至关重要,其中包括接地点选择、电路组合接地的设计和抑制接地干扰措施的合理应用等。

## 5.1 接地的含义与目的

### 1. 接地的含义

地的含义有两种:一种是大地,也就是站立的这个地,它以地球为基准面,作为零电位;另一种是系统基准地,它是作为信号回路的基准导体,并以这个基准导体的电位为相对零电位。这里的"地"不一定为实际的大地,而是泛指电路和系统的某部分金属导电板(线、面),它可以作为系统中各电路任何电信号的公共电位参考点。接地就是在系统的某个选定点与某个电位基准面之间建立低阻抗导电通路。理想的接地导体是一个零电阻的实体,任何电流在接地导体中流过都不应该产生电压降,各接地点之间不应该存在电位差。

### 2. 接地的目的

在不同情况下,接地的目的是不一样的,常见的有以下几种:

(1) 建立与大地相连接的低阻抗通路,使雷击电流、静电放电电流等从接地通路直接流入大地,而不致影响设备或系统的正常工作及人身安全。

(2) 建立设备外壳与附近金属导体之间的低阻抗通路,当设备中存在漏电流时,不至于危及人身安全。

(3) 设备或系统的各部分都连接到一个公共点或等位面,以便有一个公共的参考电位,消除两个悬浮电路之间可能存在的干扰电压。

（4）将屏蔽体接地,使屏蔽体发挥作用。

（5）将滤波器接地,使滤波器能起到抑制共模干扰的作用。

（6）印制电路板上的信号电路接到地平面,以提供一个信号返回通路。

（7）汽车、飞机上的非重要电路接车体或机体的金属外壳,以提供一个电流返回通路。

上述接地中,(1)、(2)是有关安全的接地,(3)～(5)是有关干扰控制的接地,(6)、(7)是与实现电路功能有关的接地。

**3. 接地的要求**

（1）理想的接地应使流经地线的各个电路、设备的电流互不影响,即不使其形成地电流环路,避免使电路、设备受磁场和地电位差的影响。

（2）理想的接地导体(导线或导电平面)应是零阻抗的实体,流过接地导体的任何电流都不应该产生电压降,即各接地点之间没有电位差,或者说各接地点间的电压与电路中任何功能部分的电位比较均可忽略不计。

（3）接地平面应是零电位,它作为系统中各电路任何位置所有电信号的公共电位参考点。

（4）良好的接地平面与布线间将有大的分布电容,而接地平面本身的引线电感将很小。理论上,它必须能吸收所有信号,使设备稳定地工作。接地平面应采用低阻抗材料制成,并且有足够的长度、宽度和厚度,以保证在所有频率上它的两边之间均呈现低阻抗。用于安装固定式设备的接地平面,应由整块铜板或者铜网组成。

# 5.2 安全接地方法及原则

在电子产品设计中,地线根据其功能分为两类,即安全接地和信号接地。安全接地是将电气电子设备的外壳通过低阻抗导体连接至大地,以保证人员及设备安全。信号接地是在系统和设备中,采用低阻抗的导线为各种电路提供具有共同参考电位的信号返回通路。

安全接地又分设备安全接地、接零保护接地和防雷安全接地;信号接地又分为单点接地、多点接地、混合接地和悬浮接地,如表 5 - 1 所列。

表 5 - 1　接地的分类

| 安全接地 | 信号接地 |
|---|---|
| 设备安全接地<br>接零保护接地<br>防雷安全接地 | 单点接地<br>多点接地<br>混合接地<br>悬浮接地 |

## 5.2.1 设备安全接地

任何高压电气设备及电子设备的机壳、底座都需要安全接地,以避免高电压直接接触设备外壳,或者避免由于内部绝缘损坏造成漏电打火而带电,否则人体接触机壳就会触电。

如图 5-1(a)所示,机壳通过杂散阻抗带电。设 $U_1$ 为电子设备中电路的电压,$Z_1$ 为电路与机壳间的杂散阻抗,$Z_2$ 为机壳与地之间的杂散阻抗,$U_2$ 为机壳与地之间的电压,是由机壳对地的阻抗 $Z_2$ 上的分压形成的,即

$$U_2 = \frac{Z_2}{Z_1 + Z_2} U_1 \tag{5-1}$$

当机壳与地绝缘,即 $Z_2 \gg Z_1$ 时,则 $U_2 \approx U_1$。如果 $U_2$ 足够大,人触及机壳时就会有发生电击的危险。若机壳作了接地的设计,即 $Z_2 \to 0$,则由式(5-1)可知,$U_2 \to 0$。此时人若触及已接地的机壳,因人体的阻抗远大于0,则大部分电流将经过地线流入地端,因此不会有危险。

在图 5-1(b)中,机壳因绝缘击穿带电。图中显示了带有熔丝的电流经电力线引入封闭机壳内的情况。如果电力线触及机壳,机壳能提供熔丝所能承受的电流至机壳外。若人员触及机壳,电力线的电流将直接经人体进入地端。如果实施了接地措施,当发生绝缘崩溃或电力线触及机壳时,会因接地而使电力线上有大量电流流动而烧掉熔丝,使机壳不再带电,也就不会有危险。

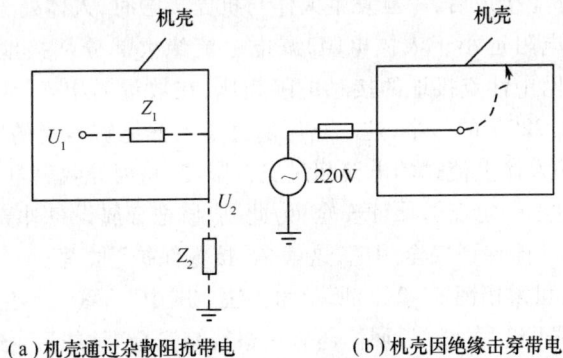

(a)机壳通过杂散阻抗带电      (b)机壳因绝缘击穿带电

图 5-1  设备机壳接地的作用

一般来讲,如果人体触及机壳,相当于机壳与大地之间连接了一个人体电阻。人体电阻变化范围很大,当上肢处于干燥洁净、无破损情况时,人体电阻可高达 $40\text{k}\Omega \sim 100\text{k}\Omega$,而当人体处于出汗、潮湿状态时,人体电阻将降至 $1000\Omega$ 左右。通常流经人体的安全交流电流值为 $15\text{mA} \sim 20\text{mA}$,安全直流电流值为 $50\text{mA}$,而当流经人体的电流高达 $100\text{mA}$ 时,就可能导致死亡。因此,我国规定的人体安全电压

为 36V 和 12V。一般家用电器的安全电压为 36V，以保证触电时流经人体的电流小于 40mA。为保证人体安全，应该将机壳接地，这样当人体触及带电机壳时，人体电阻与接地导线的阻抗并联，人体电阻远大于接地导线的阻抗，大部分漏电电流经接地导线旁路流入大地。通常规定接地电阻值为 5Ω～10Ω，所以流经人体的电流将减小为原来的 1/200～1/100。

## 5.2.2 接零保护接地

通常，用电设备采用 220V（单相三线制）或者 380V（二相四线制）电源提供电力，如图 5-2 所示。设备的金属外壳除了正常接地之外，还应与电网零线相连接，称之为接零保护。

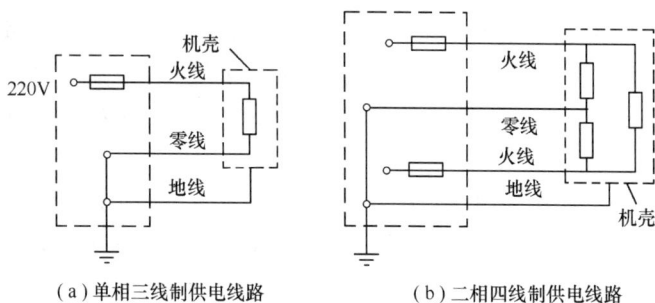

（a）单相三线制供电线路　　　（b）二相四线制供电线路

图 5-2　接零保护

当用电设备外壳接地后，一旦发生人体与机壳接触时，人体处于与接地电阻并联的位置，因接地电阻远小于人体电阻，漏电电流绝大部分从接地线中流过。但是，接地电阻与电网中性点接地的接触电阻相比，在数量上相当，故接地线上的电压降几乎为相电压 220V 的一半，这一电压超过了人体能够承受的安全电压，使接触设备金属外壳的人体上流过的电流超过安全限度，从而导致触电危险。因此，即使外壳良好接地也不一定能够保证安全，为此，应该把金属设备外壳接到供电电网的零线（中线）上，才能保证安全用电，这就是"接零保护"原理。

室内交流配线可采用图 5-2（a）所示的接法。图中"火线"上接有熔丝，负载电流经"火线"至负载再经"零线"返回。还有一根线是安全"地线"。该地线与设备机壳相连并与"零线"连接于一点。因而，地线上平时没有电流，所以没有电压降，与之相连的机壳都是地电位。只有发生故障，即绝缘被击穿时，安全地线上才会有电流。但该电流是瞬时的，因为熔丝或电流断路器在发生故障时会主动将电路切断。

## 5.2.3 防雷安全接地

防雷安全接地是将建筑物设施和电气设备的外壳与大地连接，将雷电电流引入大地，从而保护设施、设备和人身安全，使之避免遭受雷击，同时防止雷击电流窜入信号接地系统，避免影响电气设备的正常工作。

雷电的第一道防线是对直击雷进行防护。它是设法拦截雷电或吸引闪电，进而将雷电流引入大地，以保证人身及建筑物安全。

避雷装置通常包括接闪器、引下线和接地体三部分，其中接闪器是专门用来接受直接雷击的金属体，其作用是将雷、雨、云的放电先吸引过来，通过引下线注入大地，避免距离接闪器近的物体遭受直接雷击。按照接闪器的形状又可以将避雷装置分为避雷针、避雷带、避雷网。

防雷击的另一种方法是安装浪涌保护器。浪涌是电路中突然出现的瞬间高电压或大电流，而雷电由于蕴藏的能量大，放电时间短，是浪涌的罪魁祸首之一。由附近或几千米外的直接雷击导致的浪涌，会在电力导体、地和信号线之间产生几千伏的电压，可能对设备造成严重损坏。所以安装浪涌保护器的目的，就是将雷电在线路上产生的瞬间高电压或大电流通过接地系统导入大地，从而避免对设备造成危害。常用的浪涌保护器有火花隙、气体放电管、压敏电阻和瞬态抑制二极管等。

# 5.3　地线干扰形成的原因

## 5.3.1　信号接地

信号接地或者系统基准接地是为信号电压提供一个稳定的零电位参考点。在大部分教材中给出信号接地的定义都是如此，所以在进行电路设计时，把所有标有地线符号的点都连起来，目的就是为电路提供一个相同的参考电位。

但实际上，所连接的这些称为信号地的点，并不能为电路提供相同的参考电位。因为信号地是信号的低阻抗回流路径，这就说明在地线上面有电流，进而地线两端有电压，所以地线的电位并不相等，这就与假设的信号地能够为电路提供相同的参考电位并不相符。这就是导致地线干扰问题的本质，地线上电位不等。

所以信号地的定义应该为，在系统和设备中，采用低阻抗的导线为各种电路提供具有共同参考电位的信号返回通路。这个定义澄清了两个问题，它说明了信号地是信号的返回路径，强调了地线上电流的流动性；同时它说明了地线是有阻抗的，只是阻抗比较低。

另外，定义中强调的是低阻抗路径，电流的一个特性就是选择阻抗最小的路径。在设计电路或组装系统时，将所有标有地线符号的点连接起来，但这种连接不一定就是阻抗最小的路径，何况地线上的阻抗还是动态变化的。也就是真实的地线并不一定是形式所连接的那样，在没有认真设计地线的情况下，地线电流实际上是处于不受控的状态，一旦发生问题，很难找出方案来解决。

地线干扰导致电磁干扰问题的机理主要如下：

（1）地线电流导致了地线电位的差异，这与地线电位是一定的假设相矛盾，导致电路工作异常。

（2）设计不当的地线导致了较大的信号电流回路面积，这种面积较大的电流回路会产生较强的电磁辐射，产生辐射干扰问题。

（3）较大的信号回路面积增加电路之间的互感耦合，导致电路工作异常。

（4）较大的信号回路面积会增加电路对外界电磁场的敏感性。

所以，进行地线设计应遵循两个原则：一是保证作为参考电位的地线应尽量符合电位一致的假设；二是为信号电流提供一条低阻抗的路径，使信号电流的回流处于受控状态，控制信号电流的回路面积。

## 5.3.2 地线阻抗

由于地线是信号电流的回流路径，因此地线电流的频率与信号电流相同，高频情况下，导线的阻抗与直流电阻差异较大。下面分两种情况讨论地线阻抗：一种是单根导体的情况，这关系到电流流过导体时产生的电压降；另一种是电流回路的阻抗，这关系到地线电流真正的回流路径问题。

### 1. 单根导体的阻抗

任何导体都有内电感，因此单根导体的阻抗由两部分构成，即电阻部分和内电感产生的感抗部分，即

$$Z_g = R_{AC} + jX_L = R_{AC} + j\omega L \qquad (5-2)$$

1）电阻部分

在低频（直流）情况下，导线内阻的计算方法为

$$R_{DC} = \rho l / S \quad (\Omega) \qquad (5-3)$$

式中：$\rho$ 为导线的电阻率（$\Omega \cdot m$）；$l$ 为导线长度（m）；$S$ 为横截面积（$m^2$）。

电磁兼容分析中，更关心的是交流信号。在高频（交流）情况下，由于导体的趋肤效应，电流集中于导体表面。电流聚集在导体表面的深度，可以用透入深度 $\delta$ 表示，即

$$\delta = \sqrt{\frac{2}{\omega\mu\sigma}} = \frac{1}{\sqrt{\pi f \mu \sigma}} = \frac{66}{\sqrt{\mu_r \sigma_{Cu} f}} \quad (mm) \qquad (5-4)$$

式中：$\mu$、$\sigma$ 分别为导体的磁导率和电导率；$\mu_r$、$\sigma_{Cu}$ 分别为导体的相对磁导率和相对于铜的电导率；$f$ 为频率。

此时，导致导线的有效横截面积变小，电阻增加，即

$$S_{AC} = \pi d\delta \qquad (5-5)$$

式中:$d$ 为圆形导体的直径,高频情况下圆形导体的交流内阻为

$$R_{\mathrm{AC}} = \frac{\rho l}{S_{\mathrm{AC}}} = R_{\mathrm{DC}} \frac{d}{4\delta} \qquad (5-6)$$

对于片状导体,即导体宽度至少为厚度 10 倍的导体,低频(直流)时,其内阻为

$$R_{\mathrm{DC}} = \rho l/wh \quad (\Omega) \qquad (5-7)$$

式中:$l$、$w$、$h$ 分别为片状导体的长度、宽度、厚度。

高频(交流)时,考虑导体的集肤深度,交流电阻近似为

$$R_{\mathrm{AC}} = \rho l/w\delta \quad (\Omega) \qquad (5-8)$$

2)电感部分

对于圆直导线,其电感为

$$L = 0.2l[\ln(4.5/d) - 1] \qquad (5-9)$$

式中:$l$ 为导体长度;$d$ 为直径。

片状导线的电感为

$$L = 0.2l[\ln(2l/W) + 0.5 + 0.2W/l] \qquad (5-10)$$

式中:$l$ 为导体长度;$W$ 为宽度直径。

若 $l/W > 4$,则公式可简化为

$$L = 0.2l\ln(2l/W) \qquad (5-11)$$

低频时,导体的电阻部分起主要作用。而在高频时,除考虑交流内阻外,导线的电感起主要作用。因此,当频率较高时,导体的阻抗与导线的直径关系并不像低频时那样明显,也即在高频时,增加导体的截面积并不能明显降低阻抗。实际工程中,应尽量缩短导体的长度,或将多根导体隔一定距离并联连接,来降低高频阻抗。

对于单位长度的导体,如果取圆形导体和片状导体的截面积相等,此时 $W \gg d$,则片状导体的电感要小于圆形导体。这意味着高频时,片状导体的阻抗更小,更适合传输高频电流,所以在工程应用中常采用金属片来作为地线。

**2. 地回路的阻抗**

地线回路的阻抗同样由电阻部分和电感部分组成,如图 5-3 所示,电阻的计算方法与上述相同,但电感部分为外电感,是由于地线环路所形成的电感,即

$$L = \Phi/I \qquad (5-12)$$

式中:$\Phi$ 为回路中的磁通量;$I$ 为回路中的电流。

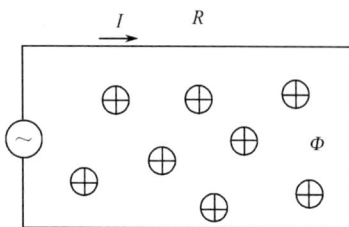

图 5 - 3　地回路的阻抗

当频率较低时,感抗很小,回路的阻抗主要由电阻部分决定。当频率较高时,感抗所占比例越来越大,阻抗由电感部分决定。显然,回路的面积越大,回路所包围的磁通量越大,电感量越大。

## 5.3.3　地线干扰形成的原因

### 1. 存在地线电压

地线上有阻抗,地线两端有电压,地电位并不相等,这与假设的地线能够为信号回路提供相同的参考电位不符。而且,信号地是信号的低阻抗回流路径,所以地线上电流的频率就是信号频率,频率越高,地线上阻抗越大,地电位越不相等,这就是高频电路极其容易受地线干扰的原因。

某一时刻,电路的实际地电位图可能如图 5 - 4 所示,地电位高高低低并不相等,类似于一个地形图。不仅如此,电路板上的器件是工作的,电流忽大忽小,所以地电位还呈现出动态性。电路板上各种不同类型的器件就工作于这种地电位上,大功率驱动电路对这样的地电位抵抗能力强一些,但它也会在地线上造成干扰;数字电路对这种地电位有一定的抵抗能力,最容易受到干扰的为模拟电路。

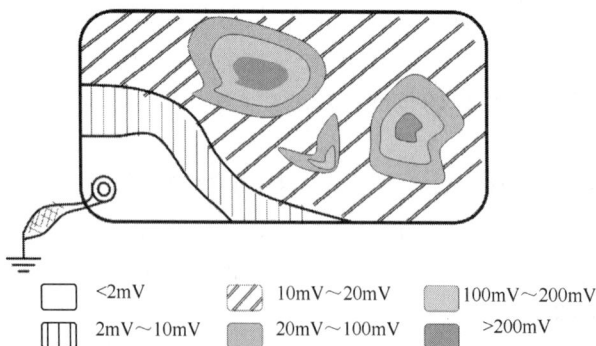

| | | |
|---|---|---|
| <2mV | 10mV～20mV | 100mV～200mV |
| 2mV～10mV | 20mV～100mV | >200mV |

图 5 - 4　地线电位的真实情况

为避免不同电路之间的相互干扰,可以对不同性质的电路进行分区,使每一类电路工作于一个地电位相对稳定的区域。

**2. 地线电流不确定**

图 5 - 5 所示为地线电流的测试实验。同轴电缆的芯线一端接信号源,另一端接负载。负载的接地端采用两种方式接地:一种是用粗铜导线与信号源的同轴电缆外皮接起来;另一种是直接接到同轴电缆的外皮上。打开信号源和频谱仪,观察这根粗铜线上返回的电流。当信号源的频率小于 1kHz 时,电流几乎全部从短粗铜线流回信号源,随着频率升高,铜线上的电流越来越小,到高频时,铜线上的电流几乎消失。用频谱仪观测另一根接地线,这根接地线上的电流正好和铜线上的电流互为消长。

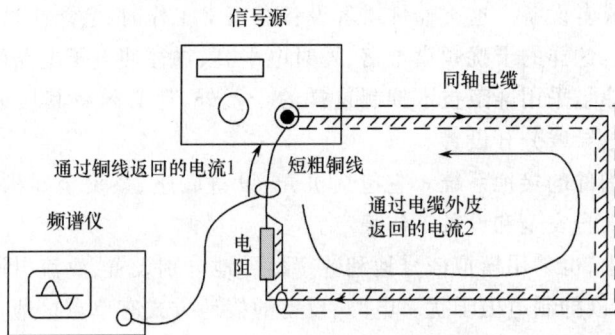

图 5 - 5　地线电流测试实验

通过对实验现象进行分析可知,当低频时,回路的阻抗取决于电阻部分,第一种接法粗铜线的阻抗低,所以电流沿铜线返回。而高频时,回路阻抗取决于电感部分,第一种接法的电感要比第二种接法大,因为它所包围的面积(图中斜线部分)要大很多,所以电流沿着第二条路径返回。这说明电流只走最小阻抗的路径,而通常并不知道电流的确切路径,所以会导致地电流失控。

## 5.4　信号接地方法及原则

信号接地的连接对象是种类繁多的电路,因此信号地线的接地方式也是多种多样的。复杂系统中,既有高频信号,又有低频信号;既有强电电路,又有弱电电路;既有模拟电路,又有数字电路;既有频繁开关动作的设备,又有敏感度极高的弱信号装置。为了满足复杂的用电系统的电磁兼容性要求,必须采用分门别类的方法将不同类型的信号电路分成若干类别,以同类电路构成接地系统。通常将所有电路按信号特性分成 4 类,使其分别接地,形成 4 个独立的接地系统,每个接地系统可能采用不同的接地方式。下面叙述接地系统的类别及其含义。

(1)敏感信号和小信导电路的接地系统。它包括低电平电路、小信号检测电路、传感器输入电路、前级放大电路、混频器电路等的接地。由于这些电路工作电平低,特别容易受到电磁干扰而出现电路失效或电路性能降级现象,因此,小信号电路的接地导线应避免混杂于其他电路中。

(2)非敏感信号或者大信号电路的接地系统。它包括高电平电路、末级放大器电路、大功率电路等的接地。这些电路中的工作电流都比较大,从而其接地导线中的电流也比较大,容易通过接地导线的耦合作用对小信号电路造成干扰,使小信号电路有可能不能正常工作,因此,必须使其接地导线与小信号接地导线分开设置。

(3)干扰源器件、设备的接地系统。它包括电动机、继电器、开关等产生强电磁干扰的器件或者设备。这类器件或者设备在正常工作时,会产生冲击电流、火花等强电磁干扰。这样的干扰频谱丰富,瞬时电平高,往往使电子电路受到严重的电磁干扰,因此,除了采用屏蔽技术抑制这样的干扰外,还必须将其接地导线与其他电子电路的接地导线分开设置。

(4)金属构件的接地系统。它包括机壳、设备底座、系统金属构架等的接地。其作用是保证人身安全和设备工作稳定。

工程实践中,也采用模拟信号地和数字信号地分别设置,直流电源地和交流电源地分别设置,以抑制电磁干扰。电路、设备的接地方式有单点接地、多点接地、混合接地和悬浮接地,详细分析如下。

### 5.4.1 单点接地

单点接地只有一个接地点,所有电路、设备的地线都必须连接到这点作为电路、设备的零电位参考点(面)。

**1. 串联单点接地**

串联单点接地如图 5-6 所示。假设电路 1、电路 2、电路 3 连接至接地导线的电流分别为 $I_1$、$I_2$、$I_3$;$R_3$ 为 $CB$ 段的地线电阻;$R_2$ 为 $BA$ 段的地线电阻,$BA$ 段地线是电路 2 和电路 3 的共用地线;$R_1$ 为 $A$ 点至接地点 $G$ 之间的一段地线的电阻;$AG$ 段地线是电路 1、电路 2 和电路 3 的共用地线;$G$ 点为共用地线的接地点。

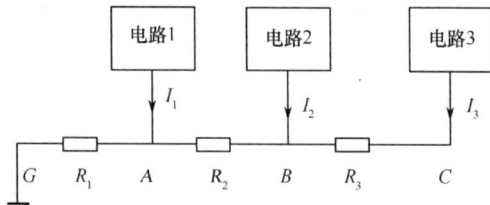

图 5-6 串联单点接地

由于信号地是信号的低阻抗回流路径,地线上有电流,有阻抗,所以 $A$、$B$、$C$ 三点的地电位并不相等。

$A$ 点的电位为

$$U_A = (I_1 + I_2 + I_3) R_1 \qquad (5-13)$$

$B$ 点的电位为

$$U_B = U_A + (I_2 + I_3) R_2 = (I_1 + I_2 + I_3) R_1 + (I_2 + I_3) R_2 \qquad (5-14)$$

$C$ 点的电位为

$$U_C = U_B + I_3 R_3 = (I_1 + I_2 + I_3) R_1 + (I_2 + I_3) R_2 + I_3 R_3 \qquad (5-15)$$

根据地线阻抗的计算方法,通常地线的直流电阻不为零,特别是在高频情况下,地线的交流阻抗比其直流电阻大,因此共用地线上 $A$、$B$、$C$ 点的电位不但不相等,而且各点电位受到各个电路注入地线电流的影响。从干扰的角度讲,这种接地方式最容易引起电路之间的相互干扰。但是这种接地方式结构比较简单,各个电路的接地引线比较短,其阻抗相对小,所以这种接地方式常用于设备机柜中的接地。如果各个电路的接地电平差别不大,也可以采用这种接地方式;反之,高电平电路会干扰低电平电路。

如果确定采用这种串联单点接地的方式,那就需要分析一下哪一点的地比较好,也就是最符合对地线的假设,地电位稳定,受到的干扰小。通过 $A$、$B$、$C$ 三点地电位的计算公式可知,$A$ 点地电位受 3 个电路的工作电流和 $AG$ 段地线阻抗的影响;$B$ 点电位受 $A$ 点电位和电路 2、电路 3 的电流,以及 $BA$ 段地线阻抗的综合影响;$C$ 点电位受 $B$ 点电位和电路 3 的电流,以及 $CB$ 段地线阻抗的综合影响。可见,离 $A$ 点越远的地电位受到的交叉影响越多,故敏感电路应该置于靠近接地点的地方。

**2. 并联单点接地**

并联单点接地如图 5-7 所示,它是各个电路分别用一条地线连接到共用接地点 $G$。$I_1$、$I_2$、$I_3$ 依次表示电路 1、电路 2、电路 3 注入接地导线的电流,$R_1$、$R_2$、$R_3$ 依次

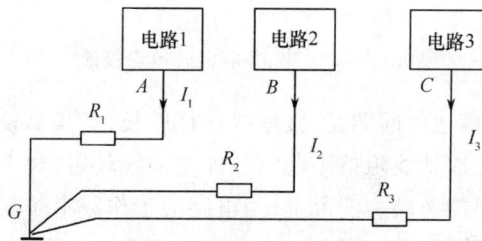

图 5-7 并联单点接地

表示电路 1、电路 2、电路 3 的接地导线的电阻。显然,各电路的地电位分别为

$$U_A = I_1 R_1$$
$$U_B = I_2 R_2 \qquad (5-16)$$
$$U_C = I_3 R_3$$

可见，并联单点接地的优点是，各电路的地电位只与本电路的地电流及地线阻抗有关，不受其他电路的影响。然而，并联单点接地存在以下缺点。第一，各个电路分别采用独立地线接地，需要多根地线，势必会增加地线长度，从而增加了地线阻抗。使用也比较麻烦，结构笨重。第二，这种接地方式会造成各个地线相互间的耦合，且随着频率增加，地线阻抗、地线间的电感及电容负荷都会增大。第三，这种接地方式不适用于高频，如果系统的工作频率很高，以致工作波长 $\lambda = c/f$ 缩小到可与系统的接地平面的尺寸或接地引线的长度比拟时，就不能再用这种接地方式了。因为，当地线的长度接近于 $\lambda/4$ 时，它就像一根终端短路的传输线。由分布参数理论可知，终端短路 $\lambda/4$ 线的输入阻抗为无穷大，即相当于开路，此时地线不仅起不到接地作用，而且将有很强的天线效应向外辐射干扰信号。所以，一般要求地线长度不应超过信号波长的 1/20。显然，这种接地方式只适用于低频。

一种实用的接地方式是串、并联混合单点接地，如图 5-8 所示。这种接地方式是将电路按照特性分组，相互之间不易发生干扰的电路放在同一组，相互之间容易发生干扰的电路放在不同组。每个组内采用串联单点接地，获得最简单的地线结构，而不同组的接地采用并联单点接地，以避免相互之间的干扰。

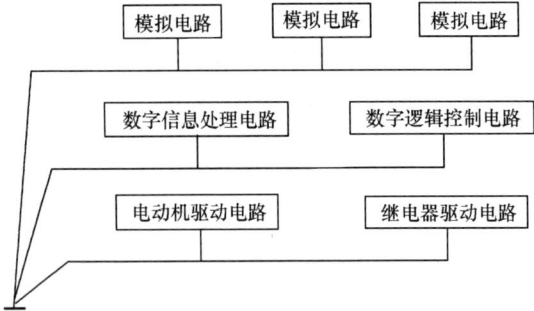

图 5-8　串、并联混合单点接地

总体来讲，单点接地的问题是，接地线往往较长，当频率较高时，地线的阻抗很大，甚至发生谐振，造成地线阻抗不稳定。即使地线较短，对于频率较高的信号，它们的阻抗和感抗也不能忽略。实际上，当电路的工作频率较高时，各种杂散参数已经起着重要作用，尽管形式上采用单点接地，实际上也不能起到单点接地的作用。因此，单点接地不适合频率较高的场合。频率较高时，要采用电路就近接地的方式，缩短地线，也就是多点接地。

## 5.4.2　多点接地

多点接地是指某一个系统中各个需要接地的电路、设备都直接接到距它最近的接地平面上,以使接地线的长度最短,如图5-9所示。这里说的接地平面,可以是设备底座,可以是贯通整个系统的接地线,在比较大的系统中还可以是设备的结构框架等。如果可能,还可以用一个大型导电物体作为整个系统的公共地。

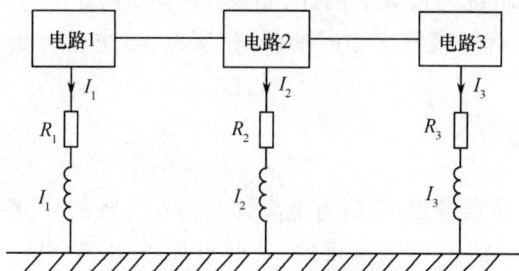

图5-9 多点接地

在图5-9中,各电路的地线分别连接至最近的低阻抗公共地。设每个电路的地线电阻及电感分别为 $R_1$、$R_2$、$R_3$ 和 $L_1$、$L_2$、$L_3$,每个电路的地线电流分别为 $I_1$、$I_2$、$I_3$,则各电路对地的电位差为

$$\begin{cases} U_1 = I_1(R_1 + j\omega L_1) \\ U_2 = I_2(R_2 + j\omega L_2) \\ U_3 = I_3(R_3 + j\omega L_3) \end{cases} \qquad (5-17)$$

多点接地方式的优点是地线较短,适用于高频情况,其缺点是形成了各种地线回路。因此地线上的电位差、空间的电磁场等都会对电路形成干扰。为了减小地回路的影响,要使地线阻抗尽量小。减小地线阻抗可以从两方面考虑:一是减小导体的电阻;二是减小导体的电感。在高频时,由于集肤效应,高频电流只流经导体表面,增加导体的截面积并不能减小导体的阻抗,通常可将地线和公共地镀银。在导体截面积相同的情况下,采用矩形截面导体制成接地导体带,也即采用片状导体来接地,可以减小导体的电感。另外,为了减小空间电磁场在地回路中的干扰,要将电路模块尽量靠近地线,以减小地环路的面积,这样不仅能减小地回路上的电阻部分,也能减小地回路电感部分。

总之,单点接地适用于低频,多点接地适用于高频。一般来说,频率在1MHz以下可采用单点接地方式;频率高于10MHz应采用多点接地方式;频率在1MHz～10MHz之间,如果最长接地线不超过波长的1/20,可采用单点接地,否则采用多点接地。当然选择也不是绝对的,还要看通过的接地电流的大小,以及允许在每一接地线上产生多大的电压降。如果一个电路对该电压降很敏感,则接地线长度应不大于 $0.05\lambda$ 或更小。如果电路只是一般的敏感,则接地线可以长些(如

$0.15\lambda$）。此外，由接地引线"看进去"的阻抗是该引线相对于地平面的特性阻抗 $Z_0$ 的函数。而 $Z_0$ 的大小，又和引线与接地平面的相对位置有关。一般，接地引线与接地平面平行时，其特性阻抗较小；当两者相互垂直时，则 $Z_0$ 较大，而 $Z_0$ 较大，则"看进去"的阻抗也较大。因此，当长度一定时，垂直于接地平面的接地引线的阻抗将大于平行于接地平面时的阻抗，所以，要求垂直接地面的接地引线的长度应更短一些。

### 5.4.3 混合接地

如果电路的工作频带很宽，既有低频部分又有高频部分，在低频时需采用单点接地，而在高频时又需采用多点接地，此时可以采用混合接地方法，如图 5-10 所示。

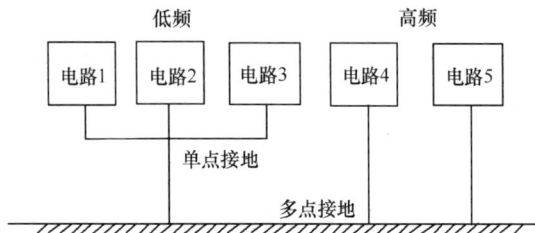

图 5-10 混合接地

有时，还希望系统对不同频率的信号具有不同的接地结构。这时，可以利用电容、电感等器件在不同频率下具有不同阻抗的特性，构成混合接地系统。

当采用电容接地时，由于电容低频时阻抗大，高频时阻抗小，因此这种接地结构低频时是断开的，高频时是连通的。当采用电感接地时，由于电感低频时阻抗小，高频时阻抗大，这种接地结构低频时是连通的，高频时是断开的。

如图 5-11 所示，如果一个系统工作在低频状态，为避免地回路干扰问题，需要系统串联单点接地。但这个系统又暴露在高频强电场中，为避免电缆受到电场的干扰，可使用同轴电缆，而同轴电缆的屏蔽层必须接地，且电场频率较高时，需要多点接地。图 5-11 所示的接地结构解决了这个问题。对于电缆中传输的低频信号，系统是单点接地的；而对于电缆屏蔽层中感应的高频干扰信号，系统是多点接地的。采用这种方式时，需要注意电容的谐振问题。

图 5-11 低频单点、高频多点混合接地结构

又如一个系统受到地回路电流干扰,如果将设备的安全地断开,地回路就被切断,可以解决地回路电流干扰的问题。但出于安全的考虑,机箱必须接到安全地上。图 5 – 12 所示的接地系统则解决了这个问题。对于频率较高的地回路电流,地线是断开的,而对于 50Hz 的交流电,机箱是可靠接地的。采用这种方式时,要注意地线电感的电流容量要大于熔丝或漏电开关动作的电流,以防止地线电感被烧毁。

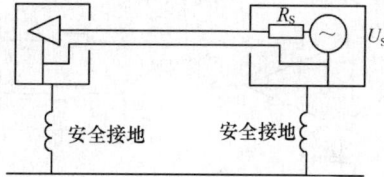

图 5 – 12    低频多点、高频单点混合接地结构

由于实际用电设备的情况比较复杂,很难通过某一种简单的接地方式解决问题,因此混合接地应用更为普遍。

### 5.4.4   悬浮接地

悬浮接地简称浮地,就是将电路、设备的信号接地系统与安全接地系统、结构地及其他导电物体隔离,如图 5 – 13 所示。图 5 – 13 中列举了 3 个设备,各个设备的内部电路都有各自的参考"地",它们通过低阻抗接地导线连接到信号地,信号地与建筑物结构地及其他导电物体隔离。

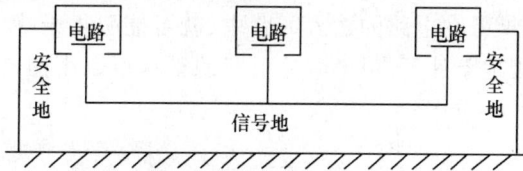

图 5 – 13    悬浮接地

采用这种接地方式,可以避免安全接地回路中存在的干扰电流影响信号接地回路。浮地的概念也可以应用于设备内部的电路接地设计,将设备内部的电路参考地与设备机壳隔离,避免机壳中的干扰电流直接耦合至信号电路。悬浮接地的干扰耦合取决于浮地接地系统和其他接地系统的隔离程度,在一些大系统中往往很难做到理想浮地。除此之外,特别在高频情况下,更难实现真正的浮地。并且当浮地接地系统取近高压设备、线路时,还可能堆积静电电荷,引起静电放电,形成干扰电流。

因此,除了在低频情况下,为防止结构地、安全地中的地电流干扰信号接地系统外,一般不采用悬浮接地的方式。

# 5.5 电子电路的接地设计

## 5.5.1 一般单元电路的接地

一般单元电路的接地方式和信号接地的方式是相同的,即有单点接地、多点接地、混合接地和悬浮接地 4 种,如图 5-14 所示。

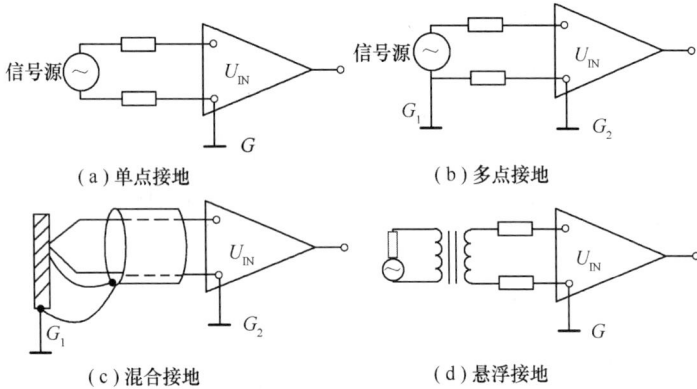

（a）单点接地  　　　　　（b）多点接地

（c）混合接地  　　　　　（d）悬浮接地

图 5-14　单元电路接地方式

对于一个单元电路来说,应该选择单点接地,如果采用多点接地,由于"地"与"地"之间不可能是理想的零阻抗,因此多点接地往往会引入地阻抗带来的干扰电压。图 5-14(b)中两个接地点的地线系统有电流流过,因为有地阻抗,则 $G_1$、$G_2$ 两点的电位不相等,结果在电路的输入回路中,就可能引入干扰电压,使电路工作发生错误。在多点接地条件下,由于电流引起的干扰可以由图 5-15 所示的等效电路计算来分析。

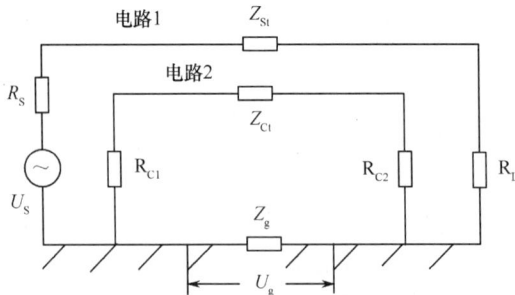

图 5-15　公共地阻抗引起的干扰

图中,设电路 1 是干扰电路,电路 2 是被干扰电路,两电路之间具有公共地阻抗 $Z_g$。这里只分析干扰电路 1 在被干扰电路 2 的负载 $R_{C2}$ 上所产生的干扰电压,因此假设被干扰电路的源电压为零。

在被干扰电路中一般有 $R_{C1} + Z_{Ct} + R_{C2} \gg Z_g$，因此并联后的阻抗近似等于 $Z_g$，故公共地阻抗两端的电压近似为

$$U_g = \frac{Z_g U_S}{(R_S + Z_{St} + R_L + Z_g)} \qquad (5-18)$$

可得到在负载 $R_{C2}$ 上产生的噪声干扰电压 $U_{C2}$ 近似为

$$U_{C2} = \frac{R_{C2} Z_g U_S}{(R_{C1} + Z_{Ct} + R_{C2})(R_S + R_L + Z_{St} + Z_g)} \qquad (5-19)$$

由此可知，被干扰电路负载 $R_{C2}$ 上的噪声电压是电路 1 干扰源电压的函数。式中未考虑电路 2 中信号源的影响，因此可以认为是 $R_{C2}$ 上受到干扰的最大可能值。这种干扰电压的分贝值可写为

$$G = 20 \lg \frac{U_{C2}}{U_S} = 20 \lg \frac{R_{C2} Z_g}{(R_{C1} + Z_{Ct} + R_{C2})(R_S + R_L + Z_{St} + Z_g)} \qquad (\text{dB}) \quad (5-20)$$

### 5.5.2 多级电路的接地

多级电路是电子电路中广泛应用的典型电路。多级电路的接地应注意避免各级之间通过公共阻抗而形成干扰。例如，高增益放大器往往是由多级放大电路组成，放大倍数又很高，如果接地方法不正确，将产生增益失真。放大器由于接地不良引起大小随频率变化的寄生反馈，不但会使放大器产生增益失真，还可能造成高增益放大器的自激振荡，破坏放大器的工作稳定性。因此在多级电路中，特别是对于高增益放大器。接地问题是非常关键的，必须做到以下几点：

（1）低频单元电路应该是单点接地。

（2）各单元电路的接地必须按照一定的顺序连接，即地线中的电流流向必须是由小信号单元流向大信号单元，如图 5-16(a) 所示。

（3）尽可能避免环形接地回路。在图 5-16(b) 中，多级放大器接地系统包含了一个环形接地回路，在这种情况下，其一不能避免大信号电路电流进入小信号电路，造成对小信号电路的干扰；其二地线环容易接受外界磁场的干扰，使放大器不能正常工作。正确的接法应该如图 5-16(c) 所示。

（4）保持屏蔽电流的畅通。

图 5-17 给出高增益放大器的正确接地系统，图中前两级放大器由单线返回到总接地线，末级功率放大器电路和高电平信号电路共用一根地线返回线，因为后两者电平都比较高，相互间不易受干扰。

关于地线截面的设计，也要根据大、小信号电流的具体情况而定，特别是对小信号电路，为了减小地阻抗的影响，可以采用截面较大的扁线作为地线。铺设时还应该将大、小信号地线尽可能分开，并不要靠近其他高频电路。

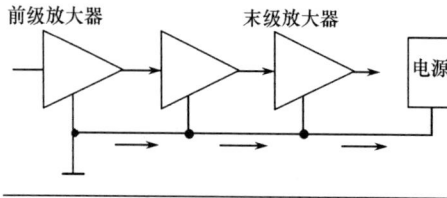

（a）小信号单元流向大信号单元

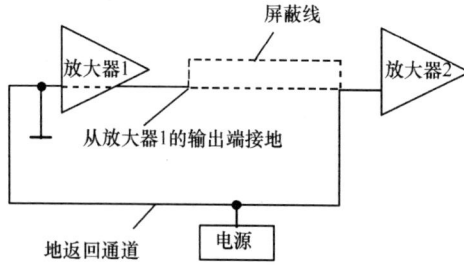

（b）形成接地环回路

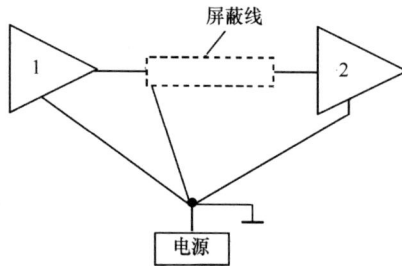

（c）避免环形接地回路

图 5-16　多级电路接地

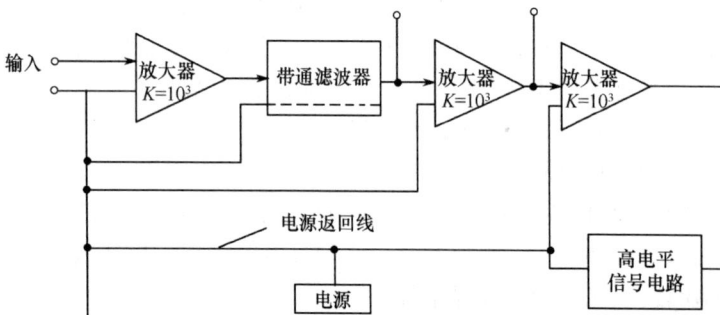

图 5-17　高增益放大器的接地系统

# 5.6　地线干扰的抑制措施

当电路的两端都接地时很容易构成一个接地闭环回路,当外界有磁场时,就会因感应受到干扰,而在两个接地点之间还可能存在地电位差引起干扰。

磁场干扰在接地环中的感应电压为

$$U = S(\mathrm{d}B/\mathrm{d}t) \qquad (5-21)$$

式中:$S$ 为接地环路所包围面积;$\mathrm{d}B/\mathrm{d}t$ 为外磁场的磁通密度 $B$ 对于时间 $t$ 的变化率。

可见,磁感应电压正比于接地环的面积 $S$。因此,为了消除磁感应电压,就应该避免接地环,或尽可能减小接地环面积。为了抑制地回路干扰,除了在设计中尽量减小公共接地阻抗,恰当选择接地点位置和个数,尽量减少地回路外,还可以采用专门的技术措施。

## 5.6.1　隔离变压器

隔离变压器是通过阻隔地回路的形成来抑制地回路干扰的,如图 5 - 18 所示。图中电路 1 的输出信号经变压器耦合到电路 2,地回路则被变压器所阻隔,但对交变信号的传输没有影响。然而,变压器绕组之间存在分布电容,通过此分布电容形成地回路的等效电路如图 5 - 19 所示。设图中电路 1 的内阻为零,变压器绕组之间的分布电容为 C,电路 2 的输入电阻为 $R_\mathrm{L}$。

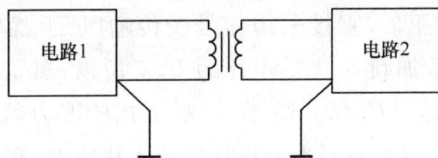

图 5 - 18　采用隔离变压器阻隔地回路

在分析隔离变压器阻隔地回路的干扰时,根据电路分析的叠加原理,可以不考虑信号电压的传输,即将信号电压短路,只考虑地回路电压 $U_\mathrm{G}$。

根据图 5 - 19,地回路电压 $U_\mathrm{G}$ 在负载 $R_\mathrm{L}$ 上产生的地回路电流为

$$I = \frac{U_\mathrm{G}}{R_\mathrm{L} + \dfrac{1}{\mathrm{j}\omega C}} \qquad (5-22)$$

式中:$\omega$ 为地回路电压 $U_\mathrm{G}$ 的角频率;$I$、$U_\mathrm{G}$ 分别为地回路电流、电压。地回路电流 $I$ 在 $R_\mathrm{L}$ 上产生的压降为

$$U_\mathrm{N} = \frac{U_\mathrm{G}}{R_\mathrm{L} + \dfrac{1}{\mathrm{j}\omega C}} R_\mathrm{L} \qquad (5-23)$$

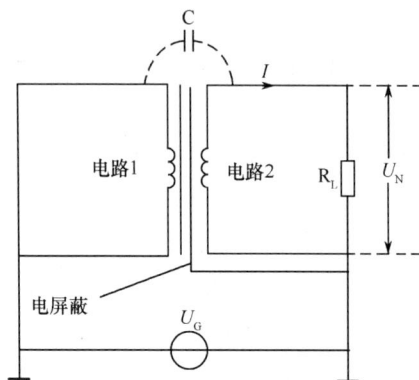

图 5 – 19　隔离变压器阻隔地回路的等效电路

将式(5 – 23)整理,得

$$\frac{U_N}{U_G} = \frac{1}{1 + \dfrac{1}{\mathrm{j}\omega C R_L}}$$

(5 – 24)

因此

$$\left|\frac{U_N}{U_G}\right| = \frac{1}{\sqrt{1 + \left(\dfrac{1}{\omega C R_L}\right)^2}}$$

(5 – 25)

当没有采用隔离变压器,直接采用信号线传输时,干扰电压 $U_G$ 全部加到 $R_L$ 上,而采用隔离变压器后加到 $R_L$ 上的电压为 $U_N$。所以,$|U_N/U_G|$ 表示隔离变压器抑制地回路干扰的能力。$|U_N/U_G|$ 越小,抑制干扰的能力就越大,且当 $\omega C R_L \leqslant 1$ 时,$|U_N/U_G| \leqslant 1$。所以,要提高隔离变压器的抗干扰能力,有效的办法是减小变压器绕组间的分布电容 C(因为 $\omega$ 是无法改变的,而减小负载电阻 $R_L$ 会影响信号的传输)。如在变压器之间加一电屏蔽(见图 5 – 19),就可以有效地减小绕组之间的分布电容 C,从而有效地阻隔地回路的干扰。为了防止地回路电压 $U_G$ 通过电屏蔽层与绕组之间的分布电容耦合加至负载 $R_L$,造成干扰,电屏蔽层应接至负载 $R_L$ 的接地端。

必须指出,采用隔离变压器不能传输直流信号,也不适于传输频率很低的信号。但是,隔离变压器对地线中较低频率的干扰具有很好的抑制能力。同时,电路中的信号电流只在变压器绕组连线中流过,因此可避免对其他电路的干扰。

## 5.6.2　纵向扼流圈

当传输的信号中有直流分量或很低的频率分量时,就不能用隔离变压器,因为隔离变压器使直流信号和低频信号无法通过。图 5 – 20 所示的纵向扼流圈(Longitudinal Choke)(或称为中和变压器(Neutralizing Transformer)),可以传输直流或低频信号,而对地回路共模干扰电流呈现出相当高的阻抗,使其受到抑制。

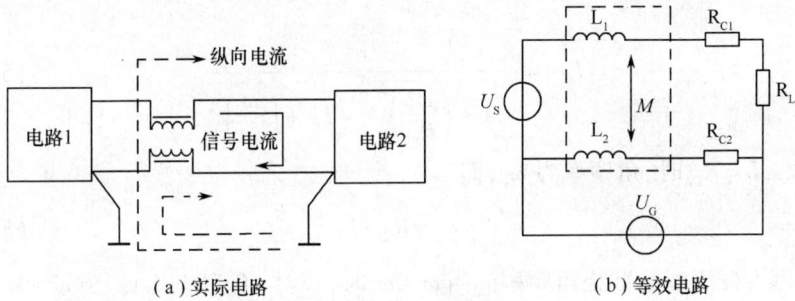

(a)实际电路　　　　　　　　　　(b)等效电路

图 5 – 20　采用纵向扼流圈阻隔地回路

纵向扼流圈由两个绕向相同、匝数相同的绕组所构成,一般常用双线并绕而成。信号电流在两个绕组流过时方向相反,称为异模电流,产生的磁场相互抵消,呈现低阻抗。所以,扼流圈对信号电流不起扼流作用,并且不切断直流回路。地线中的干扰电流流经两个绕组的方向相同,称为共模电流,产生的磁场同向相加。扼流圈对地回路干扰电流呈现高阻抗,起到抑制地回路干扰的作用。

图 5 – 20(a)所示的电路性能可用图 5 – 20(b)所示的等效电路加以分析。在图 5 – 20(b)中,信号源电压 $U_S$ 通过纵向扼流圈并经连接线电阻 $R_{C1}$、$R_{C2}$ 接至负载 $R_L$。纵向扼流圈可用电感 $L_1$、$L_2$ 及互感 $M$ 表示。若扼流圈的两个绕组完全相同,且在同一个铁芯上构成紧耦合,则有 $L_1 = L_2 = M$。$U_G$ 是地电位差或地线环路经磁耦合形成的地回路电压(此处称为纵向电压)。

首先分析纵向扼流圈对信号电压 $U_S$ 的影响。此时可暂不考虑 $U_G$。因 $R_{C1}$ 与 $R_L$ 串联,且 $R_{C1} \ll R_L$,故 $R_{C1}$ 可忽略不计。这样,图 5 – 20(b)所示的等效电路可简化为图 5 – 21(a)所示的电路形式。

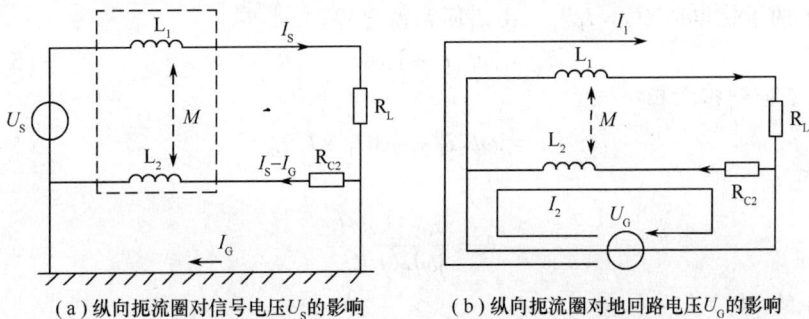

(a)纵向扼流圈对信号电压 $U_S$ 的影响　　　(b)纵向扼流圈对地回路电压 $U_G$ 的影响

图 5 – 21　纵向扼流圈

信号电流 $I_S$ 流经负载 $R_L$ 后就分成两路:一路($I_G$)直接入地,另一路($I_S - I_G$)流经 $R_{C2}$、$L_2$ 后入地。由流经 $R_{C2}$、$L_2$ 入地的回路可得

$$(I_S - I_G)(R_{C2} + j\omega L_2) - (I_S j\omega M) = 0 \qquad (5-26)$$

即

$$|I_G| = \frac{|I_S|}{\sqrt{1 + \left(\dfrac{\omega L}{R_{C2}}\right)^2}} = \frac{|I_S|}{\sqrt{1 + \left(\dfrac{\omega}{\omega_c}\right)^2}} \qquad (5-27)$$

式中,取 $\omega L = R_{C2}$ 时,角频率为 $\omega_c$,即

$$\omega_c = R_{C2}/L \qquad (5-28)$$

$\omega_c$ 称为扼流圈的截止角频率。当 $\omega = \omega_c$ 时,$|I_G| = 0.707 |I_S|$。当 $\omega > \omega_c$ 时,只有小部分信号电流流经地线。一般认为,当 $\omega \geq 5\omega_c$ 时,$I_G \to 0$,这时绝大部分信号电流经 $R_{C2}$、$L_2$ 返回。

根据图 5-21(a)所示回路,又可列出方程

$$U_S = I_S(j\omega L_1 + R_L - j\omega M) + (I_S - I_G)(R_{C2} + j\omega L_2 - j\omega M) \qquad (5-29)$$

将 $M = L_1 = L_2$ 代入式(5-29)并经整理得

$$I_S = \frac{U_S - I_G R_{C2}}{R_L + R_{C2}} \qquad (5-30)$$

由于 $R_{C2} \ll R_L$,且当 $\omega \geq 5\omega_c$ 时,$I_G \to 0$,所以式(5-30)可简化为

$$I_S \approx U_S/R_L \qquad (5-31)$$

这说明,流经负载 $R_L$ 的信号电流 $I_S$,相当于没有接入纵向扼流圈时的电流。因此,当扼流圈的电感足够大,使信号频率满足 $\omega \geq 5\omega_c$($\omega_c = R_{C2}/L$)时,可认为加入扼流圈对信号传输没有影响。

再分析纵向扼流圈对地环路电压 $U_G$ 的抑制作用,如图 5-21(b)所示。此时不考虑信号电压作用(即 $U_S = 0$),电路中未加扼流圈时,地环路干扰电压 $U_G$ 全部加到 $R_L$ 上,加扼流圈后,流经变压器两个绕组的干扰电流分别假设为 $I_1$ 和 $I_2$,在负载 $R_L$ 上的干扰电压 $U_N = I_1 R_L$。由 $I_1$ 回路得方程

$$U_G = j\omega L_1 I_1 + j\omega M I_2 + I_1 R_L \qquad (5-32)$$

由 $I_2$ 回路得方程

$$U_G = j\omega L_2 I_2 + j\omega M I_1 + I_2 R_{C2} \qquad (5-33)$$

即

$$I_2 = \frac{U_G - j\omega M I_1}{j\omega L_2 + R_{C2}} \qquad (5-34)$$

由 $M = L_1 = L_2 = L$,得

$$I_1 = \frac{U_G R_{C2}}{j\omega L(R_{C2} + R_L) + R_{C2} R_L} \qquad (5-35)$$

由 $U_N = I_1 R_L$，$R_{C2} \ll R_L$，有 $R_{C2} + R_L \approx R_L$，所以可推导出

$$U_N = \frac{U_G R_{C2}}{j\omega L + R_{C2}} \qquad (5-36)$$

或

$$\frac{U_N}{U_G} = \frac{1}{1 + \frac{j\omega L}{R_{C2}}} \qquad (5-37)$$

或

$$\left| \frac{U_N}{U_G} \right| = \frac{1}{\sqrt{1 + \left( \frac{\omega L}{R_{C2}} \right)^2}} \qquad (5-38)$$

由 $\omega_C = R_{C2}/L$，则有

$$\left| \frac{U_N}{U_G} \right| = \frac{1}{\sqrt{1 + \left( \frac{\omega}{\omega_c} \right)^2}} \qquad (5-39)$$

当 $\omega \gg 5\omega_c$ 时，$|U_N/U_G| \leqslant 0.197$。可见，扼流圈能很好地抑制地环路的干扰。干扰的角频率 $\omega$ 越高，扼流圈的电感 $L$ 越大，绕组及导线的电阻 $R_{C2}$ 越小，则抑制干扰的效果越好。线圈的电感和电阻 $R_{C2}$ 应具有 $L \gg R_{C2}/\omega$ 关系。

需注意的是，纵向扼流圈的铁芯截面应足够大，以便当有一定数量的不平衡直流流过时不致发生饱和。

### 5.6.3  光耦合器

切断两电路之间的地环路的另一种方法是采用光耦合器。光耦合器的原理如图 5-22 所示。输入端为发光二极管，发光的强弱随输入电流而变化，输出端为光敏三极管，随着光强的大小变化而使输出电流发生相应的变化，将这两种晶体管封装在一起就构成光耦合器。光耦合器通过光强传送控制信号完全切断了两个电路的地环路。这样，两个电路的地电位不同，也不会造成干扰。

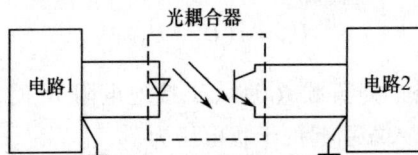

图 5-22  光耦合器用于切断地环路

光耦合器对数字电路特别适用。在模拟电路中，由于发光二极管电流与光强不是线性关系，在传输模拟信号时会产生较大的非线性失真，故光耦合器的应用受到一定限制。

光耦合器的寄生电容在 2pF 左右,所以在高频时能起到很好的隔离作用。较之更好的是采用光纤,光纤寄生电容几乎为零,但需要专门与之配套的器件。

## 5.6.4　差分平衡电路

差分平衡电路有助于减小接地电路干扰的影响,是因为差分器件是按照加于电路两输入端的电压差值工作的。当两输入端对地平衡时,即为平衡差分器件。图 5 - 23 所示为一平衡差分器件示意图,输入电压 $U_S$ 是差分器件响应的电压。地电压(干扰电压)$U_G$ 同时加于两输入端,相应的噪声电流(以 $2i_g$ 表示)则等量地加于两输入端,这是由于电路是平衡的,每一输入端(如图 5 - 23 中 $A$、$B$ 点)对地具有完全相同的阻抗,所以总的输入干扰恰好相互抵消。这说明差分器件对地电路信号不发生响应,从理论上讲,外界干扰电压被抵消掉(这里假定 $U_S$ 的内阻为零)。实际上,在差分器件或相关的整个电路中,总会存在某些不平衡,此时,干扰电压 $U_G$ 中的一部分将作为差分电压出现在等效电阻 $R$ 上。这里的 $R$ 表示 $A$ 端和 $B$ 端对地的漏电阻之差,即 $R = R_A - R_B$(当平衡时 $R = 0$)。由于不平衡所引起的 $U_G$ 的一部分 $\Delta U_G$ 将出现在差分器件的输入端。

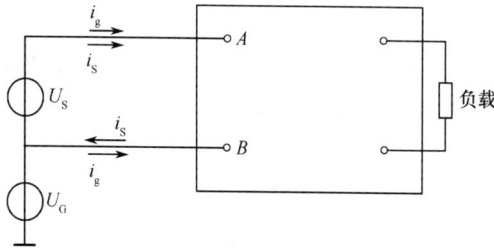

图 5 - 23　平衡差分器件示意图

图 5 - 24(a)给出了最简单的差分放大器电路,图 5 - 24(b)所示为计算其接地干扰的等效电路。图 5 - 24 中 $U_G$ 为地干扰电压,放大器含有两个输入电压 $U_1$ 与 $U_2$,输出电压为

$$U_O = A(U_1 - U_2) \tag{5 - 40}$$

式中:$A$ 为放大器的增益。当负载 $R_L$ 远大于接地电阻 $R_G$ 时,由等效电路图 5 - 24(b)可得 $U_G$ 在放大器输入端引起的干扰电压为

$$U_N = U_1 - U_2 = \left( \frac{R_{L1}}{R_{L1} + R_{C1} + R_S} - \frac{R_{L2}}{R_{L2} + R_{C2}} \right) U_G \tag{5 - 41}$$

可见,若信号源内阻 $R_S$ 相对很小,且阻抗平衡,即 $R_{L1} = R_{L2}$,$R_{C1} = R_{C2}$,则 $U_N = 0$。当放大器输入阻抗 $R_{L1}$ 与 $R_{L2}$ 增加时,可使 $U_N$ 减小。

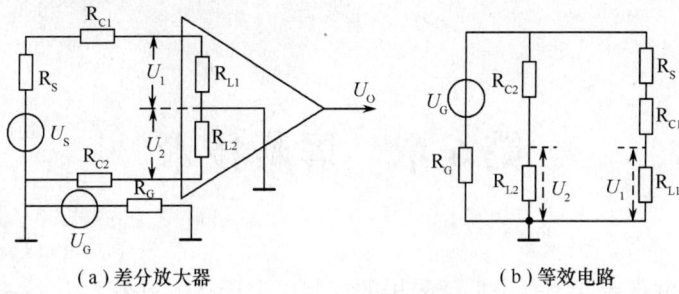

（a）差分放大器　　　　　　　　　　（b）等效电路

图 5 – 24　差分放大器

图 5 – 25 给出了差分电路减小 $U_N$ 的改进电路。图 5 – 25 中接入电阻 R 用以提高放大器的输入阻抗，以减少地干扰电压 $U_G$ 的影响，但没有增加信号 $U_S$ 的输入阻抗。

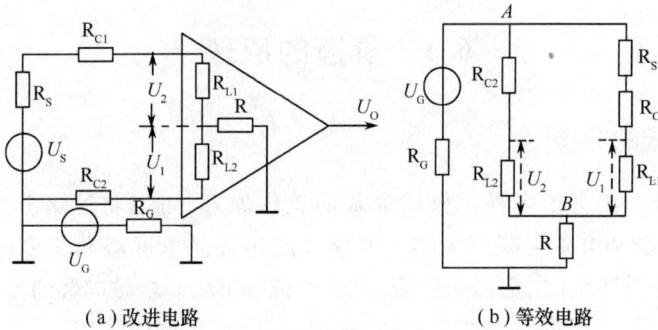

（a）改进电路　　　　　　　　　　（b）等效电路

图 5 – 25　差分放大器的改进电路

计算图 5 – 25(a) 所示接地干扰的等效电路如图 5 – 25(b) 所示，设 $R_{AB}$ 为图中 $A$、$B$ 两点间的电阻，$R_G$ 为接地电阻，一般有 $R_G \ll (R + R_{AB})$，此时 $U_G$ 在放大器输入端引起的噪声电压为

$$U_N = U_1 - U_2 = \left( \frac{R_{L1}}{R_{L1} + R_{C1} + R_S} - \frac{R_{L2}}{R_{L2} + R_{C2}} \right) U_{AB} \qquad (5 - 42)$$

式中：$U_{AB}$ 为 $U_G$ 在图 5 – 25 中两点产生的电压，即

$$U_{AB} = \frac{R_{AB}}{R_G + R + R_{AB}} U_G \qquad (5 - 43)$$

由于 $U_{AB} \ll U_G$，因此，此时计算所得到的 $U_N$ 更小，而对信号 $U_S$ 而言，并没有增加输入阻抗。

71

# 第6章　屏蔽技术

屏蔽是电磁兼容工程中广泛采用的抑制电磁干扰的有效方法之一。它是利用导电或导磁材料制成的金属屏蔽体将电磁干扰源限制在一定范围内,使干扰源从屏蔽体的一面耦合或辐射到另一面时受到抑制或衰减。

屏蔽有两个目的:一是限制内部辐射的电磁能量泄漏出该内部区域;二是防止外来的辐射干扰进入某一区域。

## 6.1　屏蔽的原理

### 6.1.1　屏蔽的分类

屏蔽的分类法有很多种。根据屏蔽的工作原理,可以将屏蔽分为电(场)屏蔽、磁(场)屏蔽和电磁屏蔽三大类。电场屏蔽包含静电屏蔽和交变电场屏蔽;磁场屏蔽包含静磁屏蔽(恒定磁场屏蔽)和交变磁场屏蔽。电磁屏蔽的类型如图6-1所示。

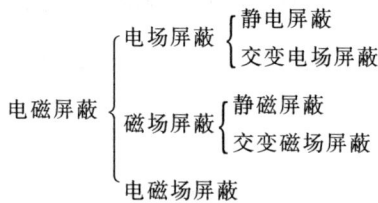

$$
电磁屏蔽
\begin{cases}
电场屏蔽
\begin{cases}
静电屏蔽 \\
交变电场屏蔽
\end{cases} \\
磁场屏蔽
\begin{cases}
静磁屏蔽 \\
交变磁场屏蔽
\end{cases} \\
电磁场屏蔽
\end{cases}
$$

图6-1　电磁屏蔽的类型

### 6.1.2　电场屏蔽原理

电场屏蔽简称电屏蔽,其目的是减少设备(或电路、组件、元件等)间的电场感应,它包括静电屏蔽和交变电场屏蔽。

**1. 静电屏蔽**

电磁场理论表明,置于静电场中的导体在静电平衡的条件下,具有下列性质:

(1)导体内部任何一点的电场为零。

(2)导体表面任何一点的电场强度矢量的方向与该点的导体表面垂直。

（3）整个导体是一个等位体。

（4）导体内部没有静电荷存在,电荷只能分布在导体的表面。

内部存在空腔的导体,在静电场中也具有上述性质。因此,如果把有空腔的导体置入静电场中,由于空腔导体的内表面无静电荷,空腔空间中也无电场,所以空腔导体起了隔离外部静电场的作用,抑制了外部静电场对空腔空间的干扰;反之,如果把空腔导体接地,即使空腔导体内部存在带电体产生的静电场,在空腔导体外部也无由空腔导体内部存在的带电体产生的静电场。这就是静电屏蔽的理论依据,即静电屏蔽原理。

当空腔屏蔽体内部存在带有正电荷 $Q$ 的带电体时,空腔屏蔽体内表面会感应出等量的负电荷,而空腔屏蔽体外表面会感应出等量的正电荷,如图 6－2(a)所示。此时,仅用空腔屏蔽体将静电场源包围起来,实际上起不到屏蔽作用。只有将空腔屏蔽体接地,如图 6－2(b)所示,空腔屏蔽体外表面感应出的等量正电荷沿接地导线泄放进入接地面,它产生的外部静电场才会消失,才能将静电场源产生的电力线封闭在屏蔽体内部,屏蔽体才能真正起到静电屏蔽的作用。

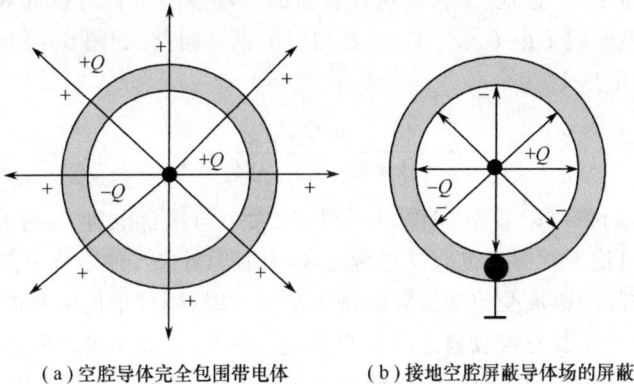

(a)空腔导体完全包围带电体　　　(b)接地空腔屏蔽导体场的屏蔽

图 6－2　静电屏蔽

当空腔屏蔽体外部存在静电场干扰时,如图 6－3 所示,由于空腔屏蔽导体为等位体,所以屏蔽体内部空间不存在静电场,即不会出现电力线,从而实现静电屏蔽。空腔屏蔽导体外部存在电力线,且电力线终止在屏蔽体上。屏蔽体的两侧出现等量反号的感应电荷。当屏蔽体完全封闭时,不论空腔屏蔽体是否接地,屏蔽体内部的外电场均为零。但是,实际的空腔屏蔽导体不可能是完全封闭的理想屏蔽体,如果屏蔽体不接地,就会引起外部电力线的入侵,造成直接或间接静电耦合。为了防止发生这种现象,此时空腔屏蔽导体仍需接地。

综上可见,静电屏蔽必须具有两个基本要点,即完整的屏蔽导体和良好的接地。

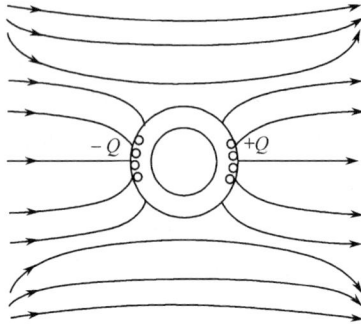

图 6 - 3　对外来静电场的静电屏蔽

**2. 交变电场的屏蔽**

对于交变电场的屏蔽原理,可以用电路理论加以解释,此时干扰源与被干扰对象之间的电场感应可以用分布电容来描述。

设干扰源 g 上有一交变电压 $U_g$,在其附近产生交变电场,置于交变电场中的接收器 s 通过阻抗 $Z_s$ 接地,干扰源对接收器的电场感应耦合可以等效为分布电容 $C_e$ 的耦合,于是形成了由 $U_g$、$Z_g$、$C_e$ 和 $Z_s$ 构成的耦合回路,如图 6 - 4 所示。接收器上产生的干扰电压 $U_s$ 为

$$U_s = \frac{j\omega C_e Z_s}{1 + j\omega C_e (Z_s + Z_g)} U_g \qquad (6-1)$$

从式(6 - 1)中可以看出,干扰电压 $U_s$ 的大小与耦合电容 $C_e$ 的大小有关。为了减小干扰,可使干扰源与接收器尽量远离,从而减小 $C_e$,使干扰 $U_s$ 减小。如果干扰源与接收器间的距离受空间位置限制无法加大时,则可采用屏蔽措施。

为了减少干扰源与接收器之间的交变电场耦合,可在两者之间插入屏蔽体,如图 6 - 5 所示。插入屏蔽体后,原来的耦合电容 $C_e$ 的作用现在变为耦合电容 $C_1$、$C_2$ 和 $C_3$ 的作用。由于干扰源和接收器之间插入屏蔽体后,它们之间的直接耦合作用非常小,所以耦合电容 $C_3$ 可以忽略。

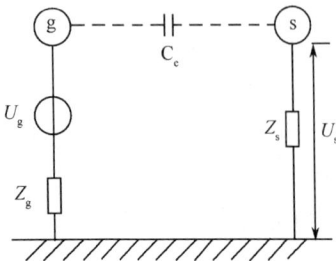

图 6 - 4　交变电场的耦合

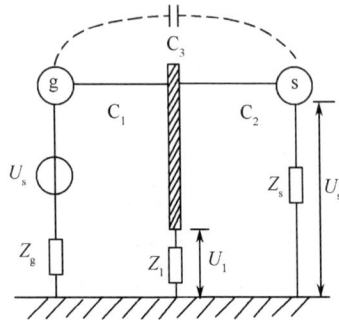

图 6 - 5　存在屏蔽的交变电场的耦合

设金属屏蔽体的对地阻抗为 $Z_1$,则屏蔽体上的感应电压为

$$U_1 = \frac{\mathrm{j}\omega C_1 Z_1}{1 + \mathrm{j}\omega C_1(Z_1 + Z_g)} U_g \qquad (6-2)$$

从而接收器上的感应电压为

$$U_s = \frac{\mathrm{j}\omega C_2 Z_s}{1 + \mathrm{j}\omega C_2(Z_1 + Z_s)} U_1 \qquad (6-3)$$

由此可见,要使 $U_s$ 比较小,则必须使 $C_1$、$C_2$ 和 $Z_1$($Z_1$ 为屏蔽体阻抗和接地线阻抗之和)减小。只有 $Z_1 = 0$,才能使 $U_1 = 0$,进而 $U_s = 0$。也就是说,屏蔽体必须良好接地,才能真正将干扰源产生的干扰电场的耦合抑制或消除,保护接收器免受干扰。

如果屏蔽导体没有接地或接地不良(因为平板电容器的电容量与极板面积成正比,与两极板间距成反比,所以耦合电容 $C_1$、$C_2$ 均大于 $C_e$),那么接收器上的感应干扰电压比没有屏蔽导体时的干扰电压还要大,此时干扰比不加屏蔽体时更为严重。

从上面的分析可以看出,交变电场屏蔽的基本原理是采用接地良好的金属屏蔽体将干扰源产生的交变电场限制在一定的空间内,从而阻断了干扰源至接收器的传输路径。必须注意,交变电场屏蔽要求屏蔽体必须是良导体(如金、银、铜、铝等),屏蔽体必须有良好的接地。

## 6.1.3 磁场屏蔽原理

磁场屏蔽简称磁屏蔽,是用于抑制磁场耦合实现磁隔离的技术措施,它包括低频磁场屏蔽和高频磁场屏蔽。

### 1. 低频磁场屏蔽

低频(100kHz 以下)磁场的屏蔽,是利用铁磁性材料(如铁、硅钢片、坡莫合金等)的磁导率高、磁阻小,对磁场有分路作用的特性来实现屏蔽的。由磁通连续性原理可知,磁力线是连续的闭合曲线,这样可把磁通管所构成的闭合回路称为磁路,如图 6-6 所示。

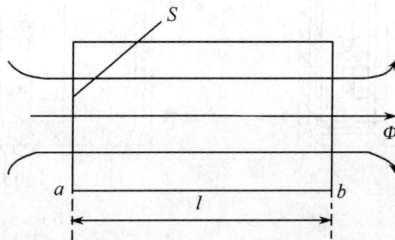

图 6-6　磁路与磁阻

磁路理论表明

$$U_{\mathrm{m}} = R_{\mathrm{m}}\Phi_{\mathrm{m}} \tag{6-4}$$

式中:$U_{\mathrm{m}}$为磁路中两点间的磁位差;$\Phi_{\mathrm{m}}$为通过磁路的磁通量,且

$$\Phi_{\mathrm{m}} = \int_S B \cdot \mathrm{d}S \tag{6-5}$$

$R_{\mathrm{m}}$为磁路中$a$、$b$两点间的磁阻,有

$$R_{\mathrm{m}} = \frac{\int_a^b H \cdot \mathrm{d}l}{\int_S B \cdot \mathrm{d}S} \tag{6-6}$$

如果磁路横截面是均匀的,且磁场也是均匀的,则式(6-6)可化简为

$$R_{\mathrm{m}} = \frac{Hl}{BS} = \frac{l}{\mu S} \tag{6-7}$$

式中:$\mu$为铁磁材料的磁导率(H/m);$S$为磁路的横截面积($\mathrm{m}^2$);$l$为磁路的长度(m)。

显然,磁导率$\mu$大则磁阻$R_{\mathrm{m}}$小,此时磁通主要沿着磁阻小的途径形成回路。由于铁磁材料的磁导率$\mu$比空气的磁导率$\mu_0$大得多,所以铁磁材料的磁阻很小。将铁磁材料置于磁场中时,磁通将主要通过铁磁材料,而通过空气的磁通将大为减小,从而起到磁场屏蔽的作用。

图6-7所示的屏蔽线圈用铁磁材料作屏蔽罩。由于其磁导率很大,磁阻比空气小得多,因此如图6-7(a)所示,线圈所产生的磁通主要沿屏蔽罩通过,即被限制在屏蔽体内,从而使线圈周围的元件、电路和设备不受线圈磁场的影响或干扰。同样,如图6-7(b)所示,外界磁通也将通过屏蔽体而很少进入屏蔽罩内,从而使外部磁场不致干扰屏蔽体内的线圈。

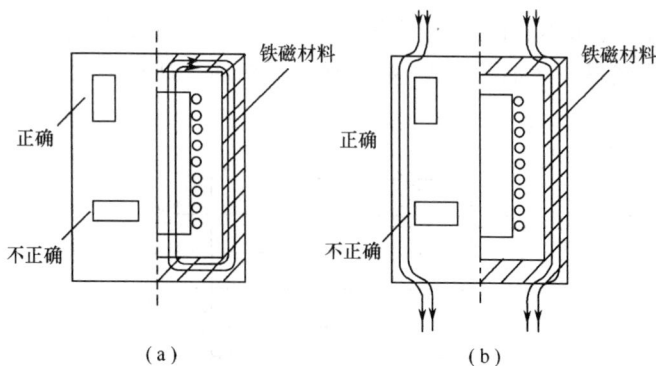

图6-7　低频磁场屏蔽

使用铁磁材料作屏蔽体时要注意下列问题:

(1) 所用铁磁材料的磁导率 $\mu$ 越高,屏蔽罩越厚(即 $S$ 越大),磁阻 $R_m$ 越小,屏蔽效果越好。为了获得更好的磁屏蔽效果,需要选用高磁导率材料,并要使屏蔽罩有足够的厚度,有时需用多层屏蔽。所以,效果良好的铁磁屏蔽体往往是既昂贵又笨重。

(2) 用铁磁材料做的屏蔽罩,在垂直磁力线方向不应开口或有缝隙。因为若缝隙垂直于磁力线,则会切断磁力线,使磁阻增大,屏蔽效果变差。

(3) 铁磁材料的屏蔽不能用于高频磁场屏蔽。因为高频时铁磁材料中的磁性损耗(包括磁滞损耗和涡流损耗)很大,导磁率明显下降。

**2. 高频磁场屏蔽**

高频磁场的屏蔽采用的是低电阻率的良导体材料,如铜、铝等。其屏蔽原理是利用电磁感应现象在屏蔽体表面所产生的涡流的反磁场来达到屏蔽的目的,也就是,利用了涡流反磁场对于原干扰磁场的排斥作用,来抑制或抵消屏蔽体外的磁场。

根据法拉第电磁感应定律,闭合回路上产生的感应电动势等于穿过该回路的磁通量的时变率。根据楞次定律,感应电动势引起感应电流,感应电流所产生的磁通要阻止原来磁通的变化,即感应电流产生的磁通方向与原来磁通的变化方向相反。应用楞次定律可以判断感应电流的方向。

如图 6-8 所示,当高频磁场穿过金属板时,在金属板中就会产生感应电动势,从而形成涡流。金属板中的涡流电流产生的反向磁场将抵消穿过金属板的原磁场。这就是感应涡流产生的反磁场对原磁场的排斥作用。同时,感应涡流产生的反磁场增强了金属板侧面的磁场,使磁力线在金属板侧面绕行而过。

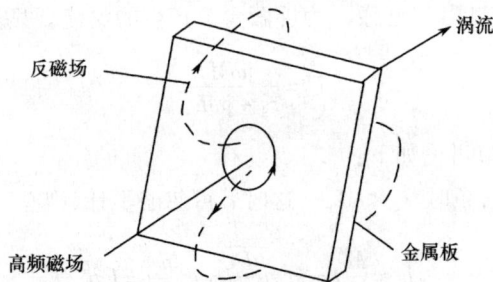

图 6-8  涡流效应

如果用良导体做成屏蔽盒,将线圈置于屏蔽盒内,如图 6-9 所示,则线圈所产生的磁场将被屏蔽盒中的涡流反磁场排斥而被限制在屏蔽盒内。同样,外界磁场也将被屏蔽盒的涡流反磁场排斥而不能进入屏蔽盒内,从而达到磁场屏蔽的目的。

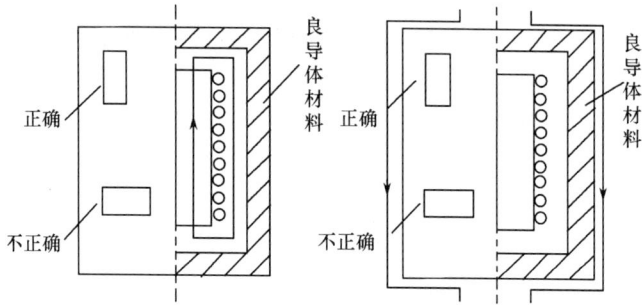

图 6-9　高频磁场屏蔽

由于良导体金属材料对高频磁场的屏蔽作用是利用感应涡流的反磁场排斥原干扰磁场而达到屏蔽的目的,所以屏蔽盒上产生的涡流大小直接影响屏蔽效果。屏蔽线圈的等效电路如图 6-10 所示。

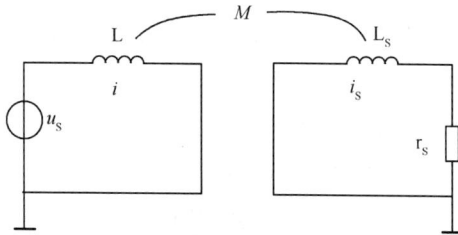

图 6-10　屏蔽线圈等效电路

把屏蔽盒看成是一匝的线圈,$i$ 为线圈的电流,$M$ 为屏蔽盒与线圈之间的互感,$r_s$、$L_s$ 为屏蔽盒的电阻与电感,$i_s$ 为屏蔽盒上产生的涡流。显然

$$I_S = \frac{j\omega M}{r_s + j\omega L_s}I \tag{6-8}$$

现在对式(6-8)讨论如下:

(1)频率。在高频时,$r_s \ll \omega L_s$。这时 $r_s$ 可忽略不计,则有

$$I_S \approx \frac{M}{L_s}I = k\sqrt{\frac{L}{L_s}}i \approx k\frac{n}{n_s}i = kni \tag{6-9}$$

式中:$k$ 为线圈与屏蔽盒之间的耦合系数;$n$ 为线圈圈数;$n_s$ 为屏蔽盒的圈数,可以视为一匝。

由式(6-9)可见,屏蔽盒上产生的感应涡流与频率无关。这说明在高频情况下,感应涡流产生的反磁场已足以排斥原干扰磁场,从而起到了磁屏蔽作用,所以导电材料适于高频磁场屏蔽。另一方面也说明,感应涡流产生的反磁场任何时候都不可能比感应出这个涡流的原磁场大,所以涡流随频率增大到一定程度后,频率继续升高涡流就不会再增大了。

在低频时,$r_s \gg \omega L_s$,式 $I_s$ 可简化为

$$I_s = \frac{\mathrm{j}\omega M}{r_s} I \qquad (6-10)$$

由此可见,低频时产生的涡流也小,因此涡流反磁场也就不能完全排斥原干扰磁场。故利用感应涡流进行屏蔽在低频时效果是很小的,这种屏蔽方法主要用于高频。

(2)由上式可知,屏蔽体电阻 $r_s$ 越小,则产生的感应涡流越大,而且屏蔽体自身的损耗也越小。所以高频磁屏蔽材料需用良导体,常用铝、铜及铜镀银等。

(3)屏蔽体的厚度。由于高频电流的集肤效应,涡流仅在屏蔽盒的表面薄层流过,而屏蔽盒的内层被表面涡流所屏蔽,所以高频屏蔽盒无需做得很厚。这与采用铁磁材料作低频磁场屏蔽体时不同。对于常用铜、铝材料的屏蔽盒,当频率 $f >$ 1MHz 时,机械强度、结构及工艺上所要求的屏蔽盒厚度,总比能获得可靠的高频磁屏蔽时所需的厚度大得多,因此高频屏蔽一般无需从屏蔽效能考虑屏蔽盒的厚度。实际中,一般取屏蔽盒的厚度为 0.2mm ~ 0.8mm。

(4)屏蔽盒的缝隙或开口。屏蔽盒在垂直于涡流的方向上不应有缝隙或开口。因为垂直于涡流的方向上有缝隙或开口时,将切断涡流。这意味着涡流电阻增大,涡流减小,屏蔽效果变差。如果需要屏蔽盒必须有缝隙或开口时,则缝隙或开口应沿着涡流方向。正确的开口或缝隙对削弱涡流影响较小,对屏蔽效果的影响也较小,屏蔽盒上的缝隙或开口尺寸一般不要大于波长的 1/100 ~ 1/50。

(5)接地。磁场屏蔽的屏蔽盒是否接地不影响磁屏蔽效果。这一点与电场屏蔽不同,电场屏蔽必须接地。但是,如果将金属导电材料制造的屏蔽盒接地,它就同时具有电场屏蔽和高频磁场屏蔽的作用,所以实际中屏蔽体都应接地。

## 6.1.4 电磁屏蔽原理

通常所说的屏蔽,多半是指电磁屏蔽。电磁屏蔽是指同时抑制或削弱电场和磁场,一般也是指高频交变电磁屏蔽。

电磁屏蔽是用屏蔽体阻止高频电磁能量在空间传播的一种措施,屏蔽体的材料是金属导体或其他对电磁波有衰减作用的材料。屏蔽效能的大小与电磁波的性质及屏蔽体的材料性质有关。

交变场中,电场和磁场总是同时存在的。在频率较低的范围内,电磁干扰一般出现在近场区。如前所述,近场随着干扰源的性质不同,电场和磁场的大小有很大差别。高电压、小电流干扰源以电场为主,磁场干扰可以忽略不计,这时就可以只考虑电场屏蔽,低电压、大电流干扰源以磁场干扰为主,电场干扰可以忽略不计,这

时就可以只考虑磁场屏蔽。

随着频率增高,电磁辐射能力增加,产生辐射电磁场,并趋向于远场干扰。远场干扰中的电场干扰和磁场干扰都不可忽略,因此需要将电场和磁场同时屏蔽,即电磁屏蔽。高频时即使在设备内部也可能出现远场干扰,需要进行电磁屏蔽。如前所述,采用导电材料制作的且接地良好的屏蔽体,就能同时起到电场屏蔽和磁场屏蔽的作用。

# 6.2 屏蔽效能和屏蔽理论

## 6.2.1 屏蔽效能的表示

屏蔽体屏蔽效果的好坏用屏蔽效能(Shielding Effectiveness)来度量。它与屏蔽体的材料性能、干扰源的频率、屏蔽体至干扰源的距离,以及屏蔽体上可能存在的各种不连续的形状和数量有关。

屏蔽效能被定义为不存在屏蔽体时某处的电场强度 $E_0$ 与存在屏蔽体时同一处的电场强度 $E_s$ 之比,常用分贝(dB)表示,即

$$SE_E = 20\lg \frac{E_0}{E_s} \qquad (6-11)$$

或者不存在屏蔽体时某处的磁场强度 $H_0$ 与存在屏蔽体时同一处的磁场强度 $H_s$ 之比,即

$$SE_H = 20\lg \frac{H_0}{H_s} \qquad (6-12)$$

## 6.2.2 屏蔽的传输理论

电磁屏蔽的机理有 3 种理论:

(1)感应涡流效应。这种理论解释电磁屏蔽机理比较形象、易懂,物理概念清楚,但是难以据此推导出定量的屏蔽效果表达式,且关于干扰源特征、传播介质、屏蔽材料的磁导率等因素对屏蔽效能的影响也不能解释清楚。

(2)电磁场理论。严格说来,电磁场理论是分析电磁屏蔽原理和计算屏蔽效能的经典学说,但是由于需要求解电磁场的边值问题,所以分析复杂且求解繁琐,在实际中很少应用。

(3)传输线理论。它是根据电磁波在金属屏蔽体中传播的过程与行波在传输线中传输的过程相似,来分析电磁屏蔽机理,定量计算屏蔽效能。这一理论和方法不仅可以简明分析屏蔽理论,而且还能比较方便地定量计算屏蔽效果。

下面就根据传输线理论对电磁屏蔽进行机理和屏蔽效能分析。

按照传输线理论,屏蔽体对于电磁波的衰减有 3 种不同的机理:

(1) 在空气中传播的电磁波到达屏蔽体表面时,由于空气和金属交界面的阻抗不连续,在分解面引起波的反射。

(2) 未被屏蔽体表面反射而透射进入屏蔽体的电磁能量,继续在屏蔽体内传播时被屏蔽材料衰减。

(3) 在屏蔽体内尚未衰减完的剩余电磁能量,传播到屏蔽体的另一个表面时,又由于金属和空气阻抗的不连续在其交界面再次反射,并重新折回屏蔽体内。这种反射在屏蔽体内的两个界面之间可能重复多次。

图 6-11 反映了金属板对电磁波的屏蔽机理。

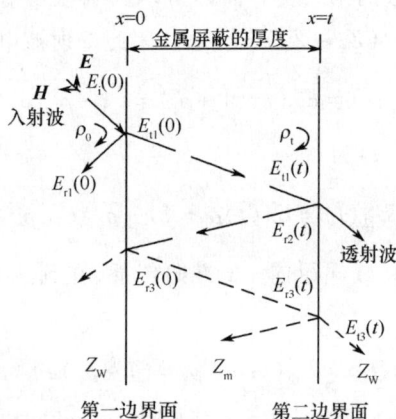

图 6-11　屏蔽体对入射电磁波的衰减

进行电磁屏蔽分析的目的是为了从理论上获取屏蔽效能值,便于在进行屏蔽设计时把屏蔽层看成是实心型屏蔽,即是一个结构完整、电气上内部各向均匀的无限大金属平板或封闭壳体的一种屏蔽。虽然这是一种理想情况,但是对无限大金属平板屏蔽体的研究易于揭开屏蔽现象的物理实质,容易引出一些重要公式。

根据电磁场理论,电磁波在传播过程中在不同介质的交界面,由于波阻抗不同,会发生波的透射和反射。如图 6-11 所示,设屏蔽体的厚度为 $t$,电磁波从自由空间入射,设自由空间和金属屏蔽层中的波阻抗分别为 $Z_w$ 和 $Z_m$。在屏蔽体的第一界面 $x=0$ 处,波的反射系数为

$$\rho_0 = \frac{Z_m - Z_w}{Z_m + Z_w}$$

在本节中,以电场强度的衰减作为分析对象,磁场的分析与此类似。假设入射波电场强度 $E_i(0) = 1$,则有

$$E_{t1}(0) = 1 + E_{r1}(0) \qquad (6-12)$$

因为反射波 $E_{r1}(0) = \rho_0 E_{i1}(0) = \rho_0$，所以透射波 $E_{t1}(0) = 1 + \rho_0$，该透射波在金属板中的传播常数为

$$\gamma = \alpha + j\beta \approx (1+j)\sqrt{\pi\mu f\sigma} = (1+j)\alpha \qquad (6-13)$$

$$\alpha = \sqrt{\pi\mu f\sigma} \qquad (6-14)$$

式中：$\alpha$ 为其实部，表示波幅的衰减系数；$\beta$ 为其虚部，表示相位的变化；$\mu$、$\sigma$ 分别为屏蔽体材料的磁导率和电导率；$f$ 为电磁波的频率。

当电磁波到达第二交界面，即 $x = t$ 时，$E_{t1}(t) = (1+\rho_0)e^{-\gamma x}$。

此时电磁波在金属板的第二交界面（$x = t$ 处）再次反射和透射，由于在 $x = t$ 处反射系数 $\rho_0 = (Z_m - Z_w)/(Z_m + Z_w) = -\rho_0$。因此透射波电场强度 $E_{t2}(t)$ 为

$$E_{t2}(t) = E_{t1}(t)(1+\rho_t) = (1-\rho_0^2)e^{-\gamma t} \qquad (6-15)$$

反射波电场强度 $E_{r2}(t)$ 为

$$E_{r2}(t) = E_{t1}(t)\rho_t = (1+\rho_0)e^{-\gamma t}\rho_t \qquad (6-16)$$

该反射波以 $e^{-\gamma x}$ 的衰减规律向 $-x$ 方向传播，在到达 $x = 0$ 处再次反射，其反射波电场强度为

$$E_{r3}(0) = E_{r2}(t)e^{-\gamma t}\rho_t = (1+\rho_0)e^{-2\gamma t}\rho_t^2 \qquad (6-17)$$

$E_{r3}(0)$ 向 $x$ 方向传播，再次到达 $x = t$ 时，其入射电场强度为

$$E_{r3}(t) = E_{r3}(0)e^{-kt} = (1+\rho_0)e^{-3\gamma t}\rho_t^2 \qquad (6-18)$$

在此处又发生反射和透射，其中透射波 $E_{t3}(t)$ 成为穿过屏蔽体的又一部分透射电磁波。该电磁波电场强度为

$$E_{t3}(t) = E_{r3}(t)(1+\rho_t) = \rho_t^2(1-\rho_0^2)e^{-3\gamma t} \qquad (6-19)$$

如此往复类推，可得透过屏蔽体的电磁波的总的电场强度为

$$\sum E_t(t) = (1-\rho_0^2)e^{-\gamma t} + (1-\rho_0^2)\rho_t^2 e^{-3\gamma t} + (1-\rho_0^2)\rho_t^4 e^{-5\gamma t} + \cdots$$

$$= (1-\rho_0^2)e^{-\gamma t}[1 + \rho_t^2 e^{-2\gamma t} + \rho_t^4 e^{-4\gamma t} + \cdots] \qquad (6-20)$$

因此，屏蔽体的屏蔽效能为

$$\mathrm{SE} = \frac{E_0(t)}{E_s(t)} = \left| \frac{e^{-\gamma_0 t}}{(1-\rho_0^2)e^{-\gamma t}[1 + \rho_t^2 e^{-2\gamma t} + \rho_t^4 e^{-4\gamma t} + \cdots]} \right|$$

$$= \left| e^{(r-\gamma_0)t}(1-\rho_0^2)^{-1}[1 + \rho_t^2 e^{-2\gamma t} + \rho_r^4 e^{-4\gamma t} + \cdots]^{-1} \right| \qquad (6-21)$$

式中:$\gamma_0$ 为自由空间电磁波的传播常数。

令

$$\begin{cases} A = \left| e^{(\gamma - \gamma_0)t} \right| \\ R = \left| (1 - \rho_0^2)^{-1} \right| \\ B = \left| \left[ 1 + \rho_t^2 e^{-2\gamma t} + \rho_t^4 e^{-4\gamma t} + \cdots \right]^{-1} \right| \end{cases} \qquad (6-22)$$

式中:$A$ 为吸收损耗;$R$ 为反射损耗;$B$ 为多次反射损耗。于是有 SE $= ARB$。用分贝表示,屏蔽效能(dB)为

$$SE = 20\lg A + 20\lg R + 20\lg B \qquad (6-23)$$

## 6.2.3　屏蔽效能的计算

由上述分析可知,分析屏蔽效能的主要任务是计算吸收损耗 $A$、反射损耗 $R$ 和多次反射损耗 $B$。

**1. 吸收损耗**

吸收损耗是电磁波在屏蔽体内部传播时涡流发热所导致的损耗。根据电磁波在屏蔽材料中传输时的衰减特性 $A = e^{(\gamma-\gamma_0)t}$,$A$ 取决于传播常数 $\gamma$ 和屏蔽层厚度 $t$。由于只考虑损耗,因此只要取其实部 $\alpha$(衰减常数)即可,它是反映电磁波在金属屏蔽体中产生涡流发热导致能量衰减的因子,是产生损耗的主要因素。另外,考虑到自由空间衰减系数 $\alpha_0 \ll \alpha$,故可忽略 $\gamma_0 t$ 因子。于是 $A$ 的指数项简化后可得

$$A = e^{\alpha t} = e^{t\sqrt{\pi\mu f\sigma}} = e^{t/\delta} \qquad (6-24)$$

式中:$\delta$ 为集肤深度,$\delta = (\sqrt{\pi\mu f\sigma})^{-1}$。

用分贝数表示的吸收损耗(dB)为

$$A = \lg(e^{t/\delta}) = 8.68t/\delta \qquad (6-25)$$

为了便于计算,常用屏蔽材料的相对电导率 $\sigma_r$ 和相对磁导率 $\mu_r$ 来表示吸收损耗(dB),即

$$A = 0.131\sqrt{f\mu_r\sigma_r} \qquad (6-26)$$

式中:$t$ 为屏蔽体厚度(mm);$\mu_r$ 为屏蔽体的相对磁导率;$\sigma_r$ 为屏蔽材料相对于铜的电导率。

由此可见,吸收损耗随电磁波频率、屏蔽材料的电导率、磁导率及屏蔽体厚度的增大而增大。表 6-1 所列为电磁屏蔽常用金属材料的相对磁导率、相对电导率及厚度与吸收损耗的关系。

表 6-1 常用金属材料的 $\mu_r$ 和 $\sigma_r$ 及其屏蔽厚度与吸收损耗的关系

| 金属 | $\sigma_r$ | $\mu_r$ | $f$/Hz | $t$/mm | | |
|---|---|---|---|---|---|---|
| | | | | 8.68dB | 20dB | 40dB |
| 铜 | 1 | 1 | $10^2$ | 6.7 | 15.4 | 30.8 |
| | | | $10^4$ | 0.67 | 1.54 | 3.08 |
| | | | $10^6$ | 0.067 | 0.154 | 0.308 |
| | | | $10^8$ | 0.0067 | 0.0154 | 0.0308 |
| 铝 | 0.63 | 1 | $10^2$ | 8.35 | 19.24 | 38.48 |
| | | | $10^4$ | 0.835 | 1.924 | 3.848 |
| | | | $10^6$ | 0.0835 | 0.1934 | 0.3848 |
| | | | $10^8$ | 0.00835 | 0.01934 | 0.03848 |
| 钢 | 0.17 | 180 | $10^2$ | 1.2 | 2.76 | 5.52 |
| | | | $10^4$ | 0.12 | 0.276 | 0.552 |
| | | | $10^6$ | 0.012 | 0.0276 | 0.0552 |
| | | | $10^8$ | 0.0012 | 0.00276 | 0.00552 |
| 坡莫合金 | 0.108 | 8000 | $10^2$ | 0.23 | 0.52 | 1.04 |
| | | | $10^4$ | 0.023 | 0.052 | 0.104 |
| | | | $10^6$ | 0.0023 | 0.0052 | 0.0104 |
| | | | $10^8$ | 0.00023 | 0.00052 | 0.00104 |

从表 6-1 中可以看出,对于吸收损耗,当 $f \geq 1\text{MHz}$ 时,用 0.5mm 厚的任何金属板制成的屏蔽体,都能将电场强度减弱至原来的 1%(效能为 40dB)以下。随着频率的升高,同样厚度的金属屏蔽层的屏蔽效能会随之增大。因此,在选择材料时,应着重考虑材料的机械强度、刚度和防腐等因素。对于低频屏蔽,应采用用高磁导率的铁磁材料,如冷轧钢板、坡莫合金等。

关于吸收损耗的一些结论如下:

(1)吸收损耗与电磁波的种类(波阻抗)无关。无论电磁波的波阻抗如何,吸收损耗都是相同的,因此做近场屏蔽时,它与辐射源的特性无关。

(2)吸收损耗与电磁波频率有关。频率越低的电磁波,吸收损耗越小,因此,低频电磁波具有较强的穿透力。

(3)屏蔽材料越厚,吸收损耗越大。厚度每增加一个趋肤深度,吸收损耗增加约 9dB。

(4)吸收损耗与材料特性有关。屏蔽材料的磁导率和电导率越高,吸收损耗越大,但由于金属材料电导率增加有限,因此常用高磁导率材料增加吸收损耗。

## 2. 反射损耗

反射损耗是由屏蔽体与自由空间交界面处阻抗不连续引起的。

由于 $\rho_0 = (Z_m - Z_w)/(Z_m + Z_w)$，$\rho_t = -\rho_0$，因此反射损耗的表达式可写为

$$R = (1 - \rho_0^2)^{-1} = \frac{(Z_m + Z_w)^2}{4Z_m Z_w} \qquad (6-27)$$

一般情况下，自由空间的波阻抗比金属材料的波阻抗要大得多，即 $Z_w \gg Z_m$，故式(6-27)可简化为

$$R \approx \frac{Z_w}{4Z_m} \qquad (6-28)$$

其模量为

$$|R| \approx \left| \frac{Z_w}{4Z_m} \right| \qquad (6-29)$$

任何均匀材料的特性阻抗为

$$Z_i = \sqrt{\frac{j\omega\mu}{\sigma + j\omega\varepsilon}} \qquad (6-30)$$

对于高电导率的金属材料，$\sigma \gg \omega\varepsilon$，因此金属材料的波阻抗为

$$\begin{cases} Z_m = \sqrt{\dfrac{j\omega\mu}{\sigma}} = \sqrt{\dfrac{j2\pi f\mu}{\sigma}} = (1+j)\sqrt{\dfrac{\pi\mu f}{\sigma}} \\[2mm] |Z_m| = \sqrt{2}\sqrt{\dfrac{\pi\mu f}{\sigma}} = 3.69 \times 10^{-7}\sqrt{\dfrac{\mu_r f}{\sigma_r}} \end{cases} \qquad (6-31)$$

在不同类型场源和场区中，自由空间的波阻抗 $Z_w$ 的值是不一样的。

(1) 在远区平面波情况下，有

$$Z_w = \sqrt{\frac{\mu_0}{\varepsilon_0}} = 120\pi\,\Omega = 377\,\Omega \qquad (6-32)$$

(2) 在近区以电场为主时，波阻抗为

$$\begin{cases} Z_w = \dfrac{1}{j\omega\varepsilon_0 r} \\[2mm] |Z_w| = \left| \dfrac{1}{j\omega\varepsilon_0 r} \right| = \dfrac{1}{2\pi f\varepsilon_0 r} = \dfrac{1.8 \times 10^{10}}{fr} \end{cases} \qquad (6-33)$$

(3) 在近区以磁场为主时，波阻抗为

$$\begin{cases} Z_w = j\omega\mu_0 r \\[2mm] |Z_w| = |\omega\mu_0 r| = 2\pi f\mu_0 r = 8\pi^2 \times 10^{-7} fr \end{cases} \qquad (6-34)$$

将 $Z_w$ 在 3 种不同情况下的计算公式和金属波阻抗 $Z_m$ 代入式(6-34),用 dB 表示,可得不同情况的反射损耗(dB)如下:

(1) $r \gg \lambda/(2\pi)$ 时,对远区平面场情况,有

$$R_p = 168 + 10\lg\left(\frac{\sigma_r}{\mu_r f}\right) \qquad (6-35)$$

(2) $r \ll \lambda/(2\pi)$ 时,对于近区电场为主情况,有

$$R_e = 321.7 + 10\lg\left(\frac{\sigma_r}{f^3 r^2 \mu_r}\right) \qquad (6-36)$$

(3) $r \ll \lambda/(2\pi)$ 时,对于近区磁场为主情况,有

$$R_m = 14.6 + 10\lg\left(\frac{f r^2 \sigma_r}{\mu_r}\right) \qquad (6-37)$$

假设选定材料为铝,其在近场区和远场区反射损耗随距离和频率变化的曲线如图 6-12 所示。

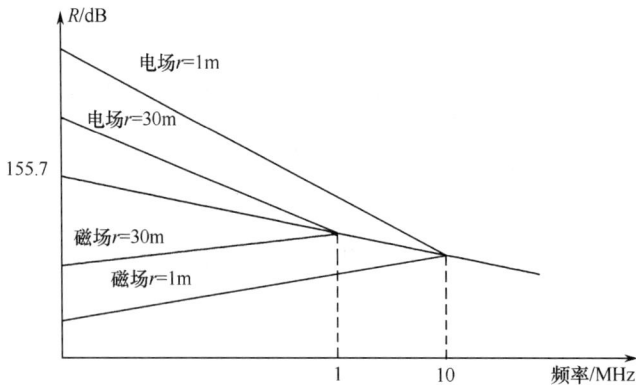

图 6-12 铝的反射损耗

根据图 6-12,可以得到反射损耗的一些结论:

(1) 反射损耗与被屏蔽电磁波的种类有关。波阻抗越高,反射损耗越大。近场区电场波为高阻抗场,反射损耗大,磁场波为低阻抗场,反射损耗小。因此做近场屏蔽时,要分别考虑电场波和磁场波的情况。

(2) 随频率升高,反射损耗逐渐与辐射源的性质无关。在距离一定的情况下,当频率升高时,电场波和磁场波的反射损耗趋向一致,最终汇合于平面电磁波的反射损耗数值上。

(3) 屏蔽体到辐射源的距离对反射损耗有影响。对于电场波,距离越近,反射损耗越大;对于磁场波,距离越近,反射损耗越小。因此,为了获得尽可能高的反射

损耗,如果是电场源,屏蔽体应尽量靠近辐射源;如果是磁场源,则屏蔽体应尽量远离辐射源。

(4)对于平面电磁波,随频率升高,反射损耗降低。这是因为频率升高时,屏蔽材料的特性阻抗变大。

**3. 多次反射损耗**

根据反射损耗的计算方法,令 $X = \rho_t^2 e^{-2\gamma t}$,则有

$$B = \left[ 1 + \rho_t^2 e^{-2\gamma t} + \rho_t^4 e^{-4\gamma t} + \cdots \right]^{-1} + \left[ 1 + X + X^2 + X^3 + \cdots \right]^{-1} \quad (6-38)$$

由于 $|\rho_t| = \left| \dfrac{Z_w - Z_m}{Z_w + Z_m} \right| < 1$, $|e^{-2\gamma t}| < 1$,因此 $|\rho_t^2 e^{-2\gamma t}| \ll 1$,符合 $|X| < 1$ 的条件,因此

$$B = \left[ \frac{1}{1-X} \right]^{-1} = 1 - X = 1 - \rho_t^2 e^{-2\gamma t} \quad (6-39)$$

用分贝表示,有

$$B = 20\lg \left| \left[ \frac{1}{1-X} \right]^{-1} \right| = 20\lg | 1 - \rho_t^2 e^{-2\gamma t} | \quad (6-40)$$

式中

$$e^{-2\gamma t} = e^{-2(1+j)\alpha t} = e^{-2\alpha t} e^{-2j\alpha t} \quad (6-41)$$

若吸收损耗 $A(\text{dB})$ 已知,则 $e^{\alpha t} = 10^{0.05A}$,将等式两边平方后,得 $e^{2\alpha t} = 10^{0.1A}$,则 $2\alpha t = \ln 10^{0.1A} = 0.23A$。将此结果代入式(6-39),得多次反射损耗为

$$B = 1 - \left( \frac{Z_m - Z_w}{Z_m + Z_w} \right)^2 10^{-0.1A} (\cos 0.23A - j\sin 0.23A) \quad (6-42)$$

用分贝表示为

$$B = 20\lg \left| 1 - \left( \frac{Z_m - Z_w}{Z_m + Z_w} \right)^2 10^{-0.1A} (\cos 0.23A - j\sin 0.23A) \right| \quad (6-43)$$

对于以下情况,可以忽略多次反射因子:

(1)对于电场波,由于大部分能量在金属与空气的第一个界面反射,进入金属内部的能量已经较小,可以忽略多次反射造成的泄漏。

(2)当屏蔽材料的厚度达到一定趋肤深度时,多次反射因子也可以忽略不计。

**4. 综合屏蔽效能**

以 0.5mm 厚的铝板为例,$r$ 为屏蔽层到辐射源的距离,综合屏蔽效能如图 6-13 所示。

结合图 6-13,可以得出关于综合屏蔽效能的几个有用的结论:

(1)低频时屏蔽效能与电磁波的种类关系密切。由于低频时,无论哪种电磁波吸收损耗都很小,所以综合屏蔽效能主要取决于反射损耗,而反射损耗与场源性质有关。

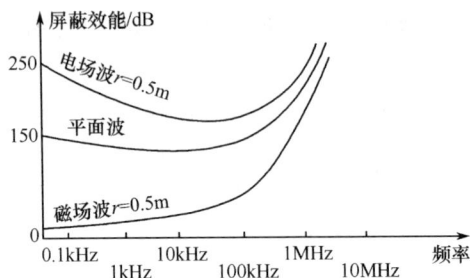

图 6 – 13　厚度为 0.5mm 铝板的屏蔽效能

（2）高频时屏蔽效能与电磁波的种类无明显关系。随着频率升高，导体趋肤深度变小，高频时导体的屏蔽效能主要取决于吸收损耗，而吸收损耗与场源的性质无关。

（3）总体来讲，材料对电场波进行屏蔽时，会有比较高的屏蔽效能，其次是平面电磁波，而对磁场波进行屏蔽时，材料的屏蔽效能都比较低，特别是对低频磁场波进行屏蔽时，屏蔽效能最低。也即屏蔽的难度为电场波最容易、平面电磁波次之，磁场波较难，最难的为低频磁场波。

了解同一种材料对不同的电磁波屏蔽效能不同这一点很重要，因为根据参考厂家提供的屏蔽数据选购屏蔽材料时，一定要搞清楚数据是在什么条件下获得的。导电薄膜、导电涂覆层对于磁场往往屏蔽效能很低，厂家给出的屏蔽数据一般是电场波或平面波的屏蔽效能。

低频磁场是最难屏蔽的一种电磁波，这是由其自身特性所决定的。"低频"意味着趋肤深度很深，这决定了吸收损耗很小；"磁场"意味着电磁波的波阻抗很低，这决定了反射损耗也很小。由于屏蔽材料的屏蔽效能主要是由吸收损耗和反射损耗两部分构成的，当这两部分很小时，总的屏蔽效能也就很低。另外，对于磁场，多次反射造成的泄漏也是不能忽略的。

当然要对低频磁场进行屏蔽时，可以采取以下几种措施增加屏蔽效能：

（1）使屏蔽体尽量远离辐射源，增加反射损耗，但对辐射源进行屏蔽时，会导致屏蔽体的体积增加。

（2）增加屏蔽材料的厚度，但是这会增加屏蔽体的重量和体积。

（3）选用磁导率高的屏蔽材料（如铁、钢或铁镍合金），可增加吸收损耗。由于大多数磁导率高的金属材料电导率都很低，因此会损失反射损耗，而对于电场的屏蔽而言，反射损耗是主要的，当将屏蔽材料换成磁导率高的材料时，损失的反射损耗要大于获得的吸收损耗，使整体屏蔽效能反而降低。为了能同时对电场和磁场有效屏蔽，希望既能增加吸收损耗，又不损失反射损耗，可以在高磁导率材料的表面增加一层高电导率材料，以增加电场波在屏蔽材料与空气界面上的反射损耗。

88

### 6.2.4 低频磁场的屏蔽方法

对于频率极低(如直流或50Hz)的磁场,由于趋肤深度很深,屏蔽相当困难。例如,一种常见的干扰现象是50Hz交变电场带来的干扰。这种磁场产生于大功率的配电线和变压器。对于这种磁场,如果用低碳钢作为屏蔽材料,0.85mm厚的钢板仅能提供不到9dB的吸收损耗。

这时,基于磁旁路原理的屏蔽作用十分重要。如图6-14所示,高磁导率材料构成的屏蔽体为磁场提供了一条低磁阻的通路,可使磁场绕过敏感元件。

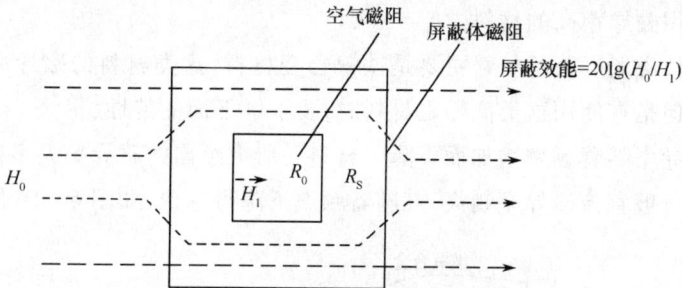

图6-14 高磁导率材料对磁场的旁路作用

图6-14所示的磁旁路原理的屏蔽效能计算模型如图6-15所示,采用电路模型来等效磁路。在图6-15中,并联的两个电阻分别代表屏蔽材料的磁阻$R_S$和屏蔽体中空气的磁阻$R_0$。流过两个电阻的电流分别对应通过屏蔽体壁和屏蔽体中央的磁通量。用计算并联电路电流的方法可得式(6-44),即

$$H_1 = H_0 R_S / (R_S + R_0) \qquad (6-44)$$

式中:$H_1$为屏蔽体中心处的磁场强度;$H_0$为屏蔽体外部的磁场强度;$R_S$为屏蔽体的磁阻;$R_0$为屏蔽体中空气的磁阻。

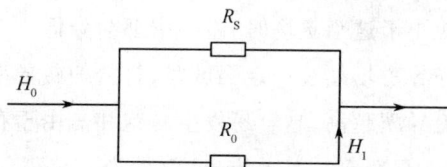

图6-15 计算磁屏蔽效能的模型

根据屏蔽效能的定义有

$$SE = 20\lg(H_0/H_1) = 20\lg(R_s + R_0/R_s)$$
$$= 20\lg(1 + R_0/R_s) \qquad (6-45)$$

磁阻的计算式为

$$R = S/(\mu A) \qquad (6-46)$$

式中:$S$ 为屏蔽体中磁路的长度;$A$ 为屏蔽体中穿过磁力线的界面面积;$\mu = \mu_0 \mu_r$。

屏蔽体的磁阻越小,屏蔽效能越高。为了减小屏蔽体的磁阻,应采取以下措施:

(1)使屏蔽体尽量小,这样可以使磁路尽量短,从而达到减小磁阻的目的。

(2)增加磁路的截面积。

(3)使用磁导率高的材料。

用于低频磁场屏蔽的材料主要是铁镍合金材料,这类材料的磁导率可以达到数万以上。但是在使用这类高导磁材料时,要了解下面的特性:

(1)磁导率随着频率增加而下降。材料手册上给出的磁导率大多是直流情况下的数据。一般直流磁导率越高,其随着频率下降得越快,如图 6-16 所示。

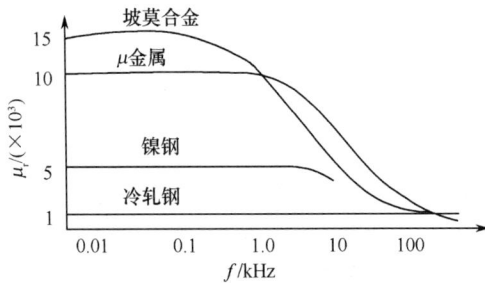

图 6-16 高磁导率材料的频率特性

(2)外加磁场对磁导率的影响。当外加磁场为某一个强度时,材料的磁导率最高,大多数手册上给出的磁导率数据往往是这个情况下的磁导率,称为最大磁导率。当外界磁场大于或小于这个磁场时,磁导率都会降低。

(3)磁饱和。当外界磁场超过一定强度时,材料的磁导率会变得很低,这就是磁饱和现象。材料的磁导率越高,越容易发生磁饱和。由于存在磁饱和现象,当要屏蔽的磁场强度很强时,存在着一对矛盾,这就是为了获得较高的屏蔽效能,需要使用磁导率较高的材料,但这种材料容易饱和;如果用比较不容易饱和的材料,往往磁导率较低,屏蔽效能又达不到要求。解决这个问题的方法是采用双层屏蔽,先用磁导率较低但不容易饱和的材料将磁场强度衰减到较低的程度,然后再用高磁导率材料提供足够的屏蔽效能。

(4)加工影响。对高磁导率材料进行机械加工,如焊接、折弯、打孔、剪切、敲打等,会降低材料的磁导率。解决的办法是在加工完成后,按照材料生产厂商的要求进行热处理,恢复磁导率。制作好的工件受到机械冲击,如跌落时,也会降低磁导率,从而影响屏蔽体的屏蔽效能,因此在组装和搬运过程中要格外注意。

## 6.3 几种实用屏蔽技术

### 6.3.1 薄膜屏蔽

薄膜屏蔽是采用喷涂、电镀、真空沉积、粘贴等技术,在工程塑料和有机介质表面覆盖一层导电膜,使其对电磁波具有反射和吸收作用。薄膜屏蔽常用于工程塑料机箱。工程塑料机箱成本低、重量轻、加工方便,但不具有屏蔽性,所以在机箱涂覆一层导电膜来实现电磁屏蔽。薄膜技术还常用于制作导电玻璃,就是在玻璃基片上喷涂导电屏蔽层,它既透光又导电,可制作成各种观察窗口。需要注意的是,由于导电膜很薄,吸收损耗极小,所以主要靠反射损耗起屏蔽作用,这时多次反射修正因子就不能忽略不计。

如导电铜漆是一种铜基导电涂料,专用于无线电干扰屏蔽和需要高导电表面的场合。表 6-2 所列为铜薄膜的屏蔽效能与厚度、频率的关系,给出了吸收损耗 $A$、反射损耗 $R$ 和多次反射损耗 $B$ 的典型数据。

表 6-2 铜薄膜的屏蔽效能

| 铜薄膜厚度/μm | 频率/Hz | A/dB | R/dB | B/dB | SE/dB |
|---|---|---|---|---|---|
| 0.105 | 1M | 0.14 | 109 | -47 | 62 |
| | 1G | 0.44 | 79 | -17 | 62 |
| 1.25 | 1M | 0.16 | 109 | -26 | 83 |
| | 1G | 5.2 | 79 | -0.6 | 84 |
| 2.196 | 1M | 0.29 | 109 | 0.6 | 110 |
| | 1G | 9.2 | 79 | 0.6 | 90 |
| 21.96 | 1M | 2.9 | 109 | -3.5 | 108 |
| | 1G | 92 | 79 | 0 | 171 |

可以看到,当铜薄膜的厚度比较小时,吸收损耗非常小,主要靠反射损耗发挥屏蔽作用,多次反射修正因子比较大,不能忽略。随着厚度的增加,多次反射修正因子逐渐减小,当厚度达到 $21.96\mu m$,频率为 $1GHz$ 时,多次反射修正因子为零,这也就是当屏蔽材料的厚度能够达到一个趋肤深度时,多次反射修正因子可以忽略。随着厚度的增加,薄膜的吸收损耗逐步增大,这与前面所讲的吸收损耗公式是一致

的,而反射损耗只与入射电磁波的波阻抗和屏蔽材料的特性阻抗有关,所以反射损耗并不随厚度增加而改变。

## 6.3.2 多层屏蔽

为了得到全频段良好的屏蔽特性,有时采用两层甚至三层屏蔽材料做成屏蔽体。例如,电导率高的金属材料,往往磁导率低,它们对高频电场有着很好的屏蔽作用,而对于低频磁场的屏蔽效能却不令人满意。有些高磁导率的合金材料对低频磁场可以提供很好的屏蔽作用,但是在高频电场中往往屏蔽效能很低。因此,用两种材料做成双层屏蔽体就可以得到高、低频都满意的屏蔽特性了。双层屏蔽如图 6 – 17 所示。

多层屏蔽的屏蔽效能的计算方法为

$$SE = R + A + B \qquad (6-47)$$

$$R = R_1 + R_2$$

$$A = A_1 + A_2$$

$$B = B_1 + B_2 + B_3$$

即反射损耗等于电磁波在两个屏蔽层上的反射

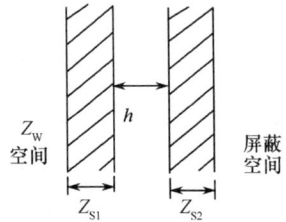

图 6 – 17　双层屏蔽

损耗之和。这里在每个屏蔽层上的反射损耗仍包括在两个界面上的反射损耗。吸收损耗是电磁波在这两层屏蔽材料内部传播时发生的吸收损耗之和。多次反射修正因子不单包括电磁波在两个屏蔽层内部发生的多次反射,还包括在这两个屏蔽层之间发生的多次反射,把这一部分记为 $B_3$,$B_3$ 的计算方法为

$$B_3 = 20\lg\left[ 1 - \left(\frac{1 - N_1}{1 + N_1}\right)\left(\frac{1 - N_2}{1 + N_2}\right) e^{-\frac{4\pi}{\lambda}h} \right] \qquad (6-48)$$

式中

$$N_1 = Z_W / Z_{S1}, \quad N_2 = Z_W / Z_{S2} \qquad (6-49)$$

$B_3$ 在很宽的频率范围内均为负数,这是因为电磁能量在两层之间多次反射,致使相当一部分电磁波穿过第二个屏蔽层进入屏蔽空间,增强了剩余场强。也即双层屏蔽的屏蔽效能要小于两个单层屏蔽的屏蔽效能之和。

但要特别注意高频情况,高频时电磁波在两个屏蔽层之间会发生谐振。当两个屏蔽层之间的距离 $h = (2n-1)\lambda/4$ 时,屏蔽效能最大,它比两个屏蔽层屏蔽效能之和还多 6dB,即

$$SE = SE_1 + SE_2 + 6dB \qquad (6-50)$$

但如果两个屏蔽层之间的距离 $h = 2n\lambda/4$,则屏蔽效能最小,它是两个屏蔽层屏蔽效能之和减去第二个屏蔽层上的反射损耗,即

$$SE = SE_1 + SE_2 - R_2 \qquad (6-51)$$

在需要高度抑制干扰时,还可应用多层混合结构的电磁屏蔽体。这种屏蔽体主要由交替的抗磁层(铜、铝)及强磁层(钢、坡莫合金)制成,其特点是屏蔽效果很高而屏蔽体中的能量损耗较小。

设计多层屏蔽体时要注意以下 3 点:

(1)在选择材料、确定材料的组合及确定材料的配置顺序时,外层应该用反射能力强的抗磁材料(铜、铝),而内层则用强导磁材料(钢、坡莫合金),最好在内层采用几种磁导率很大的不同材料。

(2)层厚的最佳比与屏蔽体的设计频段有关。从屏蔽效果来考虑,在 10kHz 以下,一般铜层(铝层)与钢层的厚度相当;在 10kHz ~ 20kHz 时,采用薄铜层(薄铝层)与厚钢层;在直流及频率很低(0 ~ 0.5kHz)时,或在频率超过 1MHz 时,由钢制成的均匀强磁屏蔽体可以取得最好的效果,频率越高、越厚的钢层越有效。

多层屏蔽时外层必须使用抗磁材料,外层的厚度应等于电磁场在最高传输频率时的穿透深度。

(3)各层应尽可能做成整块的,要具有最大的电气密闭性。

### 6.3.3 泄漏抑制措施

在电气上存在不连续的屏蔽体,称为非实心型屏蔽体。实际上,理想的屏蔽体(实心型屏蔽体)是不存在的,屏蔽体表面不可避免地存在不连续点,如由于制造、装配、维修、散热及观察要求,屏蔽体上一般都开有形状各异、尺寸不同的孔缝。以电子设备的机箱为例,由于电气连接电缆进出、通风散热、测试与观察及仪表安装的需要,总需要在机箱上打孔。另外,构成箱体时总是存在金属面间的接缝(如两金属板用铆钉或螺钉紧固时残留缝隙)和两金属极间置入金属衬垫后形成的开口和缝隙。这样,电磁能量就会通过孔洞、缝隙泄漏,导致屏蔽效能降低。金属屏蔽壳体内电磁能量的泄漏主要取决于不连续点的尺寸、形状及位置,而不决定于金属的物理特性。当不连续点的尺寸与其谐振值匹配时,对应频率的屏蔽效能会迅速降低。这些孔缝等不连续点对于屏蔽体的屏蔽效果起着重要影响作用,因此必须采取措施来抑制孔缝的电磁泄漏。

以上多种因素中,接缝因素和孔洞因素对屏蔽效能的影响最大。

**1. 装配面处接缝泄漏的抑制**

装配面处接合点的屏蔽性能主要取决于接合点在通过连接处所形成低接触电阻的能力。可以采取以下方法进行抑制:

1)装配面处加入电磁密封衬垫

使用电磁密封衬垫可以实现缝隙的电磁密封,衬垫的电气特性应与屏蔽体的特性近似,以保持分界面上有很高的电气导电性能。电磁密封衬垫的两个基本特性是导电性和弹性,任何导电的弹性材料都可以作为电磁密封衬垫用。常用的衬垫有金属丝网屏蔽条、铍铜指形簧片、导电橡胶、橡胶芯金属网套等。其中,金属丝网屏蔽条已广泛用于军用和民用电子设备中。屏蔽质量很大程度上取决于连接面的材料情况,氧化或其他老化现象会导致连接点处的屏蔽质量下降。衬垫连接点的屏蔽效能随着频率升高而下降。

另外,在使用中需要注意,电磁密封衬垫会由于过量压缩而彻底损坏,在使用时要对压缩进行限位。通常将圆形衬垫安装在槽内,安装槽内同时起固定衬垫和限位作用。

2) 增加缝隙深度或增大金属之间的搭接面

不同部分的接合处构成的缝隙是一条细长的开口。再平整的接合处也不可能完全接触,只能在某些点上是真正接触,构成一个空洞阵列。

根据电磁场理论,具有一定深度的缝隙可看做波导,而波导在一定条件下可以对在其内部传播的电磁波进行衰减,深度越深,衰减量越大。另外,当缝隙很窄时,缝隙之间的电容较大,其阻抗可以等效为电阻和电容并联。由于容抗随频率升高而降低,因此在频率较高时,屏蔽效能较好。增加金属之间的搭接面积可以增大电容,使阻抗减小,从而减小泄漏。

**2. 通风冷却孔泄漏的抑制**

1) 覆盖金属丝网

将金属丝网覆盖在大面积的通风孔上,能显著地防止电磁泄漏。金属丝网的结构简单,成本低,通风量较大,适用于屏蔽要求不太高的场合。金属丝网的屏蔽性能与网孔直径、网孔疏密程度、网丝交点处的焊接质量及网丝材料的电导率有关。

2) 穿孔金属板

一般而言,孔洞的尺寸越大,电磁泄漏也就越严重,屏蔽效能越低。为了提高屏蔽效能,可在满足屏蔽体通风量要求的条件下,以多个小孔替代大孔,这就需要采用穿孔金属板。穿孔金属板通常有两种结构形式:一种是直接在机箱或屏蔽体上打孔;另一种是单独制成穿孔金属板,然后安装到机箱的通风孔上。

穿孔金属板的孔径越小,金属板越厚,屏蔽效果越好。与金属丝网相比,由于不存在金属丝网的网栅交点接触不稳定的缺陷,因此穿孔金属板的性能比较稳定。

3) 截止波导通风孔

金属丝网和穿孔金属板在频率大于 100MHz 时,其屏蔽效能将大大降低。尤其是当孔眼尺寸不是远小于波长甚至接近于波长时,其泄漏将更为严重。

由电磁场理论可知,波导对于在其内部传播的电磁波,起着高通滤波器的作用,高于截止频率的电磁波才能通过。基于上述理论,就出现了截止波导通风孔阵,如由六角形蜂窝金属材料制成嵌板,如图 6 – 18 所示。单根截止波导的横截面可以有矩形、圆形和六角形等,其中六角形波导的截止频率为

$$f_e = \frac{150}{W} \times 10^9 \qquad (6-52)$$

式中:$W$ 为六角形内壁外接圆的直径(mm)。

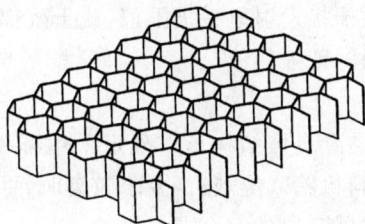

图 6-18　截止波导通风孔

　　与金属丝网和穿孔金属板相比,波导通风孔具有工作频带宽、对空气的阻力小、机械强度高等优点。其缺点是制造工艺复杂、体积大、制造成本高。

　　**3. 观察窗口泄漏的抑制**

　　电子设备的观察窗口包括指示灯、表头面板、数字显示器及 CRT(阴极射线管)等,这一类孔洞的电磁泄漏往往最大,因而必须加以电磁屏蔽。可供选择的方案包括以下几种:

　　(1)使用波导衰减器。

　　(2)使用金属丝网或带有金属丝网的玻璃夹层板。

　　(3)对重要的器件进行屏蔽,对进入器件的所有导线进行滤波。

　　(4)使用导电玻璃。

# 6.4　屏蔽体的设计

　　屏蔽体的实际应用很广泛,包括专门的屏蔽室、设备的外壳或机箱、设备内部敏感单元的屏蔽盒及各种屏蔽线缆等。不同设备各自特点及不同工作环境,对屏蔽的要求不同,屏蔽体的设计也各有特点,但其基本原则和处理方法是一致的。

## 6.4.1　屏蔽体的设计原则

　　屏蔽是抑制辐射的重要手段,屏蔽设计也是电磁兼容性设计中的重要内容之一。屏蔽体的设计应遵循以下原则及步骤:

　　1)确定屏蔽对象,判断干扰源、干扰对象及耦合方式

　　有时干扰产生的原因很复杂,可能有数个干扰源,通过多种耦合途径作用于同一个干扰对象。这种情况下,首先要抑制较强的干扰,然后再对其他干扰采取抑制措施。为了抑制干扰,可对干扰源或干扰对象进行单独屏蔽,但在屏蔽要求特别高

的场合,可以对干扰源和干扰对象都进行屏蔽。

2)确定屏蔽效能

设计之前,应根据设备或电路未实施屏蔽时存在的干扰发射电平,以及按电磁兼容性标准和规范允许的干扰发射电平极限值,或干扰辐射敏感度电平极限值,提出确保正常运行所必需的屏蔽效能值。

3)确定屏蔽的类型

根据屏蔽效能要求,结合具体结构形式确定采用哪种屏蔽方法。如当屏蔽要求不高时,可采用导电塑料机箱来屏蔽;当要求较高时,可采用单层金属板来屏蔽;当要求更高时可采用多层屏蔽等的综合屏蔽方法。

4)进行屏蔽结构的完整性设计

对屏蔽的要求往往与对系统或设备功能其他方面的要求有矛盾。例如,通风散热需要有孔洞,加工时存在缝隙等都会降低屏蔽效能,这就需要采用相关的措施来抑制电磁泄漏,达到完善屏蔽的目的。

5)检查屏蔽体谐振

检查屏蔽体谐振是一个非常需要注意的问题。因为在射频范围内,一个屏蔽体可能成为具有一系列固有频率的谐振腔。当干扰频率与屏蔽体某一固有频率一致时,屏蔽体就会产生谐振现象,屏蔽效能大幅下降。

## 6.4.2 屏蔽体设计中的处理方法

### 1. 屏蔽方式和屏蔽材料的选择

从屏蔽原理和屏蔽效能可知,对于屏蔽电场、磁场和电磁场,采用的方法及要求不同,应根据干扰磁场的性质来确定屏蔽方法。对于电场,应采用良导体,对屏蔽体厚度没有要求,只要满足机械强度即可。对于电磁场,除了采取良导体外,为抑制其磁场分量屏蔽体还应具有一定厚度,这与电磁波频率及材料有关,在高频情况下,因电磁波的透射深度很小,厚度要求易于满足。对于磁场,可用具有一定厚度的良导体,在低频情况下厚度要求通常无法得到满足,只能采用高磁导率材料,屏蔽体同样应有一定的厚度。

对于设备的屏蔽,一般采用金属外壳。然而,有些设备出于满足用户要求、便于制造出各种形状、降低成本等原因考虑采用塑料外壳。对此,可在其内壁粘贴金属箔,并在接缝处使用导电黏合剂粘接,以构成一个连续导电的整体,也可采用导电涂料或金属喷涂等方法形成薄膜屏蔽体,还可以使用导电塑料。但这些方法只能用于屏蔽电场和高频电磁场,对于低频磁场则作用很小。

如果单层屏蔽不能满足对屏蔽效能的设计要求,可以采用双层或多层屏蔽结构,但应注意两个屏蔽层之间不能有电气上的连接。如果使用不同的屏蔽材料,靠近磁场干扰源的屏蔽层宜采用高电导率材料,以提供良好的电场屏蔽,并削弱部分磁场强度,使第二层屏蔽不致发生磁饱和,远离干扰源的屏蔽层采用高磁导率材料,以衰减磁场强度,达到对磁场的屏蔽效能。

**2. 屏蔽完整性设计**

实际的屏蔽体必然是一个不完整的屏蔽体,如图6-19所示,要保证其屏蔽效果就需要尽量减小屏蔽不完整所带来的影响。在设备中,影响屏蔽不完整的因素主要有两个:一个是为了通风、窥视、开箱等引入的孔缝;另一个是由于电缆线出入引起的穿透。由于穿透引起的屏蔽效能的下降,可以采用滤波的方法加以抑制,下面主要考虑孔缝的影响。

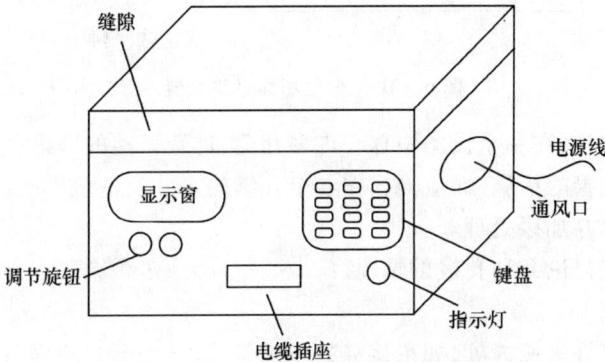

图6-19　影响机箱屏蔽完整性的因素

屏蔽体上的孔缝对屏蔽效能的影响主要表现在:对于抑制低频磁场的高导磁材料屏蔽体,由于开孔或开缝影响了沿磁力线方向的磁阻,使其增大,降低了对磁场的分流作用;对于抑制高频磁场和电磁波的良导体屏蔽体,由于开孔或开缝影响了屏蔽体的感应涡流抑制作用,使得磁场和电磁波穿过孔缝进入屏蔽体内;对于抑制电场的屏蔽,由于孔缝影响了屏蔽体的电连续性,使之不能成为一个等位体,屏蔽体上的感应电荷不能顺利地从接地线走掉。

因此,如果必须在屏蔽体上开孔或缝,应当注意开孔或缝的形式及方向,尽量减小对屏蔽体中磁场或涡流通量的影响,使其在材料中能均匀分布,以保证削弱外部磁场,如图6-20所示。图6-20(a)所示为没有孔缝时的磁场或涡流分布,图6-20(b)至图6-20(d)分别开设不同的孔缝。可见,图6-20(b)所示狭长缝的效果最差,图6-20(d)所示开设多个小孔的效果最好。

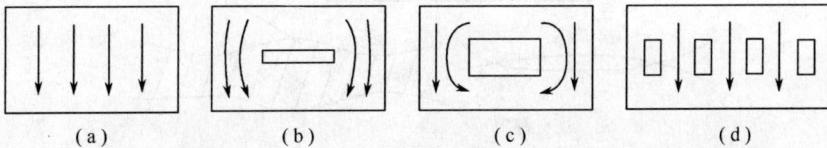

(a)　　　　　(b)　　　　　(c)　　　　　(d)

图6-20　屏蔽上的孔缝对磁场和涡流的影响

电磁波穿过孔缝的强度取决于孔缝的最大尺寸。一般,当孔缝的最大尺寸大于电磁波波长 $\lambda$ 的 1/20 时,电磁波可穿过屏蔽体,如图 6-21 所示。而当孔缝尺寸大于电磁波波长的一半时,电磁波可毫无衰减地穿过。因此,为减小孔缝对屏蔽效果的影响,应减小其最大尺寸,使其小于 $\lambda/20$。

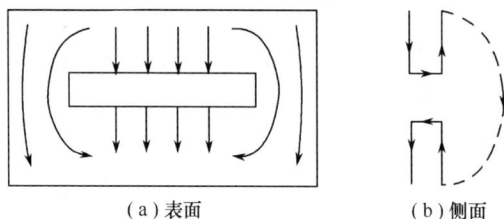

(a) 表面　　　　　　　　(b) 侧面

图 6-21　电磁场穿过狭长缝

需要注意的是,在一个设备中存在许多孔缝,屏蔽完整的考虑并非一味地对所有孔缝都采取完善的措施,而应当根据各个孔缝的尺寸及电磁干扰源的情况,找出主要的泄漏孔缝并加以处理。

下面具体来讨论几种孔缝的情况。

1) 缝隙

在机箱上有许多接缝处,如果接缝处不平整、接缝表面的绝缘材料及油污清理不干净,就会产生缝隙,影响导电结构的连续性。一般要求缝隙的长度小于 $\lambda/20$。因此,对于机箱中的接缝,如果是不必拆卸的,最好采用连续焊接。如果不能焊接,则应使接合表面尽可能平整,接合面宽度大于 5 倍的最大不平整度,保证有足够紧固件数目,并保证接合处不同金属材料电化学性能的一致,避免因金属表面腐蚀所致的接合不可靠。在装配时,还要清除表面的油污和氧化膜等。

对于因缝隙造成的屏蔽问题,可也采用电衬垫进行电磁密封处理,如图 6-22 所示。电磁密封衬垫安装在两块金属接合处,使之充满缝隙,保证导电连续性。使用电磁衬垫可降低对接触面平整度的要求,减少接合处的紧固螺钉,但应注意选用导电性能好的衬垫材料,有足够的厚度,能填充最大缝隙,对衬垫施加足够的压力(通常变形 30% ~40% ),并保持接触面清洁。

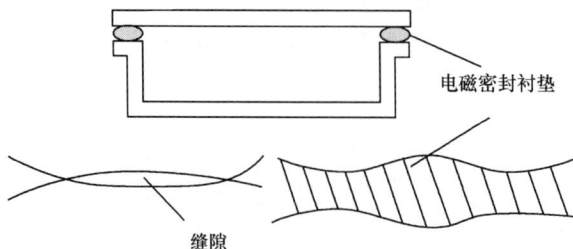

电磁密封衬垫

缝隙

图 6-22　在接缝处使用电磁密封衬垫

常用的电磁密封衬垫有以下几种:

(1)金属丝网衬垫。最常用的电磁密封材料,结构上有全金属丝、空心和橡胶芯3种。金属丝网衬垫价格较低,过量压缩时也不易损坏,低频时屏蔽效能较高,但高频时屏蔽效能较低。

(2)导电布衬垫。由导电布包裹发泡橡胶制成,具有柔软、压缩性好等特点,可用于有一定环境密封要求的场合,其高、低频的屏蔽效果均较好,价格低,但频繁摩擦易损坏导电表面。

(3)导电橡胶。导电橡胶是硅橡胶中掺入铜粉、银粉、镀银铜粉和镀银玻璃粉等导电微粒,结构上有条形材料和板形材料两种,条形材料分空心和实心两种,板形材料则有不同厚度。导电橡胶可同时提供电磁密封和环境密封,常用于有环境密封要求的场合,其屏蔽性能低频时较差,高频时则较好。导电橡胶整体过硬,配合性能比金属丝网差,且价格较贵。

(4)指形簧片。采用铍铜材料,形状多样,因形变量大,常用在接触面滑动接触的场合。其低频和高频时的屏蔽效能较好,但价格较高。

2)显示窗

对于很小的显示器件,如发光二极管等,只需在面板上开很小的孔,一般不会造成严重的电磁泄漏。但当辐射源距离孔洞很近时,仍会有泄漏发生,此时可在小孔上设置一个截止波导管。对于较大的显示器件,有两种方法,如图6-23所示:一种是显示窗使用透明屏蔽材料,如导电玻璃、透明聚酯膜、金属丝网玻璃夹层等;另一种是使用隔离舱。无论是透明屏蔽材料还是隔离舱,在安装时都要注意,其边缘与屏蔽体之间不能有缝隙,应保持360°连接。

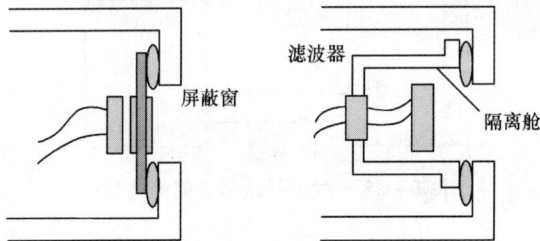

图6-23　显示窗的屏蔽处理

3)通风孔

最简单的通风处理就是在所需部位开孔,但这破坏了屏蔽的完整性,为此可安装电磁屏蔽罩。有两种方法:一种是采用防尘通风板;另一种是采用截止波导通风板。防尘通风板一般是由多层金属丝网(如铝合金丝网)组成,必要时也会将过滤介质夹在网层之间,其整体被装配在一个框架内,需要电磁屏蔽时,加上抗电磁干扰的衬垫(镀锡包铜钢丝),其特点是价格便宜,使用寿命长,维修、清洁方便。截止波导通风板是将铜制或钢制的蜂窝状结构安装在框架内,以确保有良好的屏蔽性能和通风效果,它价格昂贵,主要用在有高性能要求的屏蔽场合,如屏蔽室、军用设备等。

4）控制轴

在机箱面板上,为调节电位器、控制元件上的轴等开孔,也会破坏屏蔽的完整性,这些轴也可成为一些潜在电磁干扰的发送或接收天线。为保证屏蔽的完整性,可采用图6-24所示的方法:直接开孔,并用非金属的轴代替金属轴;在金属轴与外壳之间使用圆柱形截止波导管;使用隔离舱。

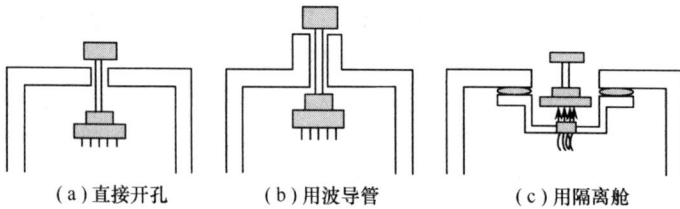

（a）直接开孔　　　　（b）用波导管　　　　（c）用隔离舱

图6-24　控制轴的屏蔽结构

5）连接器

两个屏蔽体内的电路连接时,为使其构成一个完整的屏蔽体,通常采用屏蔽缆线或同轴电缆,如图6-25所示,为保证屏蔽的完整性,必须使用电缆连接器。连接器的插座配合同轴电缆插头,使屏蔽体壁与电缆屏蔽层构成无间隙的屏蔽体,电缆屏蔽体应与插头均匀、良好地焊接或紧密地压在一起,插座与插头也应保持均匀、良好的接触,以保证没有泄漏缝隙。

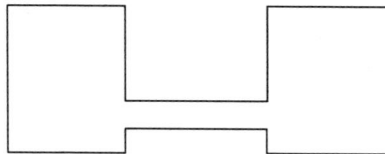

图6-25　两个屏蔽体之间的连接

# 第7章 滤波技术及应用

滤波是压缩信号回路干扰频谱的一种方法,所以滤波技术的用途就包括选择信号和抑制干扰。为了实现这两大功能而设计的电路网络称为滤波器。相应地,滤波器就可以分为信号选择滤波器和电磁干扰滤波器。

在电磁兼容问题中,人们关心的是电磁干扰滤波器(EMI 滤波器),其作用就是让有用信号通过,而对干扰信号起抑制或衰减作用。

## 7.1 滤波器的特性及分类

滤波器的技术指标包括插入损耗、频率特性、阻抗特性、额定电压、额定电流等,另外其本身的电磁兼容性也是衡量其性能的一个重要指标。

### 7.1.1 滤波器的特性

滤波器是由一些集中参数的电阻、电感和电容或由分布参数所构成的能够实现滤波功能的网络。滤波器在传输信号的过程中,可以视为一个四端网络,如图 7 - 1 所示。

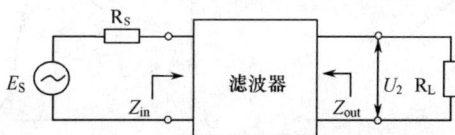

图 7 - 1 滤波器工作原理

$E_S$—信号源; $R_S$—号源内阻; $R_L$—负载阻抗。

**1. 插入损耗**

描述滤波器的最主要性能指标是插入损耗(又称衰减),滤波器性能的优劣主要是由插入损耗决定的,在选择滤波器时,应根据干扰信号的频率特性和幅度特性选择。

滤波器的插入损耗 $L_{in}$(dB)由下式表示,即

$$L_{in} = 20\lg(U_1/U_2) \tag{7-1}$$

式中:$U_1$ 为信号源(或者干扰源)与负载(或者干扰对象)不接入滤波器时,信号源

在负载上所产生的电压;$U_2$ 为信号源与负载之间接入滤波器后在同一负载上所产生的电压。

插入损耗用分贝(dB)表示,值越大说明抑制干扰的能力越强。从图 7-1 可以看出,插入损耗值不仅取决于滤波器的内在特性,同时还取决于滤波器的外加阻抗(源和负载的阻抗)。因此,设计滤波器时要考虑信号频率、源阻抗、负载阻抗、工作电流、环境温度等因素的影响。

**2. 频率特性**

插入损耗的大小是随信号频率而变化的,通常把插入损耗随频率变化的曲线称为滤波器的频率特性。滤波器的通带是指允许信号通过的频带,它是插入损耗小于 3dB 时所对应的频率范围。阻带是指不允许信号通过,对信号有很大衰减和抑制作用的频带,它是插入损耗大于 3dB 时所对应的频率范围。在通带和阻带之间的为滤波器的过渡带。同时,把插入损耗等于 3dB 时所对应的频率点称为滤波器的截止频率 $f_c$。良好的滤波器应该在其通带内有很小的插入损耗值,而在阻带内有很大的插入损耗值。

按照滤波器的频率特性,滤波器可分为低通滤波器、高通滤波器、带通滤波器、带阻滤波器 4 种。图 7-2 给出了各种滤波器的频率特性曲线,实际滤波器的频率特性比较平缓。滤波器的频率特性又可用中心频率、截止频率、最低使用频率和最高使用频率等参数描述。

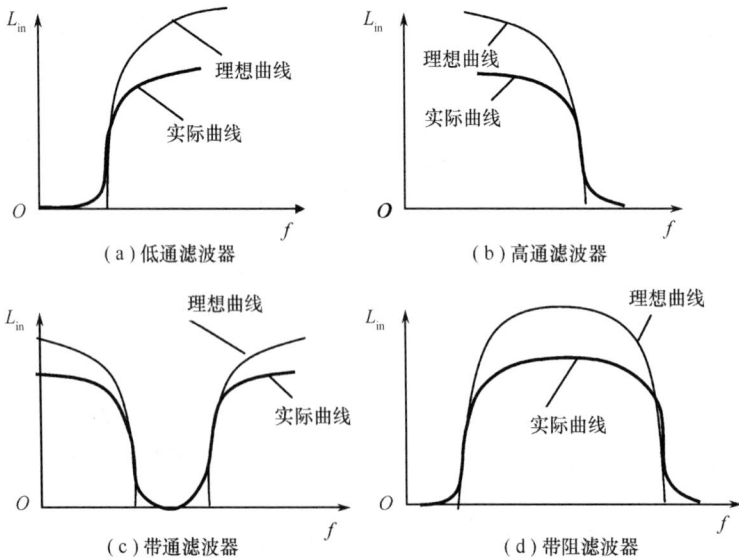

图 7-2　4 种滤波器的频率特性

**3. 阻抗特性**

滤波器的输入阻抗、输出阻抗直接影响其插入损耗特性。在许多应用场合,由于阻抗特性不匹配,滤波器的实际滤波特性与生产厂家所给出的滤波特性不一致。因此,在设计、选用、测试滤波器时,阻抗特性是一个重要技术指标。在使用 EMI 滤波器时,应保证在输入、输出最大限定失配的范围内,有合乎要求的最佳抑制效果。

**4. 额定电压**

额定电压是指滤波器工作时允许的最高电压。若电压过高,则会使滤波器内部的元件损坏。

**5. 额定电流**

额定电流是滤波器工作时,不降低插入损耗性能的最大使用电流。一般情况下,额定电流越大,滤波器的体积和重量越大,成本会越高。

**6. 电磁兼容性**

电磁干扰滤波器一般是用于抑制电磁干扰的,其本身大多不存在干扰问题,但其抗干扰性能的高低,直接影响设备的整体抗干扰性能。抗干扰性能突出体现在滤波器对电快速脉冲群、浪涌、传导干扰的承受能力和抑制能力。

**7. 安全性能**

滤波器的安全性能,如耐压、漏电流、绝缘、温升等性能,应满足相应的国家标准要求。

**8. 可靠性**

可靠性也是选择滤波器的重要指标。一般来说,滤波器的可靠性不会影响其电路性能,但影响其电磁兼容性。因此,只有在电磁兼容性测试或者实际使用过程中才会发现问题。

**9. 体积与重量**

滤波器的体积与重量取决于滤波器的插入损耗、额定电流等指标。一般情况下,额定电流越大,其体积与重量越大;插入损耗越高,要求滤波器的级数越多,体积与重量增加。

## 7.1.2 滤波器的分类

滤波器的种类很多,从不同的角度有不同的分类方法。

(1) 按照滤波原理,可分为反射式滤波器和吸收式滤波器。

(2) 按照工作条件,可分为无源滤波器和有源滤波器。

(3) 按照频率特性,可分为低通滤波器、高通滤波器、带通滤波器和带阻滤波器。

(4) 按照使用场合,可分为电源线滤波器、信号线滤波器、控制线滤波器、防电磁脉冲滤波器、防电磁信息泄漏专用滤波器、印制电路板专用微型滤波器等。

# 7.2 反射式滤波器

反射式滤波器是把不需要的频率成分的能量反射回信号源或者干扰源,而让需要的频率成分的能量通过滤波器施加于负载,以达到选择信号和抑制干扰的目的。反射式滤波器通常由电抗元件,如电容器、电感器,构成无源网络。理想情况下,电容器和电感器是无损耗的。反射式滤波器在通带内提供低的串联阻抗和高的并联阻抗,而在滤波器阻带内提供高的串联阻抗和低的并联阻抗。

## 7.2.1 低通滤波器

低通滤波器是电磁兼容中用得最多的一种滤波器,用于抑制高频电磁干扰。例如,电源线滤波器就是一种低通滤波器,当直流或工频电流通过时,没有明显的功率损失(插入损耗小),而对高于这些频率的信号则进行衰减。放大器电路和发射机输出电路中的滤波器通常也是低通滤波器,具有衰减脉冲干扰、减少谐波和其他杂波信号等多种功能。

低通滤波器的种类很多,按其电路形式可分为并联电容滤波器、串联电感滤波器以及 L 型、Ⅱ 型和 T 型滤波器等。

### 1. 并联电容滤波器

并联电容滤波器是最简单的低通滤波器,通常连接于带有干扰的导线与回路之间,如图 7-3 所示。它用来旁路高频能量,流通期望的低频能量或者信号电流。

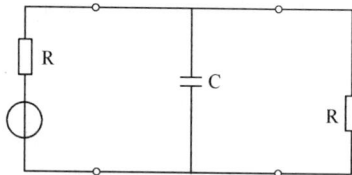

图 7-3  并联电容滤波器

其插入损耗(dB)为

$$L_{in} = 10\lg[1 + (\pi fRC)^2] \tag{7-2}$$

式中:$f$ 为频率;$R$ 为激励源电阻或者负载电阻;$C$ 为滤波器电容。

实际上,电容器同时又包含串联电阻及电感。这种效应是由于电容器极板电感、引线电感、极板电阻、引线与极板的接触电阻产生的结果,不同类型的电容器的电阻性、电感性影响是不同的。由于这些电感性的影响,电容器呈现谐振效应:滤波器在低于谐振频率时,呈现容抗;高于谐振频率时,呈现感抗。作为滤波器元件,不同类型的电容器特性描述如下:

镀金属纸介质电容器物理尺寸小,射频旁路能力差,因为引线与电容器之间有高接触电阻。在小于 20MHz 的频率范围内,可以使用标准铝箔卷绕电容器,超出此频率范围,电容和引线长度限制其使用。云母和陶瓷电容器的容量与体积的比值很高,串联电阻小,电感值小,具有相当稳定的频率、容量特性,适用于电容量小、工作频率高(高于 200MHz)的场合。穿心电容器高频性能好,具有大约 1GHz 以上的谐振频率,电感值小,工作电流和电压可以很高,有 3 个端子。电解电容器用于直流滤波。电解电容器是单极器件,其高损耗因数或者串联电阻使其不能作为射频滤波元件。直流电源输出端的射频旁路需要使用电解电容器。钽电解电容器的容量与体积的比值大,串联电阻、电感小,温度稳定性好,适用于工作频率小于 25kHz 的场合。陶瓷电容器具有较好的高频特性,可用在干扰滤波上。但陶瓷电容器的容量随着工作电压、电流频率、时间和环境温度等变化。

**2. 串联电感滤波器**

串联电感滤波器是低通滤波器的另一简单形式,在其电路构成上与带有干扰的导线串联连接,如图 7 - 4 所示。

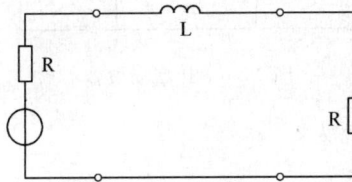

图 7 - 4  串联电感滤波器

其插入损耗为

$$L_{in} = 10\lg\left[ 1 + \left( \frac{\pi f L}{R} \right)^2 \right] \quad (dB) \tag{7-3}$$

式中:$f$ 为频率;$L$ 为滤波器的电感量;$R$ 为激励源电阻或者负载电阻。

实际的电感器具有串联电阻和绕线间的电容,可以等效为电感与电阻串联再与电容并联。因此,真实电感器也存在谐振频率,低于谐振频率,电感器提供感抗,高于谐振频率,电感器作为容抗出现。所以与电容器类似,普通的电感器在高频时的滤波性能也并不是很好。

**3. Γ 型滤波器**

Γ 型滤波器的电路结构如图 7 - 5 所示。如果源阻抗与负载阻抗相等,Γ 型滤波器的插入损耗与电容器插入线路的方向无关。通常,又将图 7 - 5(a)所示的滤波器称为 Γ 型滤波器,将图 7 - 5(b)所示的滤波器称为反 Γ 型滤波器。

对于 Γ 型滤波器,源阻抗与负载阻抗相等时的插入损耗为

$$L_{in} = 10\lg\left\{ \frac{1}{4}\left[ (2 - \omega^2 LC)^2 + \left( \omega CR + \frac{\omega L}{R} \right)^2 \right] \right\} \quad (dB) \tag{7-4}$$

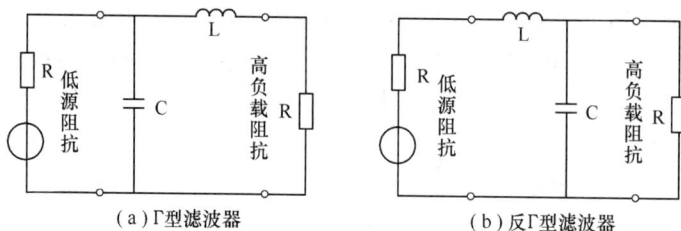

(a) Γ型滤波器        (b) 反Γ型滤波器

图 7 - 5　Γ 型滤波器

### 4. Π 型滤波器

Π 型滤波器的电路结构如图 7 - 6 所示,是实际中使用最普遍的形式。其优势是容易制造、宽带高插入损耗和适中的空间需求。

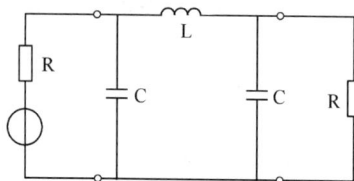

图 7 - 6　Π 型滤波器

Π 型滤波器的插入损耗为

$$L_{in} = 10\lg \left[ (1 - \omega^2 LC)^2 + \left( \frac{\omega L}{2R} - \frac{\omega^2 LC}{2} + \omega CR \right)^2 \right] \qquad (7-5)$$

Π 型滤波器抑制瞬态干扰不是十分有效。采用金属壳体屏蔽滤波器能够改善 Π 型滤波器的高频性能。对于非常低的频率,使用 Π 型滤波器可提供高衰减,如屏蔽室的电源线滤波。

### 5. T 型滤波器

T 型滤波器的电路结构如图 7 - 7 所示。T 型滤波器能够有效地抑制瞬态干扰,主要缺点是需要两个电感器,使滤波器的总尺寸增大。

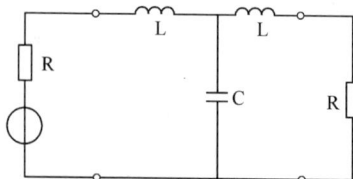

图 7 - 7　T 型滤波器

T 型滤波器的插入损耗为

$$L_{in} = 10\lg \left[ (1 - \omega^2 LC)^2 + \left( \frac{\omega L}{R} - \frac{\omega^3 L^2 C}{2R} + \frac{\omega CR}{2} \right)^2 \right] \quad (dB) \qquad (7-6)$$

以上几种形式中,对于选择哪种电路结构,主要取决于两个因素:一是滤波器所连接的电路的阻抗;二是需要抑制的干扰频率与工作频率之间的差别。

选择滤波电路的形式与滤波器所连接的电路的阻抗有关系。首先来观察一下单个电容和单个电感在不同电路阻抗下的插入损耗,如图7-8所示。可以看到,对于单电容滤波器,如果需要滤波的电路,它的源或负载阻抗越高,插入损耗越大;而对于单电感滤波器,则是源或负载的阻抗越低,插入损耗越大。

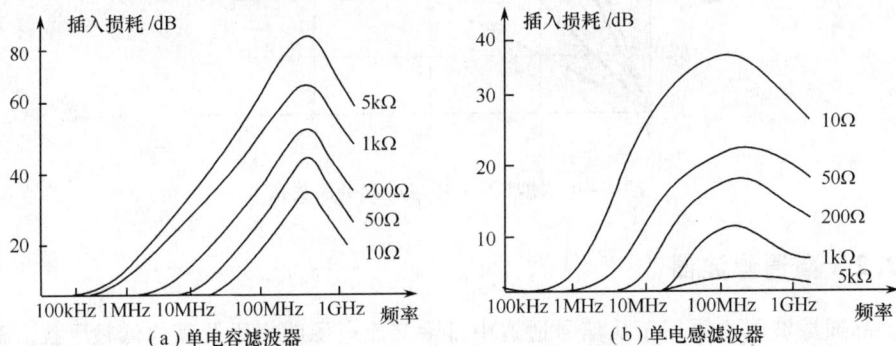

图7-8 源和负载阻抗对滤波器插入损耗的影响

表7-1列出了适用于各种源和负载阻抗的滤波器的形式。例如,当源和负载均为高阻抗时,可以采用并联电容型、Ⅱ型或多级Ⅱ型滤波器;当源为高阻抗,负载为低阻抗时,可以采用Γ型或多级Γ型滤波器。由表7-1可以看到,滤波器中的电容总是对应高阻抗电路,电感总是对应低阻抗电路。

表7-1 滤波器的选用

| 源阻抗 | 负载阻抗(干扰对象) | 滤波器类型 |
|---|---|---|
| 低阻抗 | 低阻抗 | 串联电感型、T型、多级T型 |
| 高阻抗 | 高阻抗 | 并联电容型、Ⅱ型、多级Ⅱ型 |
| 高阻抗 | 低阻抗 | Γ型、多级Γ型 |
| 低阻抗 | 高阻抗 | 反Γ型、多级反Γ型 |

在确定了滤波电路的形式之后,就要确定滤波器的阶数。滤波器的阶数是指滤波器中所含电容和电感的个数,个数越多,滤波器插入损耗的过渡带越短,也就是衰减得越快,越适合于干扰频率与信号频率靠得很近的场合。图7-9给出了滤波器的阶数与过渡带的关系。当严格按照滤波器设计方法设计电路时,每增加一个器件,过渡带的斜率增加20dB/10oct或6dB/oct。所以,如果滤波器由$N$个器件构成,那么过渡带的斜率为$20N$dB/10oct或$6N$dB/oct。

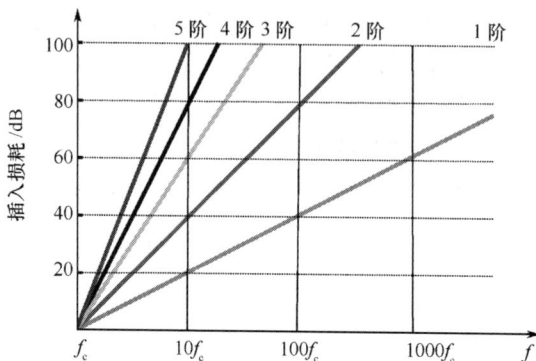

图 7 - 9    滤波器阶数与过渡带的关系

### 7.2.2    高通滤波器

高通滤波器主要用于从信号通道中排除交流电源频率以及其他低频干扰。高通滤波器的网络结构与低通滤波器的网络结构具有对称性,高通滤波器可由低通滤波器转换而成。当把低通滤波器转换成具有相同终端和截止频率的高通滤波器时,转换方法如下:

（1）把低通滤波器相应位置上的电感器换成电容器,此电容器的电容值等于电感器的电感值的倒数。

（2）把低通滤波器相应位置上的电容器换成电感器,此电感器的电感值等于电容器的电容值的倒数。

即把每个电感 $L$ 转换成数值为 $1/L$ 的电容,把每个电容 $C$ 转换成数值为 $1/C$ 的电感。

$$C_{HP} = \frac{1}{L_{LP}}, L_{HP} = \frac{1}{C_{LP}} \tag{7-7}$$

图 7 - 10 给出了一个低通滤波器转换成具有对称网络结构的高通滤波器的例子。

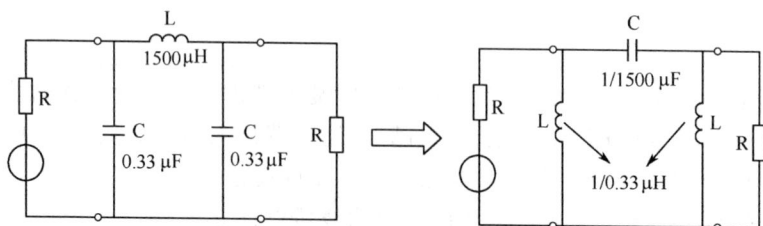

图 7 - 10    低通滤波器向高通滤波器的转换

108

### 7.2.3 带通滤波器与带阻滤波器

带通滤波器是对通带之外的高频或者低频干扰能量进行衰减,允许通带内的信号无衰减地通过,其基本构成方法也可由低通滤波器经过转换而成为带通滤波器。

带阻滤波器的频率特性与带通滤波器的频率特性正好相反,是对特定的窄带内的干扰能量进行抑制,其通常串联于干扰源与干扰对象之间,构成方法可由带通滤波器转换而来。也可将一带通滤波器并接于干扰线与地线之间,来达到带阻滤波器的作用。

# 7.3 电磁干扰滤波器

在电气、电子设备中,用于抑制电磁干扰在电路中传播的滤波器统称为电磁干扰滤波器(EMI滤波器),也有的称为射频干扰滤波器(RFI滤波器)。EMI滤波器通常是由串联电感和并联电容组成的低通滤波器。

## 7.3.1 电磁干扰滤波器的特点

电磁干扰滤波器与常规滤波器相比,具有以下特点:

(1)电磁干扰滤波器往往工作在阻抗不匹配的条件下,干扰源的阻抗特性变化范围很宽,其阻抗通常是整个频段的函数。由于经济和技术上的原因,不可能设计出全频段匹配的干扰滤波器。当一种滤波器的衰减量不能满足要求时,可以采用级联的办法,以获得比单级更高的衰减。

(2)干扰源的电平变化幅度很大,有可能使电磁干扰滤波器出现饱和效应。

(3)由于电磁干扰频带范围很宽,其高频特性非常复杂,因此难以用集中参数等效电路来模拟滤波电路的高频特性。

(4)电磁干扰滤波器在阻带内应对干扰有足够的衰减量,而对有用信号的损耗应降低到最小限度,以保证有用电磁能量的最高传输效率。

在设计电磁干扰滤波器时应考虑以下几个方面:

(1)应明确工作频率和所要抑制的干扰频率,如两者非常接近,则需要应用频率特性非常陡峭的滤波器,才能把两种频率分离开来。

(2)由于电磁干扰形式和大小的多样性,滤波器的耐压必须足够高,以保证在高压情况下可靠地工作。

(3)滤波器连续通过最大电流时,其温升要低,以保证以该额定电流连续工作时,不破坏滤波器中器件的工作性能。

(4)为使工作时的滤波器频率特性与设计值相吻合,要求与它连接的信号源阻抗和负载阻抗的数值等于设计时的规定值。

（5）滤波器必须具有屏蔽结构,屏蔽体盖和本体要有良好的电接触,电容引线应尽量短。

（6）作为电磁干扰防护用的滤波器,其故障往往较其他单元和器件的故障更难寻找,因此滤波器应具有较高的工作可靠性。

## 7.3.2 电磁干扰滤波器的基本电路结构

EMI 滤波器对电路回路的两根导线进行滤波时,要求不但要抑制经两根导线流通的干扰信号(差模干扰),还要抑制经任一导线与地回路流通的干扰信号(共模干扰),如图 7-11 所示,其中,$U_{DM}$ 为差模电压,$I_{DM}$ 为差模电流,$U_{CM}$ 为共模电压,$I_{CM}$ 为共模电流。为此,常用的 EMI 滤波器是一个 6 端网络,其基本电路结构如图 7-12 所示,其中,$L_1 \sim L_4$ 为滤波电感,$C_d$、$C_{d1}$、$C_{d2}$ 为差模电容,它们接在两根导线之间,用于抑制差模干扰,$C_{c1} \sim C_{c4}$ 为共模电容,它们接在某一根导电与地线之间,用于抑制共模干扰。

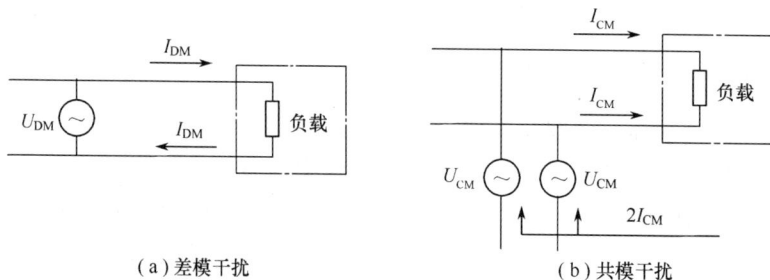

（a）差模干扰 （b）共模干扰

图 7-11 差模干扰和共模干扰

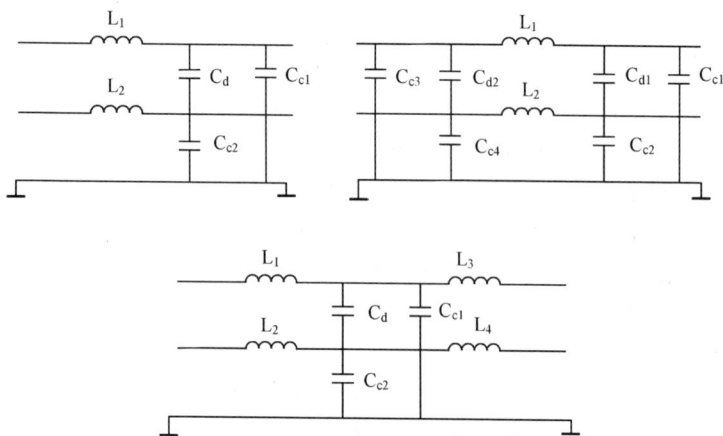

图 7-12 EMI 滤波器的基本电路

## 7.3.3 电磁干扰滤波器的阻抗匹配问题

在设计或选择 EMI 滤波器时,一个必须考虑的重要问题就是滤波器的阻抗匹配。滤波器输入端的干扰源阻抗 $Z_S$ 和输出端的负载阻抗 $Z_L$ 可能是任意的,往往不能满足阻抗匹配条件,因而就无法保证滤波器处于最佳工作状态,这就要求在设计时应使 EMI 滤波器在不匹配的情况下也能满足性能要求。

为改善阻抗不匹配情况下的滤波效果,应根据不同情况采用不同结构的滤波器。图 7-13 列出了几种源阻抗和负载阻抗严重失配情况下,建议采用的几种 EMI 滤波器的电路结构。

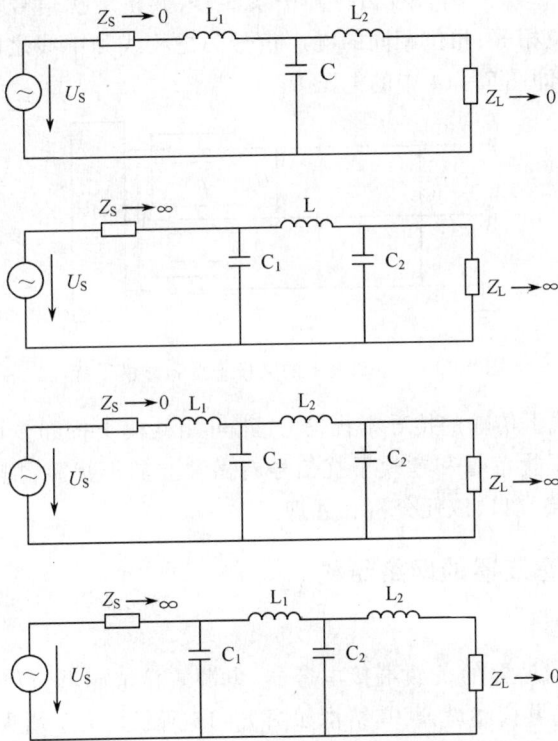

图 7-13    源、负载阻抗严重失配情况下的 EMI 滤波器结构

应根据源阻抗和负载阻抗确定 EMI 滤波器的网络结构,一般原则是源、负载的低阻抗与串联电感相配合,高阻抗与并联电容相配合。其机理是当源、负载阻抗低时通过串联电感(高阻抗)可阻断干扰信号的传输,当源、负载阻抗高时,串联电感(高阻抗)的阻断作用较小,而采用并联电容(低阻抗)可给干扰信号提供一个低阻抗的分流电路,从而抑制干扰信号的传播。

当源阻抗和负载阻抗都不能确定时,在高频情况下,通常把它们看做是高阻抗,因为这时即使不考虑源阻抗和负载阻抗,串联导线电感的阻抗值也较大,建议用并联电容进行滤波。

# 7.4 电源线滤波器

## 7.4.1 共模干扰和差模干扰

电源线电磁干扰也分为两类,即共模干扰和差模干扰,如图 7-14 所示。其中把相线(P)与地(G)、中线(N)与地(G)间存在的干扰信号称为共模干扰,即图 7-14 中的电压 $U_{NG}$ 和 $U_{PG}$,对相线和中线而言,共模干扰信号可视为在相线和中线上传输的电位相等、相位相同的噪声信号。把相线和中线之间存在的干扰信号称为差模信号,即图 7-14 中的电压 $U_{PN}$。

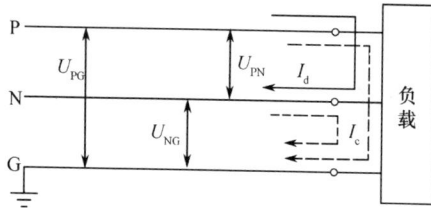

图 7-14 电源线上的共模干扰和差模干扰

对任何电源线上传输的传导干扰信号,都可用共模干扰和差模干扰信号来表示。并且把共模干扰信号和差模干扰信号看做独立的干扰源,把 P-G、N-G 和 P-N看做独立网络端口,以便分析和处理。

## 7.4.2 电源线滤波器的网络结构

### 1. 共模滤波器

通常,将 LC 滤波器的负载端接电容器,电源端接电感器,可以设计成低源阻抗且高负载阻抗的共模滤波器,其结构如图 7-15 所示。为了增大衰减,并实现理想的频率特性,可以串联多个 LC 级。图中,电容器 $C_y$ 将共模电流旁路入地,$C_x$ 将相线—中线上的共模电流旁路,阻止其到达负载。在需要低源阻抗及低负载阻抗时,可采用 T 型低通滤波器。

由于高负载阻抗,相对地的小电容以及相线对中线的大电容可有效地滤除共模干扰。然而大电容会导致地线中出现高漏电流,从而引起电位冲击危害。因此,电气安全机构强行规定了相线—地线的电容最大限值,以及取决于不同电源线电压所能容许的最大漏电流。

为了避免由放电电流引起的电击危害,相线—中线的电容 $C_x$ 必须小于

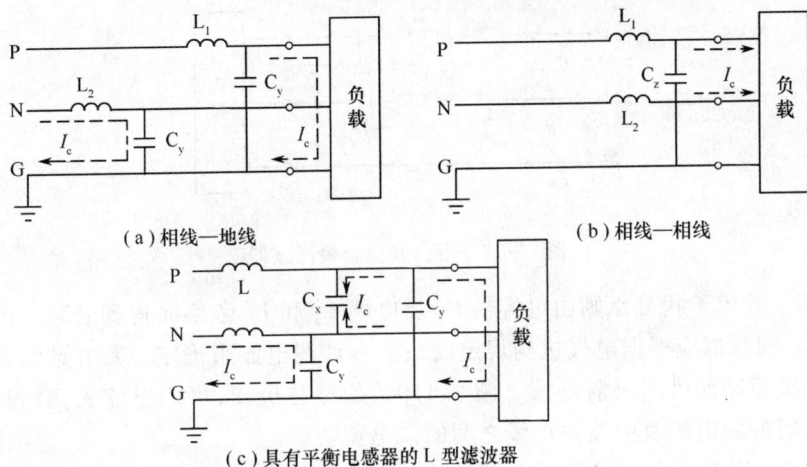

（a）相线—地线　　　　　　　　　　　　　（b）相线—相线

（c）具有平衡电感器的 L 型滤波器

图 7 − 15　共模滤波器

$0.5\mu F$,另外可增加一个泄漏电阻,在冲击危害出现后,可使交流插头两端的电压小于 34V。

共模滤波器的衰减在低频主要由电感器产生,而在高频大部分由电容器 $C_y$ 旁路实现。在高频时,电容器 $C_y$ 的引线电感引起的谐振效应具有重要意义。采用陶瓷电容器可以降低引线电感。

**2. 差模滤波器**

图 7 − 16 所示的是采用电容器位于负载端,电感器位于源端的 LC 滤波网络构成的差模滤波器。电感器对差模干扰产生衰减,并联的电容器 $C_x$ 则将差模干扰电流旁路以阻止其进入负载。

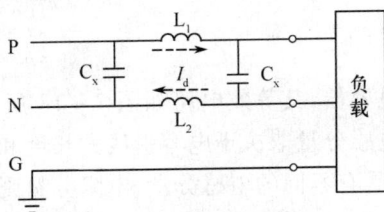

图 7 − 16　差模 L 型滤波器

**3. 组合共模差模滤波器**

实际上电源线上往往同时存在共模干扰和差模干扰,因此,实用的电源线滤波器是由共模滤波电路和差模滤波电路组合构成的滤波器。图 7 − 17 所示为共模差模组成滤波器的典型电路结构。其中,首先选用 Γ 型滤波器滤除差模干扰,然后用带平衡—不平衡转换电压的 Π 型滤波器滤除共模干扰。

图 7 − 17 中,电感器 $L_1$ 和 $L_2$ 有效地抑制差模干扰,而回波电流则通过电容器

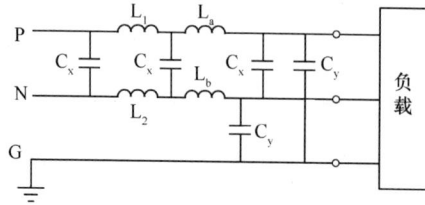

图 7 - 17　组合共模差模滤波器

$C_x$ 流通。共模干扰分量则由电容器 $C_y$ 及电感 $L_a$ 和 $L_b$ 旁路而得到衰减。电容器 $C_x$ 和 $C_y$ 的数值应根据电气机构规定的最大容许漏电流来确定。断开地线并将滤波器次级短路即可测出漏电流。施加 110% 的标称电压,可用电流表测出相线—地线之间的漏电流及中线—地线之间的漏电流。

图 7 - 17 所示的滤波器是无源网络,具有互易性。当其安装在供电电源与电子设备之间后,它既能有效地抑制电源线上存在的干扰信号传入设备,又能大大衰减电子设备工作时本身产生的传导干扰传向电源。实际应用中,要达到有效地抑制干扰信号的目的,必须对滤波器两端将要连接的源阻抗和负载阻抗进行合理选择,可参见表 7 - 1。

## 7.5　滤波器件的实现

实际工程应用中,按照电路图制作的滤波器并不一定能取得满意的效果。这是因为在设计滤波器时,均假设电容及电感是理想的,但真实情况下的电容和电感与理想情况有一定差异。

### 7.5.1　电容器的实现

对于真实情况下的电容器,其等效电路如图 7 - 18 所示,除电容量以外,还有电感分量和电阻分量。电感分量取决于电容引线的长度和电容结构,引线越长,电感越大,不同结构的电容具有不同的电感分量,电阻分量则是介质材料所固有的。

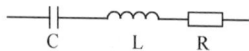

图 7 - 18　实际电容器的等效电路

对于这样的等效电路,实际电容的阻抗特性则如图 7 - 19 所示。显然,由于电容和电感构成了串联谐振电路,因此存在一个谐振点,谐振频率 $f_c = 1/(2\pi\sqrt{LC})$。在谐振点处,实际电容的阻抗最小,等于电阻分量,在谐振点以下,它呈现电容的阻抗特性,而在谐振点以上,实际电容则呈现电感的阻抗特性,随频率升高阻抗增大。

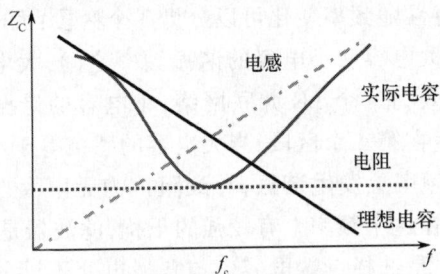

图 7 – 19　实际电容的阻抗特性

但设计时是想利用电容的阻抗随频率升高而减小的特性来旁路高频信号的,而实际电容只有在串联谐振点处阻抗最小,旁路效果最好。超过谐振点后,实际电容的阻抗反而随频率升高而增大了,旁路效果变差,滤波器性能降低。所以普通电容构成的低通滤波器对于高频干扰的滤除效果并不理想。

实际工程中,当出现干扰问题时,常在电路输入端或电源线上并联电容来滤除干扰。为了试验方便,往往将电容引线留得很长,结果导致电容在很低的频率就失去滤波效能。当滤波电容不起作用时,往往又会加大电容的容量,预期能提供更大的衰减,但是电容量越大,谐振频率越低,结果对高频干扰的滤波效果更差。

由于电磁干扰的频率通常较高,所以提高滤波器的高频性能至关重要。因此,在用电容作为滤波器时需要注意以下问题:

(1) 电容的谐振频率与电容的引线有关,引线越长,谐振频率越低,高频滤波效果越差。

(2) 电容的谐振频率与电容的容量有关,容量越大,谐振频率越低,高频滤波效果越差,但低频滤波效果增加。

(3) 电容的谐振点和谐振点的阻抗与电容种类有关,如陶瓷电容的性能优于有机薄膜电容的性能。

对于电容器谐振导致滤波频率范围过窄的问题,一个简单、易行的方案是将大电容和小电容并联使用,大电容抑制低频干扰,小电容抑制高频干扰。但这种办法仍存在一定问题,将大电容和小电容并联后,并联网络的插入损耗随频率变化的曲线如图 7 – 20 所示。

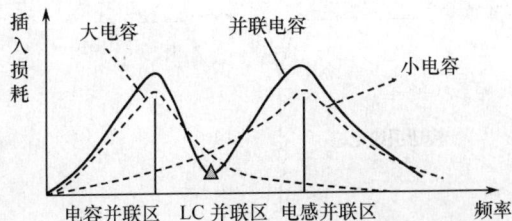

图 7 – 20　大、小电容并联网络的插入损耗

并联网络的衰减特性随频率变化可以分为 3 个区段:大电容谐振频率以下,是两个电容并联的网络;大电容和小电容的谐振频率之间,大电容呈现电感特性,小电容呈现电容特性,等效为一个 LC 并联网络;小电容的谐振频率以上,等效为两个电感并联。问题发生在第二个区段,当大电容的感抗等于小电容的容抗时,这个 LC 并联网络就在这一频率上发生谐振,导致阻抗为无限大,所以滤波电路就失去了旁路作用,如果正好在这个频率上有较强的干扰,滤波器是根本不起作用的。

　　更有效的解决办法是选择三端电容。与普通电容不同的是,三端电容的一个电极上有两根引线,使用时将这两根引线串联在需要滤波的导线中。这样不但消除了一个电极上的电感,而且两根引线电感与电容刚好构成一个 T 型滤波器,所以三端电容的谐振频率更高,滤波效果更好,如图 7 - 21 所示。

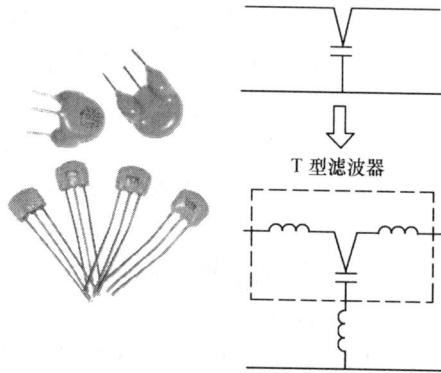

图 7 - 21　三端电容的结构及使用方法

　　然而,三端电容虽然比普通电容在滤波效果上有所改善,但在较高的频率范围内距离理想电容还有很大差距。这是因为有两个因素制约了它的高频滤波效果:一个是三端电容的两根引线之间存在杂散电容,这个电容导致高频时滤波器的输入、输出端发生了耦合;另一个是电容接地引线上的电感对高频信号呈现较大的阻抗,旁路效果不好,如图 7 - 22 所示。

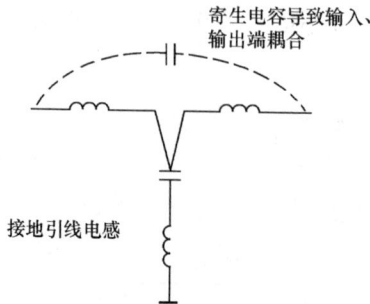

图 7 - 22　三端电容存在的问题

116

理想的解决宽带电磁干扰滤波问题应该是使用穿心电容。穿心电容实质上也是一种三端电容,如图 7 - 23 所示,它的内电极连接两根引线,外电极作为接地线。使用时,需要滤波的信号线连接在心线两端,外电极通过焊接或螺装的方式安装在金属板上,如图 7 - 24 所示。

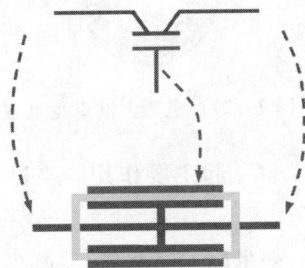

图 7 - 23  穿心电容

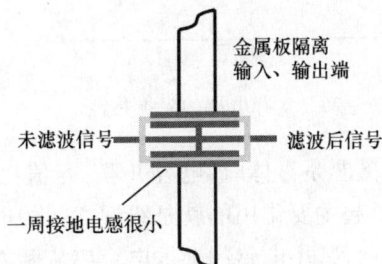

图 7 - 24  穿心电容安装方法

穿心电容之所以具有比较理想的滤波特性,是因为用于安装穿心电容的金属板对滤波器的输入、输出端起了隔离作用,避免了高频时发生耦合,另外就是穿心电容的外壳与金属面板之间一周接地,接地阻抗很小,能够起到很好的旁路作用。

### 7.5.2  电感器的实现

与电容器类似,实际电感器在使用时也并不是理想的。实际电感的等效电路如图 7 - 25 所示,除电感量以外,还存在着电容分量和电阻分量。电容分量取决于磁芯材料和电感绕制的方法,电阻分量取决于导线电阻的磁芯的损耗。

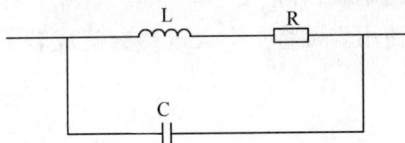

图 7 - 25  实际电感器的等效电路

显然,由于电容分量的存在,构成了一个并联谐振电路,谐振频率 $f_0 = 1/2\pi\sqrt{LC}$,实际电感的阻抗特性如图 7 - 26 所示。在谐振点处,实际电感的阻抗最大,滤波效果最好,小于谐振频率时,它呈现电感的阻抗特性,而大于谐振频率时,实际电感则呈现的是电容的阻抗特性,随频率增加阻抗减小,所以这就与进行滤波器设计时希望电感的阻抗随频率增加而增大的初衷不符,高频滤波效果变差。

电感的寄生电容来自两方面,如图 7 - 27 所示。一是每匝线圈之间的电容,记为 $C_{TT}$,它与线圈的绕法和匝数有关,绕得越密、匝数越多,电容越大;二是线圈绕组与磁芯之间的电容,记为 $C_{TC}$,这个电容与磁芯的导电性及线圈绕组与磁芯的距离有关,距离越近,电容越大。

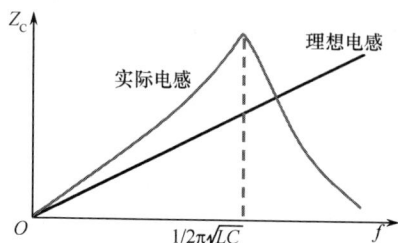

图 7 - 26  实际电感的阻抗特性

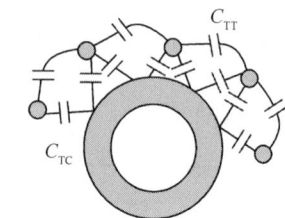

图 7 - 27  电感上的寄生电容

当磁芯是导体时,电容并联,容值比较大,所以 $C_{TC}$ 起主要作用。当磁芯不是导体时,起主要作用的就是线圈之间的电容 $C_{TT}$ 了。

因此,减小电感的杂散电容应从两方面入手。如果磁芯是导体,应减小绕组与磁芯之间的电容,可以在绕组和磁芯之间加一层介电常数较低的绝缘材料。减小匝间电容则可以通过以下几个方法:

(1)尽量单层绕制。空间允许时,用较大的磁芯,这样可使线圈为单层,且增加每匝间的距离,有效减小匝间电容。

(2)输入与输出远离。无论什么形式的电感,输入与输出之间必须远离,否则在高频时输入与输出间感应电容较小,易造成短路。

(3)多层绕制方法。线圈匝数较多必须多层绕制时,向一外方向绕,边绕边重叠,不要绕完一层后往回绕。

(4)分段绕制。在一个磁芯上将线圈分段绕制,这样每段的电容较小,总的寄生电容是两段寄生电容的串联,容量变小。

(5)多个电感串联使用。可将一个大电感分解成若干小电感串联使用,这样电感的带宽也得到扩展。

# 7.6  滤波器的选择与安装

有时设计的滤波器符合原理上的要求,但实际应用时效果并不理想。或者现在市场上有很多成品滤波器,这些滤波器都封闭在金属壳内,可以避免空间干扰直接耦合的问题,且成品滤波器都是经过精心设计的,但滤波的效果也不能达到预期目标。这是因为滤波器选择与安装也非常重要,需要注意相关的问题与安装方法。

## 7.6.1  滤波器的选择

实际上,如何选择滤波器已经贯穿于滤波器设计及滤波器件的实现当中了,如考虑电路的额定电压、额定电流、滤波器的插入损耗和频率特性等。此外,应特别注意以下几个问题:

（1）并非滤波器的阶数越多,干扰滤除得越干净。

滤波器的阶数只决定滤波器的过渡带,阶数越多,过渡带越短,高频的插入损耗越大。对于低通滤波器,如果干扰频率低于滤波器的截止频率,阶数再多也不管用。

（2）并非滤波器中的电感和电容值越大,干扰滤除得越干净。

电容或电感的值越大,滤波器的截止频率越低,对低频干扰越有效,但往往高频滤波效果较差。

（3）滤波器的体积并非越小越好。

滤波器的体积小意味着滤波器中电容和电感的体积都比较小,且安装比较紧凑。电容和电感的体积小一般是以减小电容和电感的量值为代价的,量值小,截止频率高,牺牲的是低频滤波效果;但在高频时,由于体积小,器件安装得过于紧密,高频时空间耦合严重,滤波性能也比较差,所以一般体积小的滤波器往往性能欠佳。

## 7.6.2　滤波器的安装

### 1. 电路板上安装滤波器

许多人愿意将滤波器安装在电路板上,或者干脆将滤波电路直接设计到电路板上,这样做的好处是成本比较低,但并不适合于电磁兼容问题中抑制高频干扰。导致这个问题发生的原因有两个方面:

（1）首先滤波器的输入、输出端没有隔离,高频时由于杂散电容的存在,会使得输入与输出端直接耦合。其次,这种滤波器的使用方法通常只通过一根地线接地,所以接地阻抗比较大,削弱了高频旁路效果。再有,机箱内充满了电磁波,特别是有一些高频数字电路、时钟电路等时,这些电磁波会直接耦合到滤波电路本身及其输出端,影响滤波效果,如图 7-28 所示。

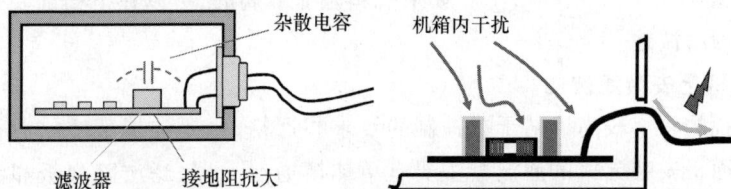

图 7-28　电路板上安装滤波器性能低的原因

（2）设计人员对滤波器原理或实际滤波器件及电路的非理想性把握得不够透彻。如滤波电容的接地引线过长,甚至不将共模滤波电容的地线连接到设备外壳上。

实际上,通过精心设计,在电路板上安装滤波器是能够改进其效果的,需要注意以下几个问题：

（1）设置一块干净地,干净地就是指在上面没有杂散电流。前面讲到信号地上的电流就是信号电流,所以如果滤波器同样使用信号地的话,必然受到干扰,还可能把地线上的干扰耦合到线缆上。

（2）不同线缆上所使用的滤波器要并排设置,也就是保证线缆组内所有线缆没有滤波的部分在一起,已经滤波的部分在一起。不然的话,一根线缆上没有滤波的部分会重新对另一根线缆已经滤波的部分污染,使线缆整体滤波失效,如图7-29所示。

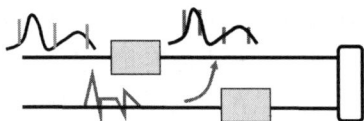

图 7 - 29　滤波器非并排设置导致线缆重新污染

（3）让滤波器尽量靠近线缆的端口,否则如果引线过长,引线上辐射和感应的电磁波都会很强。必要时可用金属板遮挡一下,近场隔离的效果会更好,如图7-30所示。

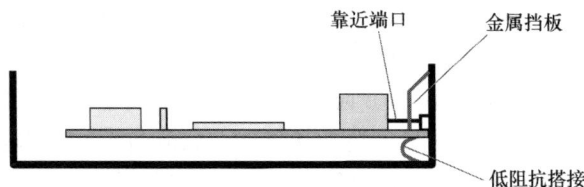

图 7 - 30　滤波器尽量靠近线缆端口

（4）保证安装滤波器的干净地与金属机箱之间低阻抗搭接,阻抗越低,高频的旁路效果越好,如图7-30所示。如果机箱是非金属的,可以在下面加装一块大的金属板作为滤波地。

**2. 面板上安装滤波器**

当干扰的频率较高或对干扰抑制的要求很严格时,要在屏蔽体的面板上安装滤波器。面板安装方式的滤波器主要有单体馈通滤波器、滤波阵列板和滤波连接器等几种方式。在使用面板安装方式的滤波器时,除注意与电路板上安装滤波器的共性问题之外,还需要注意以下几个问题：

（1）面板上安装滤波器要安装在金属面板上,这种安装方式滤波器的输入、输出端分别在金属面板两侧,所以金属面板就起到了隔离作用,避免了高频耦合。

（2）采用焊接或螺装的方式,要保证滤波器一周与面板可靠焊接或搭接,即保证滤波器与金属面板间接触面大,搭接阻抗低,如图7-31所示。

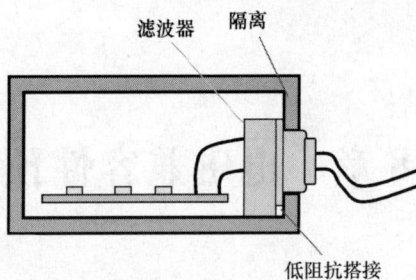

图 7 – 31　滤波器低阻抗安装在屏蔽界面上

（3）要使用穿心电容及电磁密封衬垫，因为滤波器中的滤波电容是一个非常重要的器件，它是将高频干扰信号旁路到机箱上，如果搭接阻抗很大，会产生很强的噪声电压，进而产生严重的电磁辐射，如图 7 – 32 所示。

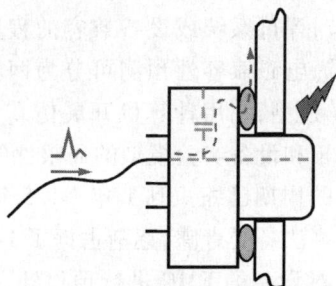

图 7 – 32　面板上安装滤波器使用穿心电容及电磁密封衬垫

在防止电磁信息泄漏的设备上，毫无例外都采用这种面板上安装滤波器的方式。

当注意了上述电路板及面板上安装及使用滤波器的方式时，滤波效果就绝大部分取决于滤波器本身的性能了，此时的杂散参数已经非常小了。

# 第8章 电磁兼容性预测

随着科学技术的发展,越来越多的电磁设施进入人类生产生活各个领域,人为产生的电磁干扰与日俱增,造成电磁环境污染。解决电磁环境污染,要从控制电磁设备或系统本身入手。因此,一个复杂设备或系统的研制必须进行电磁兼容性预测。电磁兼容性预测是一种通过理论计算对用电设备或系统的电磁兼容程度进行分析评估的方法,其实质是对电磁干扰的预测与分析。电磁兼容性预测的目的是为了分析不兼容的薄弱环节,评价系统或设备兼容的程度,为方案修改、防护设计提供依据。从历史发展来看,电磁兼容性预测可分为两大类:一类是实验预测;另一类是对研究对象建立数学模型,利用计算机开展仿真计算以实现预测。由于前一类具有投资大、操作时间长和设备实验模型的局限性等,加之近年来计算机技术的高速发展,计算性能提高的周期已缩短到 1 年 ~1.5 年时间。此外,计算电磁学的迅猛发展,使得第二类预测法备受青睐,逐渐占据了 EMC 预测的主导地位。

对 EMC 的预测就是要对设备的 EMC 进行预估计,使大部分电磁兼容问题解决在设计定型阶段,从而降低成本、提高设备的整体效能。

EMC 预测是复杂的。因为各种能量源都可能是干扰源,很多途径都可能将能量耦合进敏感设备中;任何设备、元件、通路都可能成为干扰的对象,而且有时干扰是随机的,这就使构建 EMC 预测模型较为困难,必须考虑各方面的因素,忽略任何一个环节都有可能引起电磁兼容问题。要实现电磁兼容性预测分析,必须建立完整、多功能的程序库和数据库,并尽量提高程序模块的通用性。因此,研究预测数学模型、建立输入参数数据库、提高预测准确度已成为电磁兼容性预测技术深入发展的基本内容。

第二类电磁兼容性预测主要包括理想发射机模块、频率不纯现象模块、天线参数影响模块、传输环境影响模块、接收机频率选择特性模块五个部分,其中:理想发射机模块主要考虑实际的发射机发射功率;由于物理实现局限性引起的频率不纯现象,主要考虑由于频谱的不纯引起发射机功率向非期望频率分配的问题,主要由各频点(或频段)在功率分配时占有功率大小的权系数来表示;天线参数影响模块主要考虑天线方向图、增益等参数在各频点(或频段)的特性,还考虑天线间由于极化失配引起的衰减,一般将发射、接收两套参数一同考虑,在不同的系统中可以定义其他传输参数;传输环境影响模块主要考虑实际环境对各频点(或频段)能量的衰减及环境中存在的电磁干扰,可以描述为"对发射能量的衰减"和"环境中电磁能量的介入"两部分;接收机频率选择特性模块正如发射机要考虑频谱不纯度一样,主要考虑接收机响应不理想的情况,与发射端类似,利用权系数表达各频点(或频段)分量经接收机选择后各自在输出端所占有的比例。理想接收机模块主要考虑接收机敏感度问题。

## 8.1 电磁兼容性预测的原理

电磁兼容预测和分析是进行合理的电磁兼容性设计的基础,通过对电磁干扰的预测,对可能存在的干扰进行定量的估计和模拟,以免采取过高的防护措施而造成浪费,或者避免系统建成后才发现不兼容带来的问题。

预测方法:采用计算机数字仿真技术,将各种电磁干扰特性、传输函数和敏感度特性用数学模型描述编制成程序,然后根据预测对象的具体形态,来获得潜在的电磁干扰计算结果。要实现电磁兼容性预测分析,必须建立完整、多功能的程序库和数据库,并尽量提高程序模块的通用性。研究预测数学模型、建立输入参数数据库、提高预测准确度已成为电磁兼容性预测技术深入发展的基本内容。

预测效用:在设备或系统的设计阶段就开展电磁兼容性预测和分析,便能及早地发现可能存在的电磁干扰,并采取适当的措施予以抑制和保护,这样就能以最小的代价获得最高的效能;反之,假如在系统建成后才发现不兼容问题,则需在人力、物力上花很大代价去修改调整,结果往往仍难以彻底解决问题。

目前,电磁兼容性预测一般在 3 个级别上进行,第一个级别是芯片级的电磁兼容性预测。传统的芯片设计一般不考虑电磁兼容问题,当芯片工作在低速或低频时一般不会出现显著的电磁兼容问题。但当芯片工作在高频时,电磁兼容问题十分突出,它直接影响到芯片的质量,因此必须在芯片设计时就考虑电磁兼容问题。目前,美国和其他一些西方国家的半导体芯片生产厂家把电磁兼容设计、预测作为生产的第一个主要过程。第二个级别是部件级的电磁兼容性预测,如印制电路板、多芯线、驱动器等电子电气部件本身的电磁兼容预测,以及部件与部件之间的电磁兼容预测。据报道,美国 IBM 公司正投入许多优秀的科技人员进行电磁兼容研究与设计,以使他们的产品性能更加优越、更具竞争力,其他公司纷纷效仿。第三个级别是系统级的电磁兼容性预测。这是对一个如飞机、舰船、导弹、飞船等装有多种复杂电子、电气设备的系统进行电磁兼容预测。

"预测分析法"的基础是数值计算理论和数学模型,核心是数值仿真与预测分析软件。仿真机理与模型的正确性,软件的多能性、通用性、准确性等都是当今人们追求的目标,具体有以下内容:

(1) 不断改进和完善 MoM(矩量法)、FEM(有限元法)、FDTD(有限时域差分)、GTD(几何绕射理论)、MPIE(混合电位积分方程法)等数值计算方法及以其单一算法或混合算法为基础的计算软件,提高它们的通用性和准确性。

（2）加强数值计算理论研究,研发新的数值计算方法和计算软件。

（3）进一步开发或改进、完善元器件(如芯片)级、部件(如电路板、驱动器)级、设备级、系统(如导弹、战车、飞机、舰船)级 EMC 预测仿真技术。

（4）开发一整套 EMC 仿真和优化设计软件,构建武器装备尤其是大型武器装备 EMC 综合仿真设计平台,实现武器装备 EMC 的计算机辅助设计。

目前,数值计算因其投资少、成本低等优点吸引着越来越多的科技人员从事该项工作。

## 8.2　电磁兼容性的基本方程

任何电磁干扰的发生过程都遵循干扰三要素原理,因此其过程都可以用数学模型来描述。

干扰源产生的干扰信号可以描述成时间 $t$、频率 $f$、角度 $\theta$ 的函数,即

$$G(t,f,\theta) \tag{8-1}$$

传播途径对干扰信号的影响用传输函数表示为

$$T(t,f,\theta,r) \tag{8-2}$$

因此电磁干扰传播到 $r$ 处的信号可表示为

$$P(t,f,\theta,r) = G(t,f,\theta) \cdot T(t,f,\theta,r) \tag{8-3}$$

敏感设备的敏感阈值用式(8-4)来表示,即

$$S(t,f,\theta) \tag{8-4}$$

用安全裕度来定性描述兼容或不兼容的程度,值的大小表明了兼容的宽裕程度,即

$$m = S(t,f,\theta) - P(t,f,\theta,r) \begin{cases} m>0, 设备或系统处于兼容状态 \\ m<0, 设备或系统存在潜在干扰 \end{cases} \tag{8-5}$$

在实际工程应用中,敏感设备常受到若干干扰源的共同作用,此时安全裕度应表示为

$$m = S(t,f,\theta) - \sum_{i=1}^{n} P_i(t,f,\theta,r) \tag{8-6}$$

## 8.3　电磁兼容性预测的数学方法

建立干扰源及干扰传输与耦合的数学模型就是求解电磁场麦克斯韦(Maxwell)方程问题。电磁兼容预测分析的数学方程往往是一组微分方程或积分方程,求解时必须根据边界条件来确定解答。

近年来主要的预测新方法和新技术可以分为解析技术、数值技术、混合技术、"场—路"组合技术4类,见表8-1。

表8-1 电磁兼容预测新技术和新发展一览表

| 序号 | 种类 | 说 明 | 新 发 展 |
|------|------|-------|----------|
| 1 | 解析技术 | 利用基本电路和电磁理论结合近代数学而产生的用于解决EMC预测的技术。它一直是预测各种电磁和电磁兼容性问题的重要手段,由于渐近或数值技术的发展,若干新的数学分支的出现,给解析技术带来了新的活力并出现多种方法 | 模式展开法 |
| | | | 小波包分解 |
| | | | 分形法 |
| | | | 统计法 |
| 2 | 数值技术 | 突出特点是,它能对真实电子装置进行实物建模仿真,反映其空间分布状况和时间变化规律,这种仿真的"逼真度"正在逐年上升,使得利用数值技术进行EMC预测逐渐占据了主导地位 | 时域有限差分法(FDTD)<br>由于其对复杂介质建模,进行时域分析,计算存储量比例高于空间网格数,操作简单等优点,使其备受青睐,已跃居各种数值技术之首,涉及的研究对象也比较宽广 |
| | | | 有限元法(FEM)<br>由于其对复杂介质建模具有很强的柔软性,一直在EMC预测分析中占有重要地位 |
| | | | 部分元等效电路(PEEC)法<br>它将一个三维结构转换为一个三维等效电路,既是一种频域技术,也是一种时域技术 |
| | | | 矩量法(MoM)<br>可以求解任意复杂结构的电磁场问题,在解决开放域电大尺寸问题时具有突出的优点 |
| | | | 其他数值技术<br>多层次平面波时域技术(MILPWTD)、传输线矩阵(TLM)法、遗传算法等均得到有效应用 |
| 3 | 混合技术 | 无论何种解析技术或数值技术往往均不是尽善尽美,该技术就是根据"取长补短,各行其是"原则应运而生的 | 时域积分方程(IE)/FDTD法 |
| | | | 传输线分析(TLA)MoM/UTD法 |
| | | | MoM/GTD法 |
| | | | FEM/MoM法 |
| 4 | "场—路"组合算法 | 具有集总参数集成的FDTD分析,对分析PCB系统已取得了较好的结果,使得它有可能与流行的分析集总参数电路的SPICE软件相结台,发展成FDTD-SPICE混合分析工具。该种新的分析工具已被用于分析PCB中集成电路的接地束线问题 | |

具有活力的解析技术:由于其自身的严格性而不失其应用价值,特别是近年来若干新的数学分支的发展,给解析技术带来了新的活力。

数值技术占主导地位:在计算机技术的飞速发展下,推动该技术在 EMC 预测中的应用,由于仿真的"逼真度"正在逐年上升,使得利用数值技术进行 EMC 预测逐渐占据了主导地位。

发展中的混合技术:无论何种解析技术或数值技术往往均不是尽善尽美的,它们与其他技术相比较时,往往是在某些方面优点突出,而在其他方面又相形见绌。混合技术就是由"取长补短、各行其是"原则应运而生的。

"场—路"组合算法:具有集总参数集成的 FDTD 分析对 PCB 系统已取得了较好结果,使得它与流行的分析集总参数电路的 SPICE 软件相结合,发展成 FDTD-SPICE 混合分析工具。这种新工具已被用于分析 PCB 中具有集成电路的接地问题和其他更为复杂的 EMC 问题。

## 8.3.1 数学模型

电磁兼容计算机预测的基本思想是用数学定量关系式表达电磁干扰三要素,即根据理论和试验建立它们的数学模型,然后将干扰源模型、传输函数模型和敏感设备模型按一定要求组合后,借助计算机软件模拟特定的电磁环境,并获得各种潜在电磁干扰的计算结果,从而判断干扰源发射的电磁能量是否会影响敏感设备,系统能否兼容工作。

形成所有的电磁干扰都是由 3 个基本要素组合而产生的,如图 8-1 所示。

图 8-1 电磁干扰三要素

电磁干扰分析基本路径如图 8-2 所示。

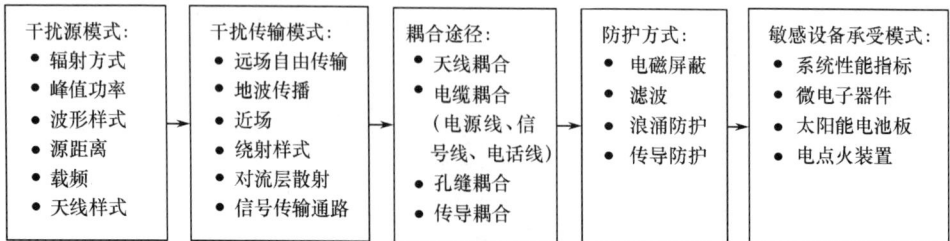

图 8-2 电磁干扰示意图

## 8.3.2　干扰源模型

干扰源模型又称发射器模型。描述干扰源的参数可以是干扰的时域特性(时域模型),也可以是频域特性(频域模型)。当所要建立的源模型是一个随机源时,由于随机信号的时域值是很难预测的,这种情况通常用频域参数去表示。按照实际预测分析的需要,干扰源模型分为3类。

(1)有意辐射干扰源模型。用来描述各种发射天线发射的电磁波,一般由发射机的基本调制包络特性表示主通道模型。用其谐波调制包络特性和非谐波辐射特性来表示谐波干扰模型和乱真干扰模型。

(2)无意辐射干扰模型。用以描述各种高频电路、数字开关电路、电感性瞬变电路所引起的电磁辐射干扰,工程中通常把发射源简化为电偶极子或磁偶极子的模型,把辐射的电磁波描述为正弦电磁波和指数脉冲波、指数振荡衰减波等。各种孔缝泄漏辐射干扰也属于无意辐射源,常用衍射理论或电磁互补原理分析的简化模型来表示。

辐射干扰模型常用电场强度、磁场强度和功率密度等物理量表示其量值。

(3)传导干扰模型。常用电压和电流的频谱函数来表示,其波形常用稳态周期函数和瞬态非周期函数及随机噪声来描述。

另外,干扰源模型也可分为系统内干扰源和系统外干扰源。

系统内干扰源:由无线电发射装置造成的干扰,如电台通信设备、卫星导航定位系统、敌我识别与激光通信、激光压制观瞄、自动装弹机、火控火炮等有较大的输出功率等;由脉冲数字电路和开关电路造成的干扰,如数字电路、时钟振荡器、数据总线、各种门电路、触发器、电压调节器、逆变器等;由带控制开关的电感性电气设备造成的干扰,如液压电泵、电机等;发动机的启动系统是一阻尼振荡瞬变电压干扰源;各地线回路电流能引起无意中的级间耦合。

系统外干扰源:由自然环境干扰源造成的干扰,如天电、雷电干扰;由人为干扰源造成的干扰,如友邻单位雷达发射机、通信发射机、电子干扰机、导航发射机、有意干扰形成的电磁脉冲和电子对抗、广播发射机、电视台、高压输电线等。

## 8.3.3　传输耦合模型

根据电磁干扰传输和耦合途径的分析,电磁工程中较为实用的传输耦合数学模型有以下6种:

(1)天线对天线耦合模型。

(2)导线对导线感应模型。

（3）电磁场对导线的感应耦合模型。

（4）公共阻抗传导耦合模型。

（5）孔缝泄漏场模型。

（6）机壳屏蔽效能模型。

许多著作均提到"机壳对机壳的耦合模型"，而且作为主要耦合模型。最初提出"机壳对机壳耦合模型"只是表示机壳内变压器或大电流电感线圈的低频磁场对相邻机壳内电路的干扰，随着电路工作频率的提高、电路组件配置的密集、用电设备电路的复杂化，"机壳对机壳的耦合模型"已很难简单描述，应该更具体地逐项分析。这里提出以上6种传输耦合模型，可以在很宽的频率范围内预测分析系统内部的电磁兼容性问题，也可以评估单个设备或多个设备相互之间的干扰问题。

## 8.3.4 敏感设备模型

敏感设备模型又称接收器模型。它主要描述敏感设备对输入信号和干扰的频率响应，或者接收器的乱真、互调、镜像和谐波响应特征。在实际电磁兼容预测工程中，最为常见的敏感器模型有两类，即接收机敏感模型、模拟数字电路敏感模型。

接收机敏感模型描述各种接收天线对辐射干扰的响应特征。通常用接收机的频率选择性曲线来表示它的同频道响应，用中频选择性的分段线性化曲线来表示非线性效应，包括乱真响应、交调、互调和谐波响应。噪声干扰的响应则用噪声功率公式作为噪声敏感模型。一般用接收机的矩形选择特性和频率选择特性度量其分辨有用和无用信号能力大小。矩形选择特性是指在电平 $x$ 上测量的接收机通带与在3dB电平上测量的接收机带宽之比：$k_x = B_x/B_3$。精确描述接收机频率选择较困难，最简单的频率选择性模型就是用单信号或多信号法测得的选择性特性。采用拆线拟合法进行分析，可用式（8-7）近似表示，即

$$S(\Delta f) = S(\Delta f_i) + S_i \lg(\Delta f/\Delta f_i) \qquad (8-7)$$

式中：$S(\Delta f)$ 为相对中心频率失谐 $\Delta f$ 的接收机选择性；$S(\Delta f_i)$、$S_i$ 为接收机选择性在频率 $\Delta f_i$ 边界上的值和斜率，其值通常引自有关说明书。

对于附加接收通道的选择性模型，可用类似方法进行分析，即

$$S(f_n) = I \lg(f_n/f_0) + J \qquad (8-8)$$

式中：$f_0$、$f_n$ 为信号频率和干扰频率；$I$、$J$ 为频率选择性曲线直线近似系数。待定系数 $I$、$J$、$\sigma_{f_n}$ 值可从实际数据统计处理结果中获得，也可从表8-2中找到近似值。

表 8 – 2　接收机参数

| 频率/MHz | $I/($dB/10 倍频$)$ | $J/$dB | $\sigma_{f_n}/$dB |
|---------|------------------|--------|-------------------|
| <30 | 25 | 85 | 15 |
| 30 ~ 300 | 35 | 85 | 15 |
| >300 | 40 | 60 | 15 |
| 中频 | 35 | 75 | 20 |

模拟数字电路敏感模型的响应都用敏感度来描述。模拟电路的敏感度模型由热噪声电压 $N_V$ 和电路的频带宽度 $B$ 决定,表示为 $S_V = K/N_V f(B)$。式中 $K$ 为与干扰有关的比例系数。数字电路的敏感度模型与电路的最小触发电平 $N_{dl}$ 和频带宽度 $B$ 有关,表示为 $S_d = B/N_{dl}$。模拟数字电路敏感度模型在连续频谱干扰信号的作用下,可用电路接收到电压的峰值来仿真计算,电压峰值 $V$ 为

$$V = \int_{f_1}^{f_2} S_V(f) V(f) \, df$$

式中:$f_1$、$f_2$ 为频带宽度的起止频率;$S_V(f)$ 为电路的灵敏度,是频率的函数;$V(f)$ 为电路输入端干扰电压的频谱密度。

# 8.4　电磁兼容性预测的步骤

电磁兼容性预测分析包括系统内部、系统之间及设备级的电磁兼容性预测分析。

无论在考虑系统内还是系统间电磁干扰时,干扰源可能有多个,敏感设备也可能有多个,因此,在电磁干扰预测时常采用逐对考虑的方式,每次选择一个发射源和一个敏感设备预测一种耦合方式,这称为一对发射—响应对。由于实际中发射—响应对很多,通常采用分级预测方法,即幅度筛选、频率筛选、详细分析和性能分析 4 级筛选。在每级预测开始,可利用输入函数的最简单表达式对整个问题做快速"扫描",将明显不可能呈现电磁干扰的发射—响应对剔除,每级预测可以将无干扰情况的 90% 筛选,经过 4 级筛选后所保留的便是问题的预测结果,如图 8 – 3所示。

(1) 幅度筛选的基本方法是计算潜在的干扰余量。如果干扰余量超过预选的剔除电平,则该发射—响应对保留到下一步更精细的预测级别;否则,再作进一步预测考虑。

(2) 频率筛选的基本概念是分析在特定发射—响应对之间可能存在干扰的各种概率。在此阶段,通过考虑发射机的带宽和调制特性、接收机的响应带宽和选择性、发射机发射和接收机响应之间的频率间隔等因素,对幅度筛选阶段所得的干扰安全裕度进行修正。

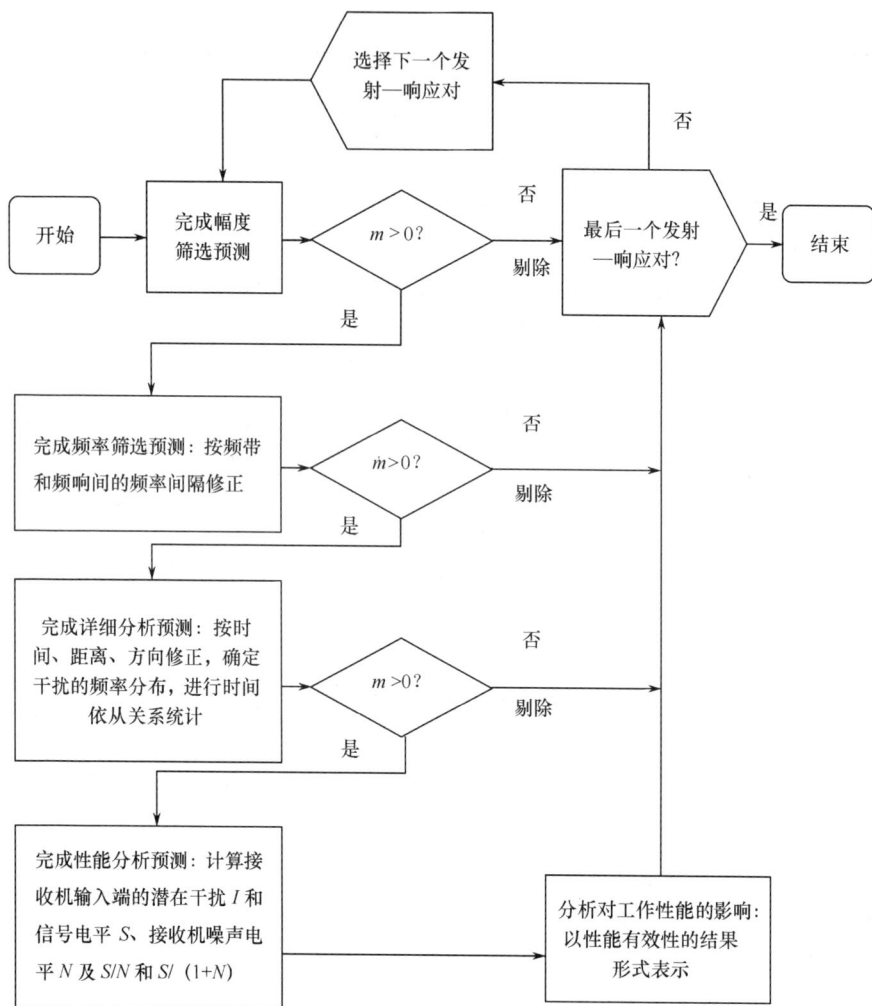

图 8-3　电磁兼容性预测 4 级筛选

（3）在详细分析预测中,要考虑那些依赖于时间、距离、方向等因素,包括特性传播方式、极化匹配、近场天线增益修正、多个干扰信号的综合效应、时间相关统计特性、干扰安全裕度的概率分布等。其中,最重要的是确定最终干扰安全裕度的概率分布。干扰安全裕度的概率分布与发射机功率、天线增益、传输损耗和接收机敏感度门限有关。如果所有分布均为正态的,则干扰安全裕度的最终概率分布也呈对数正态分布。

（4）性能分析的主要问题是将干扰预测的干扰电平与性能量度联系起来,即把预测结果转换为描述系统性能恶化的定量表达式。为此,需要建立系统性能的数学模型并决定性能分析应采取的工作性能指标,通常采用的基本性能度量包括

130

清晰度记数、比特误差率、分辨率、检验概率、虚警概率和方位角、距离、经纬度、高度等误差。评价特定系统的性能有3种基本方法,分别依据工作性能门限的概念、系统的基本性能、完成特定任务的能力。

## 8.4.1 系统间分析预测步骤

系统间电磁干扰预测分析从最简单的"发射—接收"对入手,主要步骤如下:

(1)对系统间的发射、接收系统和传播途径建立干扰分析的数学模型。

(2)选择一个接收系统。

(3)选择一个发射系统。

(4)计算该发射系统的发射机通过所有可能的传播途径传输到该接收系统的接收机的干扰功率。

(5)对每个发射系统重复步骤(4)。

(6)对每个接收系统重复步骤(3)~(5)。

两设备之间的干扰预测分析步骤如下:

(1)分析两设备所在空间的电磁环境,有无外来电磁辐射干扰。

(2)分析两设备的相互联系:有无互相连接的电缆、有无公共电源、有无公共接地平面、是否通过机壳接地构成接地环路。

(3)分析设备内部电路辐射源、传导干扰源和敏感电路,并以"端口"形式表示两设备所有的干扰源和敏感器。

(4)确定两设备间所有电磁干扰耦合途径。

(5)逐项一对一分析,考虑多"端口"综合效应,抓住严重干扰源端口,判断兼容与否。

以局部区域内的无线电系统间的电磁兼容性预测为例进行说明,主要涉及系统间的级别上。空间布局情况对系统间的电磁兼容性构成了严重的影响。对处于同一局部区域的无线电系统间的电磁兼容性进行预测分析,首先要给各个无线电系统进行定位,然后计算发射天线发射的电磁波经电波传播空间到达接收天线时的功率,然后根据接收系统参数计算接收系统的响应。无线电系统的体系结构有3种形式,且具体的接收机实现方案是多种多样的。同时,对不同的无线电系统的性能度量方式是不同的。例如,话音通信系统的性能度量是清晰度记数,方位角、距离、经纬度和高度等误差是导航系统性能的度量,而字符误差率是数据通信系统的性能度量。因此,为了建立通用的接收机敏感度模型,假设在接收机带宽内的敏感度门限对应于接收系统的性能门限。当接收机的输入功率小于敏感度门限,则此时的无线电系统的性能度量值低于其性能门限,无线电系统间电磁兼容;反之,则不兼容。可以通过实验或者理论分析获得性能度量与敏感度之间的关系。这样,对于无线电系统间的电磁兼容性预测分析,只关心敏感度门限,而不在意接收系统具体的组成结构。基于以下假设:无线电系统之间的位置关系能够用经纬度和高程系表征;发射天线发射的电磁波经电波传播空间时,限于陆地传播情况,不考虑海洋传播及机载、舰载的无线电系统间的情况。

在进行系统间电磁兼容性预测分析时,认为系统是静态的,即不考虑时间因素的影响。采用逐对考虑的方式,每次选一个发射机和一个接收机。其次,通常采用分级预测原理。通常分4个等级,即快速剔除、幅度剔除、带宽修正与频率间隔修正、详细分析。第一级预测是快速剔除,这种4级筛选方法在开始时可以利用输入函数的最简表达式对整个问题作一快速扫描即快速剔除预测。第二级预测是幅度剔除预测,只考虑发射响应的幅度,此时仅在相当粗略的程度上考虑频率、距离和方向的影响。快速剔除与幅度剔除是采用每个输入函数的简单、合理、保守的近似式,这将大量的微不足道的干扰与相当少的强干扰分离开来,对前者不再作后面各级的预测,这使问题的范围大大缩小。第三级预测是带宽修正与频率间隔修正,它是以快速剔除预测和幅度剔除预测为基础作两次修正。由干扰源的带宽和敏感响应的带宽之差作一次修正,接着按干扰源和敏感响应之间的频率间隔作第二次修正。详细分析主要是考虑电磁波实际的传播情况。

## 8.4.2 系统内预测分析步骤

系统内预测由于内部设备联系紧密,空间布局密集,既需按层次分解,划分分系统—设备—组件级,又要考虑分系统和设备间的交链频繁,存在难以分解的局部情况,如线缆间的耦合,既有同一层次的横向连接,又有上下层的纵向连接,这就需要把它划分成一个专门的子系统来分析计算。

为便于系统的分析工作,现作以下假定:

(1)系统内所有设备或整机,每一个单独工作时自身兼容、运转正常,而且均达到相应的 EMC 国军标要求。

(2)一般情况下,系统内诸设备或整机之间的相互干扰或信息传输是通过天线间耦合实现的。仅在少数情况下,几个设备或整机之间存在传导耦合(如在同一小范围内的阵地上几部通信台与雷达共用电源等)。

(3)任何一个设备或整机,从 EMC 角度均可等效为若干个干扰源、敏感源及其与外界相关联的传输函数。

以雷达通信系统为例进行说明,对系统电磁兼容性分析主要有两方面:

(1)系统内雷达、通信、导航与电子战诸设备或整机的电磁兼容性功率谱分布及频谱分析。

(2)研究系统内无线电信息与干扰的传输途径。其中传导耦合和辐射耦合含近场与远场区的耦合,但这里仅讨论辐射耦合。

具体的耦合途径有:雷达天线与雷达天线间的干扰耦合;通信天线之间的信息

与干扰耦合;雷达、通信、导航与电子对抗设备诸天线间的干扰耦合;大功率源、发射机、切换开关、信息设备等通过引线、机壳缝隙辐射的电磁能对邻近灵敏接收机的干扰(通过天线或直接进入部分)。

为了减少计算工作量,缩短计算时间,采用"一点对多点"方式,通过干扰幅度筛选和干扰频率筛选,快速剔除90%以上的非干扰情况。然后对余下的具有潜在干扰可能的发射—接收对进行详细分析计算。具体的分析步骤如下:

(1) 充分收集并分析系统中配置的每一种电子装备的工作体制、战术技术性能。只有充分掌握系统内每一台电子装备的电磁特性,才能进行 EMI 的具体计算。为了适应现代电子战环境,雷达、通信等电子装备,其信号形式越来越复杂,天线的体制也在不断更新。作为系统总体,从 EMC 角度往往获取的资料很不全,要自己补充全,有的资料还必须进一步计算得出,如近场的方向图、天线各级谐波的方向图及其相应的天线增益。

(2) 幅度筛选。在知道了系统内各干扰源的频带与相应的功率电平、系统内各接收机的工作频带与相应的灵敏度之后,首先选定一个接收机,依次计算出在不同方向上,各个干扰源天线与接收天线之间扣除了电波路径衰减后的干扰耦合值,即"一点对多点"计算法,便可估计出潜在可能的干扰。这种估计显然是十分粗略的,但它能将大量的微弱干扰与极少数强的干扰分离开来,使要处理的干扰问题的范围大大缩小。

(3) 频率筛选。以幅度筛选结果为基础,对潜在干扰源的发射频带与接收机响应的频带进行分割、细化。对对应发射—接收响应的频率点,以及邻近的频率点之间的耦合做进一步计算与处理。

(4) 天线间耦合详细预测。对经过频率筛选后的潜在干扰发射—接收对,按其方向、距离和时间的变量,对两天线间的耦合情况作详细分析。其中包括:天线的近场增益计算;地面的反射与镜像作用、高次阶波天线方向图与相应的增益;天线附近金属物体对电波的散射作用等。最后计算出在一定的距离与方向上两天线耦合强度的统计结果。

(5) 性能预测。对任一潜在可能被干扰的接收机输入端总是包含有信号 $S$、干扰 $I$ 和噪声 $N$。根据每一接收机的特性,结合比值 $S/I$ 和 $S/(I+N)$ 的大小,对潜在干扰状态给出最终的预测结果。

## 8.4.3 设备级预测分析步骤

设备级预测分析主要以两个设备之间的耦合分析为基本内容,对于多个设备,只不过对所有设备依次循环——对应重复进行而已。图 8-4 是两个设备之间干扰分析的示意图,分析步骤如下:

(1) 首先分析两个设备所在空间的电磁环境,有无外来电磁辐射干扰。

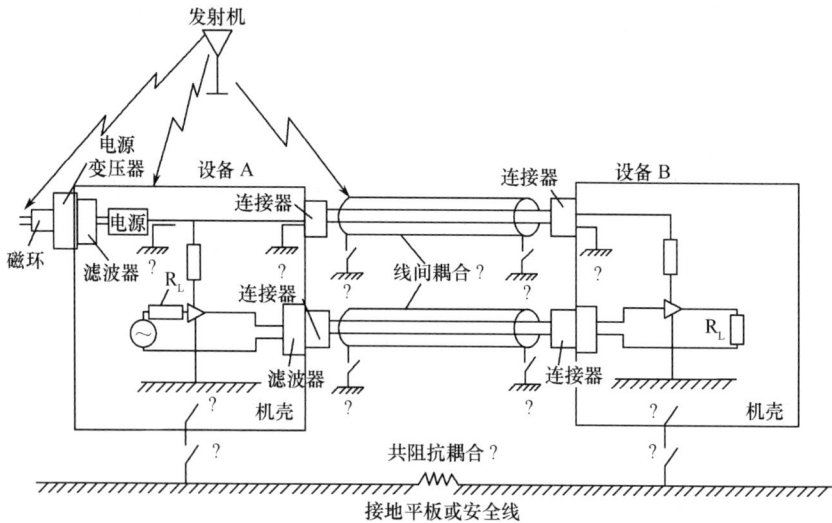

注：图中"?"表示是否通过箱壳接地构成环路。

图 8 – 4　两个设备间干扰分析示意图

（2）其次分析两个设备相互联系：有无互相连接的电缆；有无共用电源；有无公共接地平面；是否通过箱壳接地构成接地环路。

（3）分析设备内部电路辐射源、传导干扰源和敏感电路，并以"端口"形式表示两个设备的所有干扰源和敏感器，如图 8 – 5 所示。

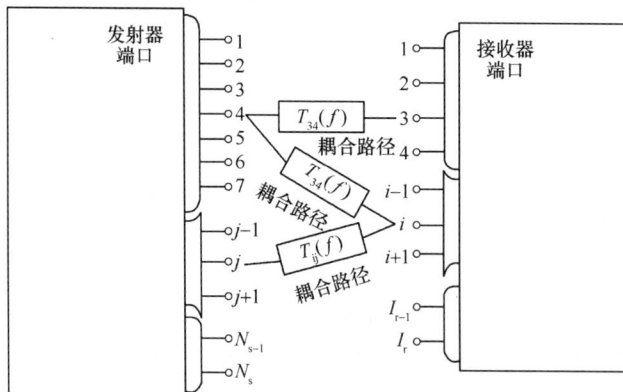

图 8 – 5　以"端口"表示两个设备之间的所有干扰源和敏感器

（4）确定两设备之间的所有电磁干扰耦合途径，如导线对导线的耦合、公共阻抗耦合、共电源阻抗耦合、天线对天线耦合、天线对导线的射频耦合、近场共模感应耦合、差模感应耦合等，在图 8 – 5 中以直线表示两端口间的耦合通道。

（5）逐项一对一地分析，既考虑多"端口"的综合效应，更要抓住主要的严重的干扰源端口，判断兼容与否。

134

### 8.4.4 电磁兼容性预测分析软件

基于表 8 – 1 所列电磁兼容性预测方法,形成了众多的预测仿真系统和软件,还建立了相应的 EMC 数据库,可开展以下工作:各种军用平台电磁兼容性设计,包括大型舰船平台的天线布置设计、舱室内 EMC 设计、系统内 EMC 分析、系统间 EMC 分析等。平台间 EMC 分析,包括舰船编队的 EMC 分析,EMP(电磁脉冲)仿真、各种载体 EMP 效应及适应性分析,陆、海、空、天电五维现代化战场电磁环境分析。

以下是对涌现出来的商业软件的主要算法、功能和应用范围进行简略介绍。

1) EMC 2000 软件

该软件由法国某公司研制,采用的计算方法主要是 MoM、FDTD、FVO(有限体积法)、PO/GO、GTD、UTD、PTD、ECM(等效电流法),在算法上与 ShpiE DF 基本相同(增加了 FVO),两者的分析功能非常接近。据介绍,EMC2000 可以对雷电、静电、电磁脉冲对目标的冲击效应进行仿真分析,可对复杂介质进行时域分析,对孔缝耦合进行计算,但没有 RCS 计算功能。

2) FEKO + Cabel Mod 软件

该软件由南非某公司研制,采用的数值算法主要是 MoM、PO、UTD、FEM(有限元法)及一些混合算法,在新版软件中增加了多层快速多极子算法(MLFMA),Cabel Mod 功能和多种脉冲源(高斯、三角、双指数和斜波脉冲)的时域分析,可为飞机、舰船、卫星、导弹、车辆等系统的全波电磁分析提供解决手段,包括电磁目标的散射分析(图 8 – 6)、机箱的屏蔽效能分析、天线的设计与分析、多天线布局分析(图 8 – 7)、系统的 EMC/EMI 分析、介质实体的 SAR 计算、微波器件的分析与设计、电缆束的耦合分析等。

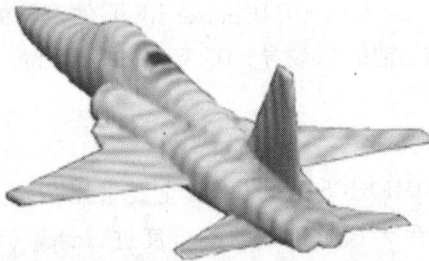

图 8 – 6　军用战斗机的雷达反射截面(RCS)分析

3) Ansoft-HFSS 软件

该软件由美国 Ansoft 公司研制,采用的主要算法是有限元法(FEM),主要应用于微波器件(如波导、耦合器、滤波器、隔离器、谐振腔)和微波天线设计中,可获

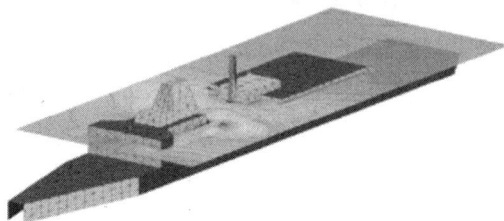

图 8 - 7　舰载天线的布局分析与设计

得特征阻抗、传播常数、$S$ 参数及电磁辐射场、天线方向图等参数和结果。该软件与 FEKO 最早进入中国市场,并在国内拥有一定数量的用户。

4) CST - SD 软件

德国 CST 公司研制了基于有限积分技术(FIT,该技术类似于 FDTD)的仿真软件 CST - SD,主要用于高阶谐振结构的设计。它通过散射参数($S$ 参数)将复杂系统分解成更小的单元进行分析,具体应用范围主要是微波器件,包括耦合器、滤波器、平面结构电路、各种微波天线和蓝牙技术等。

5) FIDELITY 软件

FIDELITY 软件由 Zeland 公司研制,主要采用非均匀网格 FDTD 技术,可分析复杂填充介质中的场分布问题,其仿真结果主要包括 $S$ 参数、VSWR(驻波比)、RLC 等效电路、坡印廷矢量、近场分布和辐射方向图,具体应用范围主要包括微波/毫米波集成电路(MMIC)、RFDCB、RF 天线、HTS 电路和滤波器、IC 内部连接、电路封装等。

6) IMST-Emprie 软件

IMST-Emprie 软件主要采用 FDTD 法,是 RF 元件设计的标准仿真软件,它的应用范围包括平面结构、连接线、波导、RF 天线和多端口集成,仿真参数主要是 $S$ 参数、辐射场方向图等。

7) Micro-Strpie 仿真软件

该软件由美国 FLOMERICS 公司研制,主要采用传输线矩阵法(TLM)。该软件可对飞机、舰船平台天线布置中的耦合度进行计算,可以对电子设备防雷击、电磁脉冲和静电放电威胁进行分析,可用于面天线、贴片天线、天线阵的电磁设计。

8) ADS 软件

该软件是美国安捷伦公司在 HPE ESOF 系列的 EDA 软件基础上发展完善起来的大型综合设计软件,主要采用 MoM 算法,可协助系统和电路工程师进行各种

136

形式的射频设计,如离散射频/微波模块的集成、电路元件的仿真和模式识别。该软件还提供了一种新的滤波器设计方法,其强大的仿真设计手段可在时域或频域内实现对数字或模拟、线性或非线性电路的综合仿真分析与优化。

9）Sonnet 仿真软件

Sonnet 是一种基于矩量法的电磁仿真软件,是高频电路、微波、毫米波领域设计和电磁兼容、电磁干扰分析的三维仿真工具。主要应用于微带匹配网络、微带电路、微带滤波器、带状线电路、带状线滤波器、过孔(层的连接或接地)、耦合线分析、PCB 板电路分析、PCB 板干扰分析、桥式螺线电感器、平面高温超导电路分析、毫米波集成电路(MMIC)设计和分析、混合匹配的电路分析、HDI 和 LTCC 转换、单层或多层传输线的精确分析、多层平面的电路分析、单层或多层的平面天线分析、平面天线阵分析、平面耦合孔分析等。

10）IE3D 仿真软件

IE3D 是一个基于矩量法的电磁场仿真工具,可以解决多层介质环境下三维金属结构的电流分布问题,包括不连续性效应、耦合效应和辐射效应。仿真结果包括 $S$ 参数、VSWR(驻波比)、RLC 等效电路、电流分布、近场分布、辐射方向图、方向性、效率和 RCS 等。IE3D 在微波/毫米波集成电路、RF 印制板电路、微带天线、线电线及其他形式的 RF 天线、HTS 电路及滤波器、IC 的内部连接及高速数字电路封装方面是一个非常有用的工具。

11）Microwave Office 软件

该软件也是基于矩量法的电磁场仿真工具,是通过两个模拟器实现对微波平面电路的模拟和仿真。"VotlarieXL"模拟器处理集总元件构成的微波平面电路问题,"EMSgiht"模拟器处理任何多层平面结构的三维电磁场问题,"VoltarieXL"模拟器内设一个元件库,其中无源器件有电感、电阻、电容、谐振电路、微带线、带状线、同轴线等;非线性器件有双极晶体管、场效应晶体管、二极管等。在建立电路模型时,可以调出所用的元件。"EMSgiht"模拟器的特点是把修正谱域矩量法与直观的图形用户界面(GUI)技术结合起来,使得计算速度加快许多。它可以分析射频集成电路(RFIC)、微波单片集成电路、微带贴片天线和高速印制电路(PCB)等的电气特性。

12）ICE WAVE 仿真软件

该软件是针对电子产品电磁兼容设计/电磁干扰分析的三维仿真工具,采用 FDTD 全波数值方法。应用范围包括 PCB 退耦、辐射、接地、过孔和不连续分析,以及微波元器件、铁氧体、谐振腔、屏蔽盒的电磁分析。

13）WIPL-D 软件

该软件是由 WIPL-D.O.O. 公司基于 MoM 算法开发的三维全波电磁仿真设计软件。它采用了最先进的最大正交化高阶基函数(HOBFs)、四边形网格技术等,减少了内存需求和计算时间。该软件能解决的电磁问题包括各种电磁兼容天线设计、复杂平台天线布局问题、复杂平台 RCS 计算及微波无源结构设计。

14) Singual 软件

该软件由加拿大 IES 公司开发,采用 MoM + PO 的混合算法,可用于天线与天线阵、波导与谐振腔、射频电路与微波元器件、电磁散射与 RCS、吸收率(SAR)等方面的电磁分析,可以分析复杂平台短波和超短波天线布局问题。

15) FISC 软件

美国 Illinosi 大学公布的电磁散射分析软件 FISC 适用于导弹(图 8 - 8)、飞机、坦克等的电磁散射分析,采用的主要方法是多层快速多极子方法(MLFMA)。据报道,可以求解未知量达 1 千万个的电磁散射问题。

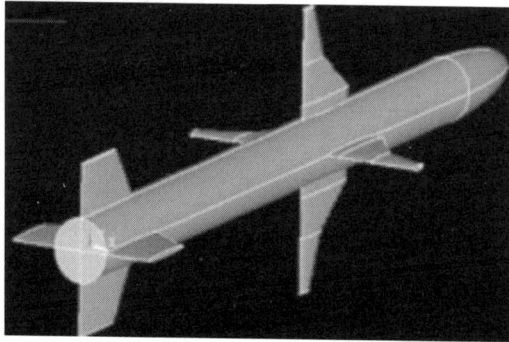

图 8 - 8　导弹的电磁散射分析

16) XPATCH 软件

该软件由美国军方研制,主要采用弹跳射线法(SBR),并与计算机图形学技术紧密结合。在计算中,同时考虑了射线直射时的物理光学近似、物理绕射及射线的多次反射效应(Multi-Bounce Rays)。在计算射线直射效应(First Bounce)时,最花时间的是确定复杂目标的阴影部分和遮挡部分,该软件采用 Z-Buffernig 技术的硬件和软件精确确定这两部分。

阴影部分和遮挡部分确定之后,直射场部分的贡献可由 PO 计算。为了计算多次反射效应,从入射波向目标发射一系列平行的射线,对每一条射线在目标上(或目标内)的反射和折射进行跟踪,直到射线离开目标为止。射线的跟踪是根据几何光学原理进行的,在反射点或折射点处的场由几何光学确定,包括极化效应、多层介质效应等。在射线离开目标时的最后一个反射点,应用物理光学积分计算远区散射场。叠加所有射线对远区散射场的贡献,即获得总的远区散射场或雷达散射截面。通常对 RCS 的计算而言,1 个波长的距离至少需要 10 根射线。此软件基于的方法的原理虽然简单,但需要有效的几何 CAD 技术和快速的射线跟踪算法。

# 8.5 小孔腔体的电磁耦合规律仿真预测分析

## 8.5.1 实验方案

为了初步确定仿真软件针对带孔腔体的适用范围,为下一步电子设备模型的建立和实验频率的选择提供参考,采用正立方屏蔽体来进行研究。设定腔体模型边长为 2m,金属壳体厚度为 1cm,见图 8-9。鉴于现今电子器件的小型化,假定正方形孔的边长为 2cm,圆形孔的半径为 1.18cm,长方形孔的边长为 1cm×4cm,孔中心坐标为(10,0,1),长方形孔长边沿 $z$ 方向,圆形孔的口部面积略大于方形孔。实验所需的电磁场环境通过仿真软件 FEKO 建立,场源位于原点处,频率范围为 100MHz ~ 800MHz,步长为 100MHz。屏蔽体所在空间的坐标区间为:$x \in [10,12]$,$y \in [-1,1]$,$z \in [0,2]$。无屏蔽体时的电磁场分布如图 8-10 所示。

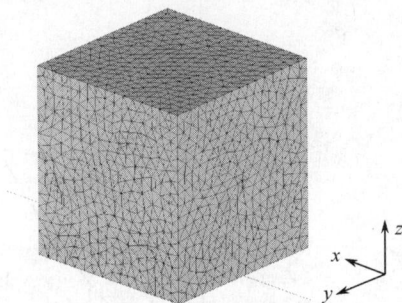

图 8-9 腔体模型

## 8.5.2 仿真结果分析

### 1. 腔体所在空间电磁场分布仿真分析

图 8-11 至图 8-13 显示了 $y=0$、$z=1$ 这个线空间在区间 $x \in [9,12.5]$ 内的电场以及磁场在不同频率时的分布情况。腔体近源端附近电磁波分布呈现明显的反射增强。腔体内部的电场存在壳体激发的 $y$ 分量,数值与其他分量在同一数量级。实验中发现开正方孔腔体内电磁场强度在频率为 700MHz 时变化很大,电磁耦合的谐振频率为 700MHz,腔体内部电磁场强度明显高于外部,并且相对于无腔体时的同点场强有了很大增加,相比之下频率为 600MHz 和 800MHz 时内部电磁场数值也增大,但电磁耦合的能量较弱。当频率为 500MHz 以下时,腔体内的电磁场强度很小,屏蔽效果很好。相比而言,未发现开长方孔腔体的强电磁耦合现象,只是在频率为 700MHz 和 800MHz 时存在较弱的电磁能量耦合。磁场具有与其相似的分布规律。

电场远场

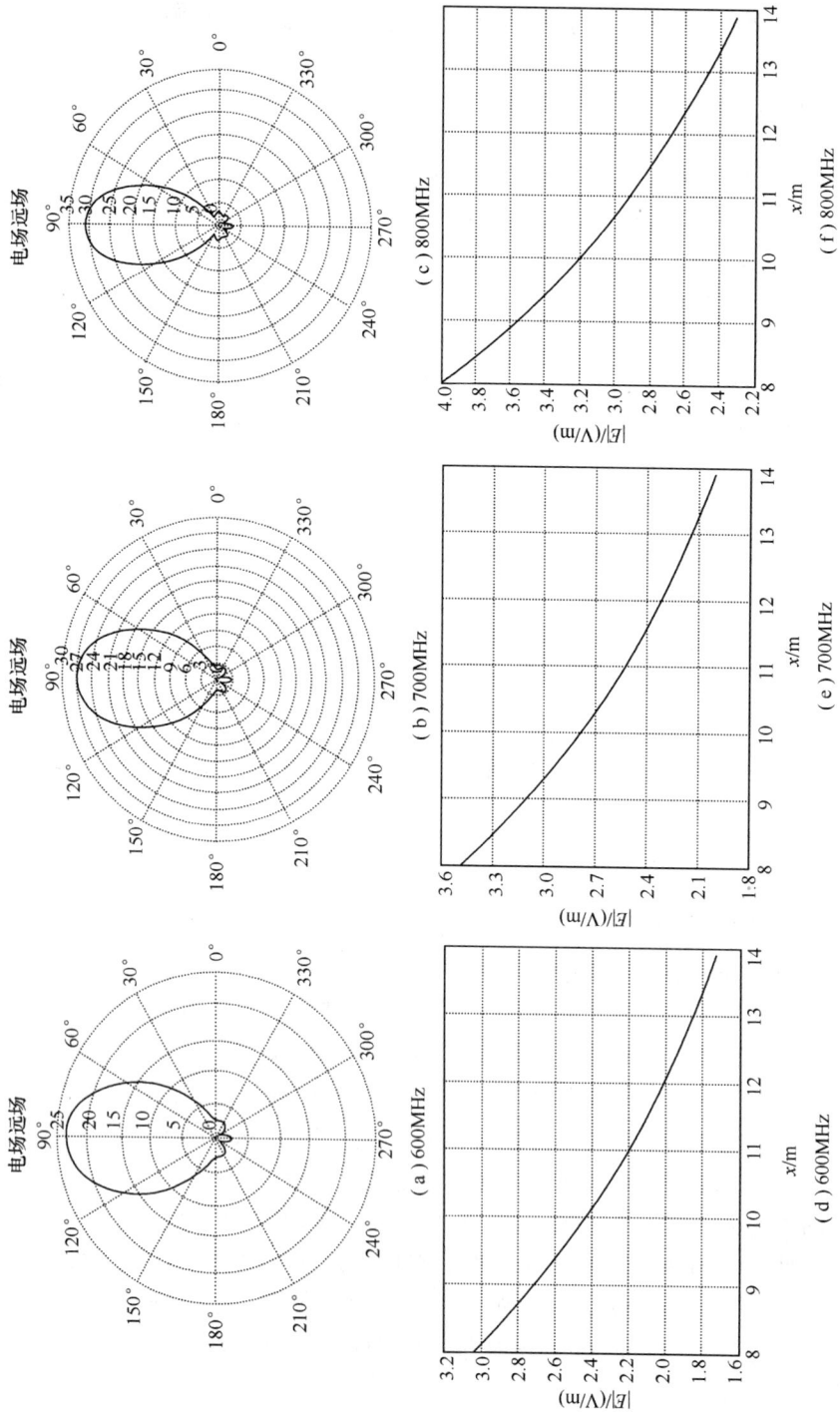

（a）600MHz

（b）700MHz

（c）800MHz

（d）600MHz

（e）700MHz

（f）800MHz

图 8-10　无屏蔽体时的电场分布（$y=0$m，$z=1$m）

140

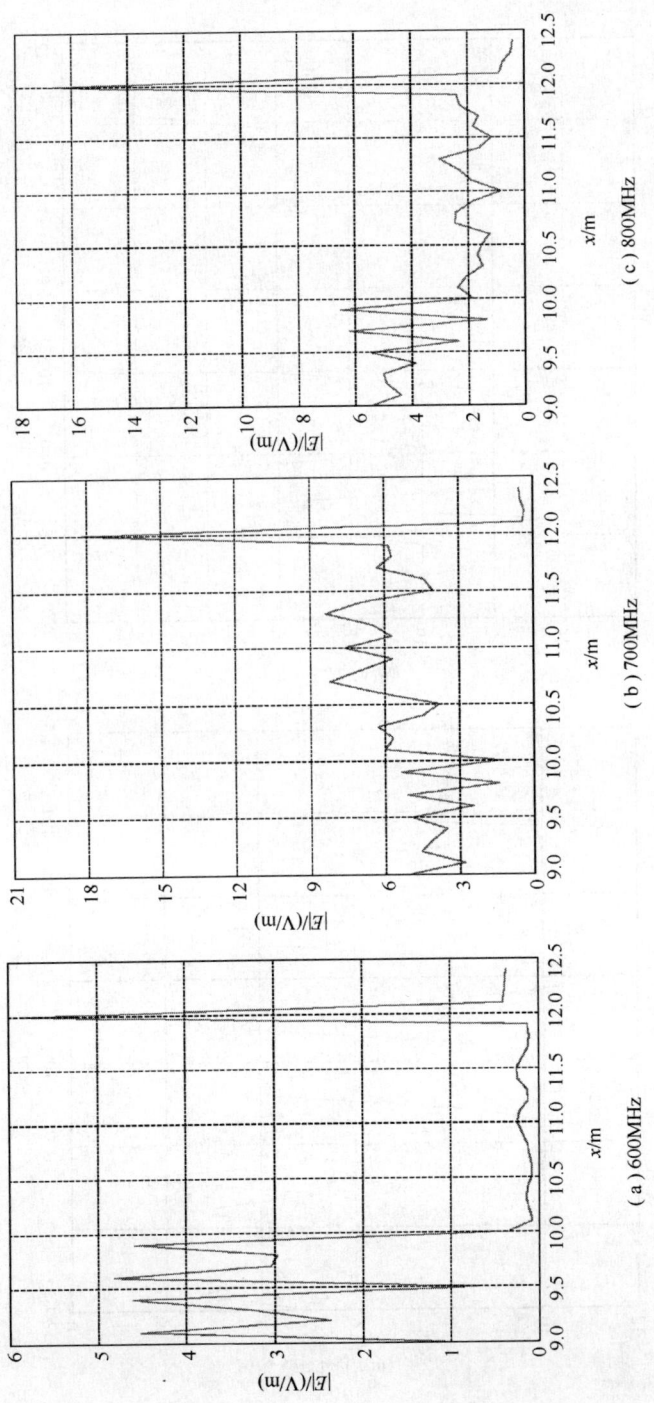

图 8−11 开方形孔时电场强度 ($y=0$m，$z=1$m)

(a) 600MHz

(b) 700MHz

(c) 800MHz

141

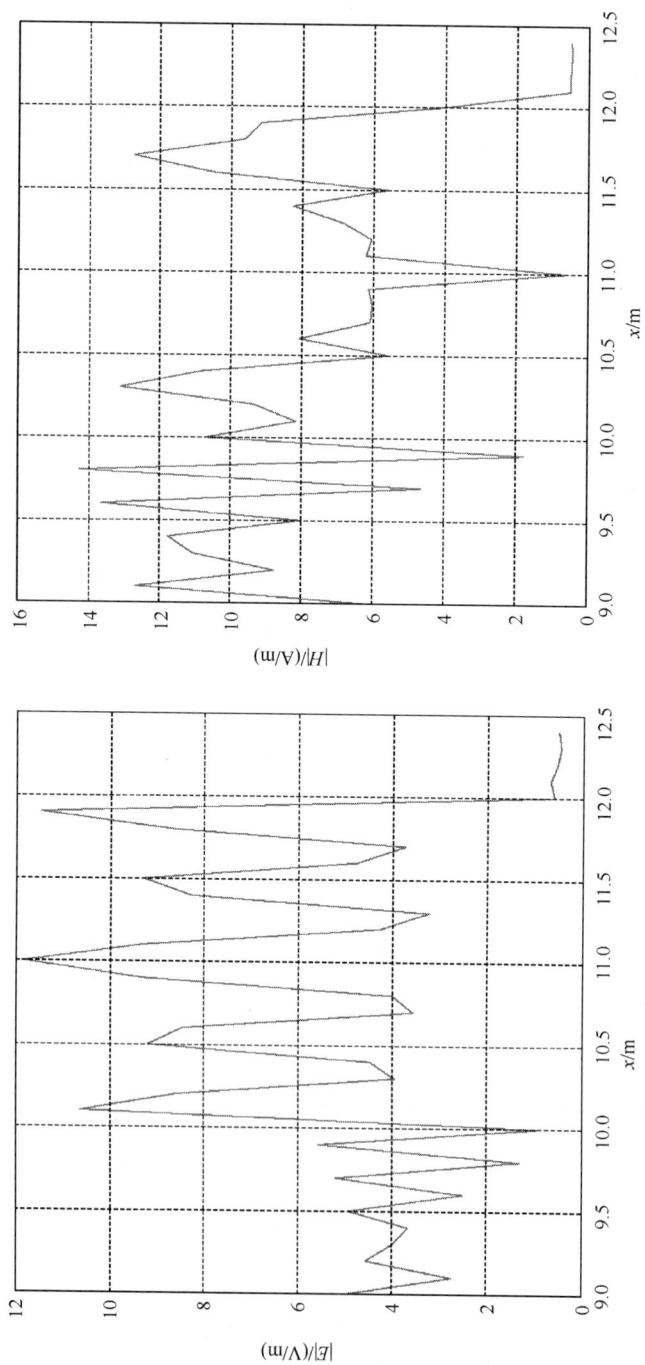

图 8-12 开圆孔时电磁场强度（$y=0$m，$z=1$m，$f=700$MHz）

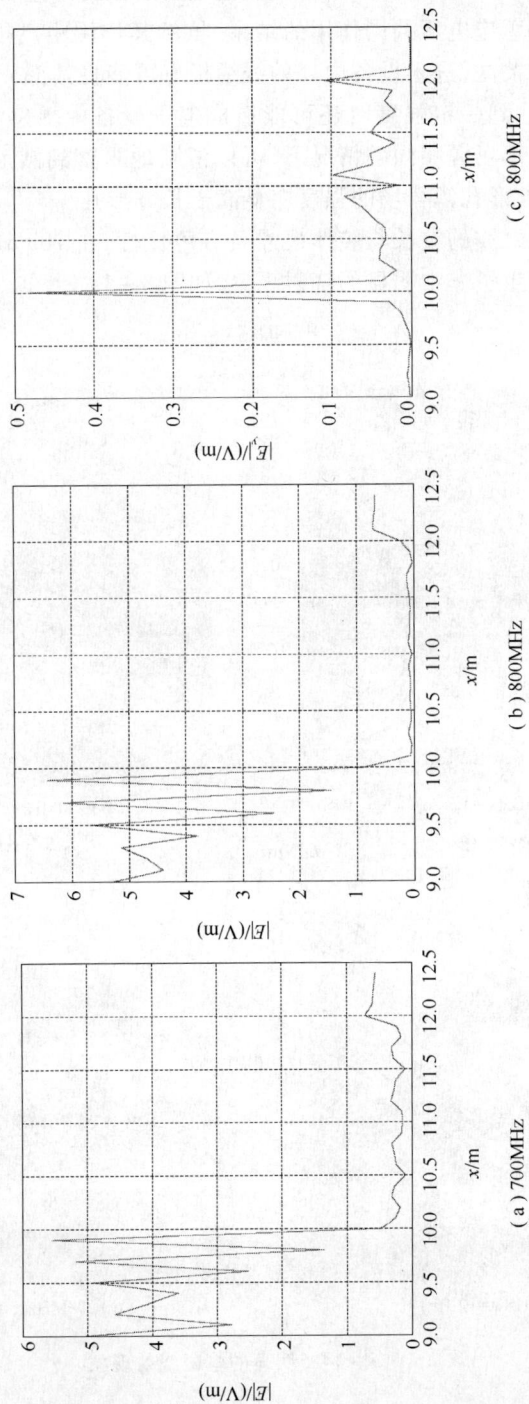

图 8-13 开长方形孔时电场强度 ($y=0\mathrm{m}$, $z=1\mathrm{m}$)

(a) 700MHz  (b) 800MHz  (c) 800MHz

143

在贴近金属壳体的外部空间,可以发现电磁场强度出现了突变,这是由于壳体表面感应电流和感应电压共同作用的结果,虽然其作用距离很短,仅几厘米,但这一现象应该得到关注,进入设备内部的线缆极有可能将其部分能量耦合进去,从而干扰电子线路,达到一定强度时还可能造成电子设备中敏感器件的永久性损坏。在中心坐标和外部场源相同的情况下,可以清晰地观察到圆形孔耦合场的强度高于正方形孔,正方形孔耦合场的强度明显高于长方形孔。

由于实验电磁波的波长与腔体尺寸具有可比性,在 100MHz、200MHz 时,电磁波在壳体远端发生了非常明显的绕射现象,如图 8 – 14 所示。

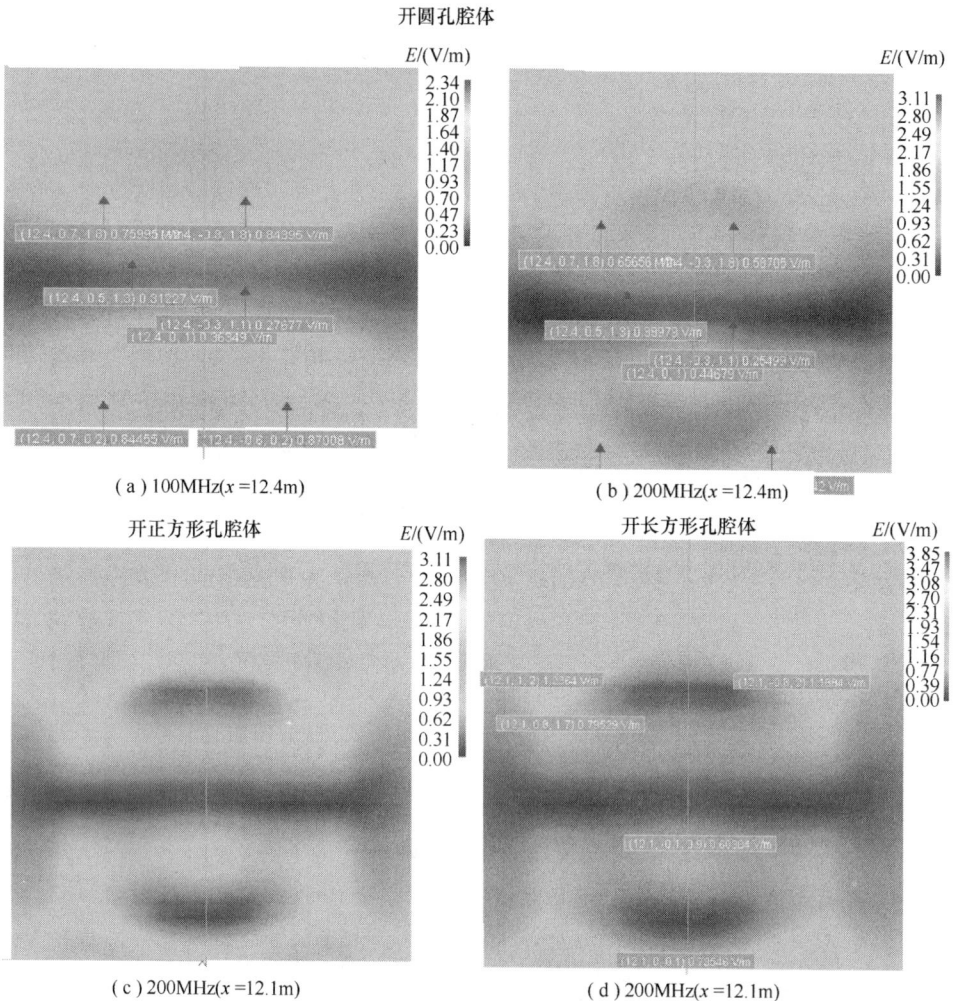

（a）100MHz(x =12.4m)    （b）200MHz(x =12.4m)

（c）200MHz(x =12.1m)    （d）200MHz(x =12.1m)

图 8 – 14　明显的电磁绕射现象

## 2. 垂直远场分布仿真分析

在实验中,对电磁场的远场分布进行了仿真计算,图 8-15 分别为在两种腔体影响下电场的垂直远场分布,共有 400MHz、700MHz 和 800MHz 3 个工作频率点,上半部分和下半部分分别显示的是开长方形孔腔体和开正方形孔腔体的仿真。通过与无腔体时的远场分布图对比,可以清晰地发现:垂直远场方向分布发生了明显的畸变,呈现严重的非对称性,腔体对电磁波的反射作用明显。腔体存在时的两种仿真结果相比,有微小差别,与孔的形状不同有关,相比之下开长方形孔的腔体反射较强。开圆形孔腔体的仿真图显现出相似的规律。综合分析可得,垂直远场方向分布畸变主要取决于腔体的反射。

## 3. 腔体内部电磁场的对称性分析

孔对电磁波的耦合场具有方向性,与外部电磁场的方向性基本一致,腔体内的电磁场在 $z$ 方向上相对于孔具有非对称性,见表 8-3,开正方形孔和圆形孔腔体在 700MHz 时数值相差较大,其他频率时数值相差不大,这一现象说明外部电磁场的方向性是差值的主要影响因素,700MHz 时的绝大部分内部电磁能量是孔缝"天线"耦合的结果。开长方形孔腔体的耦合方向性结果与正方形孔近似,具有相同的规律。图 8-16(a)所示为开圆形孔腔体在 700MHz 时的电场分布,图 8-16(b)所示为开正方形孔腔体在 700MHz 时的电场分布。在 $y$ 方向上的非对称性源于壳体表面以及腔体内部产生的部分强电磁耦合点,如图 8-16(a)和图 8-17 所示。壳体表面的感应电流分布并不均匀,造成某些点的电磁耦合较强,尤其是在边缘处出现的强电磁耦合点影响周围电磁耦合场的分布,同时造成壳体内部电磁场分布非对称化。由图 8-18 可以观察到腔体对电磁场的边缘效应。

表 8-3　$y=0$ 面上相对于孔中心线对称点的电场强度(V/m)

| 孔形 | 坐标 | 600MHz | 700MHz | 800MHz |
|---|---|---|---|---|
| 方形孔 | (10.8,0,1.5) | 0.133 | 7.556 | 2.547 |
| | (10.8,0,0.5) | 0.082 | 5.574 | 2.079 |
| 圆形孔 | (10.5,0,1.4) | 0.088 | 6.122 | 1.947 |
| | (10.5,0,0.6) | 0.084 | 3.351 | 1.617 |
| 长方形孔 | (10.4,0,1.4) | 0.0134 | 0.163 | 0.0828 |
| | (10.4,0,0.6) | 0.0105 | 0.153 | 0.0385 |

开长方形孔腔体（电场远场）

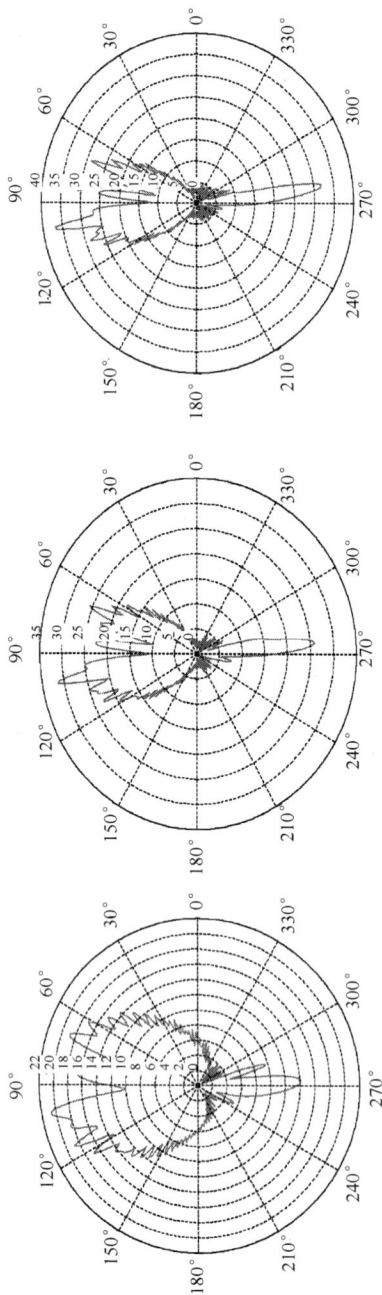

（a）400MHz

（b）700MHz

（c）800MHz

开正方形孔腔体（电场远场）

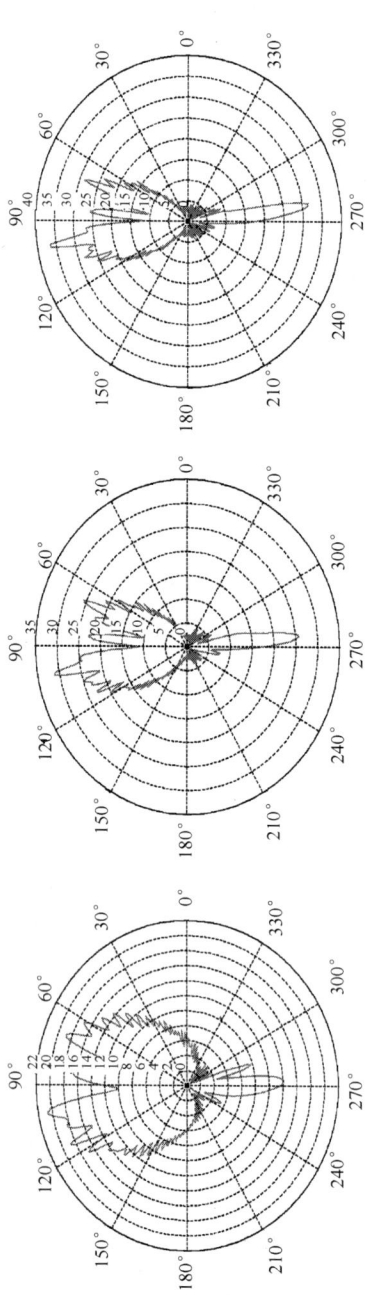

（d）400MHz

（e）700MHz

（f）800MHz

图 8-15　垂直远场分布

146

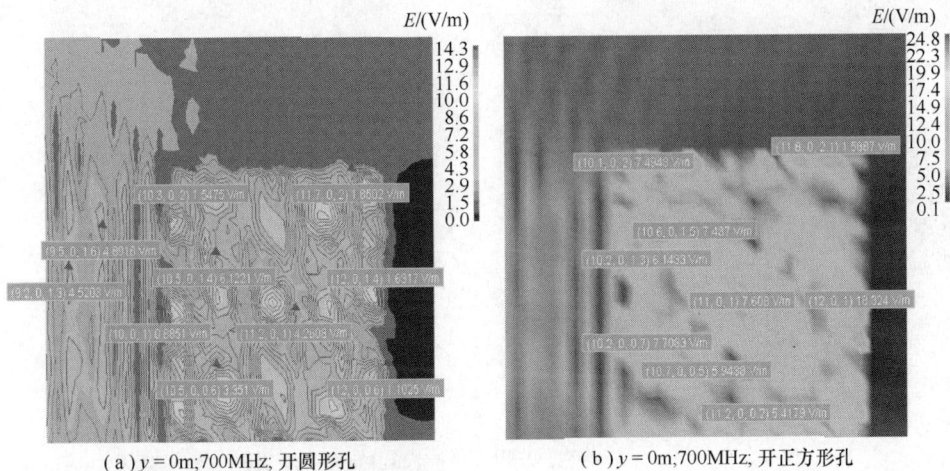

（a）y = 0m;700MHz; 开圆形孔

（b）y = 0m;700MHz; 开正方形孔

图 8 – 16    700MHz 时的电场分布

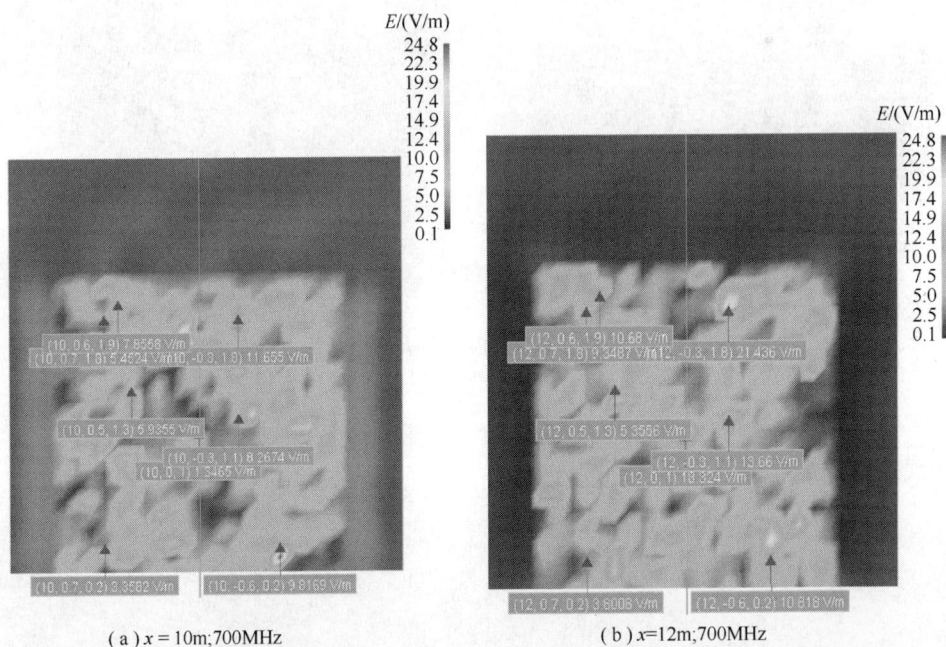

（a）x = 10m;700MHz

（b）x=12m;700MHz

图 8 – 17    开正方形孔时腔体外表面电场分布

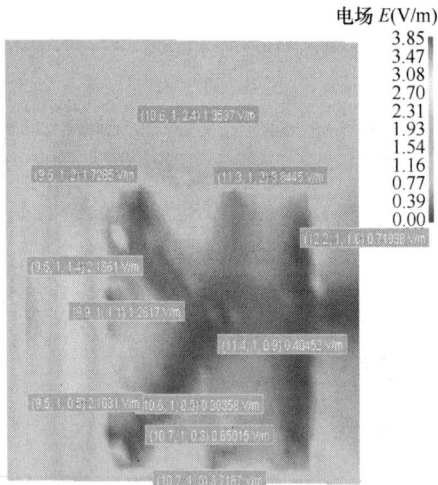

（a）$y=1$m，200MHz

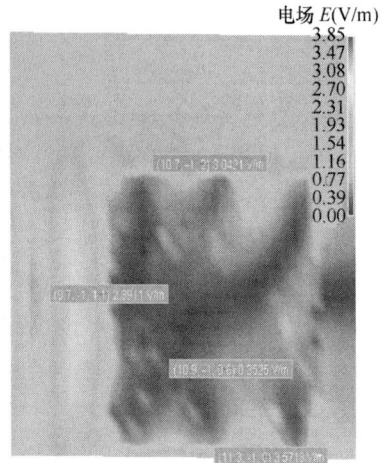

（b）$y=-1$m，200MHz

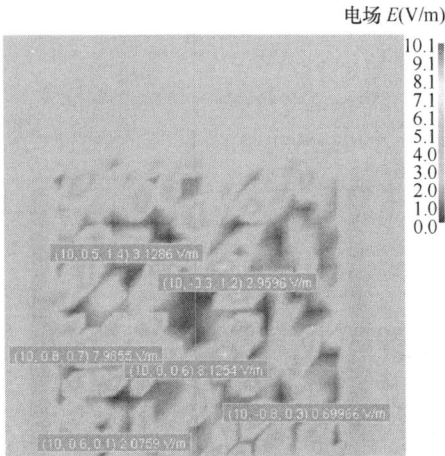

（c）$x=10$m；800MHz

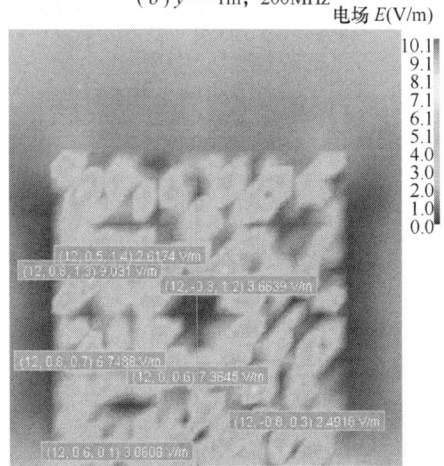

（d）$x=12$m；800MHz

图 8-18　开长方形孔时腔体外表面电场强度分布

# 第9章 电磁兼容性试验设施

电磁兼容测试结果反映了被测设备相关的电磁兼容性,为设备的电磁兼容设计、整改及验证起到至关重要的作用。电磁兼容测试按其测试内容可分为电磁干扰发射(EMI)测试和设备的抗扰度(EMS)测试。EMI测试是测量设备向外界发射的干扰,包括辐射发射和传导发射两部分。EMS测试则是测量对设备施加各种干扰时受试设备对这些干扰的敏感度或抗干扰能力。所施加干扰很多,比如静电放电、射频场感应的传导干扰、电快速脉冲群、浪涌、工频磁场、脉冲磁场和谐波等。

电磁兼容测试结果取决于测试场地及测试仪器的各项指标、测试步骤甚至测试人员的素质。因此,电磁兼容测试标准通常都会对测试场地、测试仪器的指标及测试步骤进行具体的规定,以保证测试结果的准确性和可重复性。作为测试人员,不仅需要掌握电磁场、微波、天线、电波传播、电路等学科的基础理论,还要了解测试仪器及被测设备的工作原理,理解标准规定的方法,这样才能在测试过程中发现问题,并采取正确的方法解决问题,从而保证正确的测试结果。

## 9.1 测 试 场 地

电磁兼容测试的各个测试项目中都要求有特定的测试场地,其中以辐射发射测试对场地的要求最为严格。用于辐射发射的测试场地主要有开阔场、电波暗室、屏蔽室、混响室等。本节将对这些测试场地的构造特征、工作原理、设计方法和电气性能等方面进行阐述。

### 9.1.1 屏蔽室

#### 1. 电磁屏蔽室的基本结构

简单说来,电磁屏蔽室就是一个钢板房子,冷轧钢板是其主体屏蔽材料。包括六面壳体、门、窗等一般房屋要素,只是要求严密的电磁密封性能,并对所有进出管线做相应屏蔽处理,进而阻断电磁辐射出入。

目前电磁屏蔽室有钢板拼装式、钢板焊接式、钢板直贴式及铜网式四大类。拼装式为厚度1.5mm钢板模块拼装而成,生产、安装工艺较简单,适用于小面积、屏蔽效能要求一般的工程。可拆卸移建,但移建后屏蔽效能明显降低。钢板焊接式屏蔽室采用 2mm~3mm 冷轧钢板与龙骨框架焊接而成,屏蔽效能高,适应各种规格尺寸,是电磁屏蔽室的主要形式。钢板直贴式和铜网式用于屏蔽效能要求较低的简易工程。

**2. 电磁屏蔽室的主要功能**

(1)隔离外界电磁干扰,保证室内电子、电气设备正常工作。特别是在电子元件、电气设备的计量、测试工作中,利用电磁屏蔽室(或暗室)模拟理想电磁环境,提高检测结果的准确度。

(2)阻断室内电磁辐射向外界扩散。强烈的电磁辐射源应予以屏蔽隔离,防止干扰其他电子、电气设备正常工作甚至损害工作人员身体健康。

(3)防止电子通信设备信息泄漏,确保信息安全。电子通信信号会以电磁辐射的形式向外界传播(即 TEMPEST 现象),敌方利用监测设备即可进行截获还原。电磁屏蔽室是确保信息安全的有效措施。

(4)军事指挥通信要素必须具备抵御敌方电磁干扰的能力,在遭到电磁干扰攻击甚至核爆炸等极端情况下,结合其他防护要素,保护电子通信设备不受毁损、正常工作。电磁脉冲防护室就是在电磁屏蔽室的基础上,结合军事领域电磁脉冲防护的特殊要求研制开发的特殊产品。

**3. 电磁屏蔽室的性能参数**

电磁屏蔽室的性能主要用综合屏蔽效能 SE 来描述,单位为 dB。

$$SE = 20\lg(E_0/E_1) \tag{9-1}$$

式中:$E_0$ 为屏蔽前电磁辐射强度;$E_1$ 为屏蔽后电磁辐射强度。

**4. 电磁屏蔽室相关的标准**

(1)国家保密局制定的《处理涉密信息的电磁屏蔽室的技术要求和测试方法》(BMB 3—99),该标准将屏蔽室分为 C 级、B 级,C 级屏蔽室屏蔽效能高。

(2)军用标准《军用电磁屏蔽室通用技术要求和检验方法》(GJBz 20219—94),也分 C 级、B 级,C 级屏蔽室屏蔽效能最高。

(3)军用标准和人防标准《防护工程防电磁脉冲设计规范》(GJB 3928—2000)、《人民防空电磁脉冲防护设计规范》(RFJ—2001)。

(4)国家标准《高性能屏蔽室屏蔽效能的测量方法》(GB 12190—90)。

**5. 电磁屏蔽室的基本构成**

(1)壳体。此处以钢板焊接式电磁屏蔽室为例。包括六面龙骨框架、冷轧钢板。龙骨框架由槽钢、方管焊接而成,材料规格按屏蔽室大小确定地面龙骨(地梁)应与地面进行绝缘处理。墙、顶部冷轧钢板厚度 2mm,底部钢板厚 3mm,先在车间预制成模块,分别焊接在龙骨框架内侧。所有焊接均采用 $CO_2$ 保护焊,连续满焊,并用专用设备检漏,防止漏波。所有钢质壳体必须进行良好的防锈处理。

（2）电磁屏蔽门。电磁屏蔽门是屏蔽室唯一的活动部件，也是屏蔽室综合屏蔽效能的关键，技术含量较高，材料特殊，工艺复杂。电磁屏蔽门有铰链式插刀门、平移门两大类，各有手动、电动、全自动等形式。如考虑使用的稳定性及性价比，则首选手动插刀式铰链门（标准门1900mm×850mm）。

（3）蜂窝型通风波导窗。通风换气、调节空气是屏蔽室必备设施。蜂窝型波导窗由对边距为5mm的六边形钢质波导管集合组成，波导管不妨碍空气流通，却对电磁辐射有截止作用。目前主要采用300mm×300mm×50mm规格的全焊接式蜂窝式波导窗，插入损耗150kHz～1GHz≥100dB，完全满足规范要求。屏蔽室按面积大小配置相应数量的波导窗，分别用于进风、排风、泻压。

（4）强弱电滤波器。进入屏蔽室的电源线、通信信号线等导体都会传导电磁干扰，必须有相应的滤波器加以滤除。滤波器是由无源元件（电感、电容）构成的无源双向网络，其主要性能参数是截止频率（低通、高通、带通、带阻）、插入损耗（阻带衰减量），滤波性能取决于滤波级数（滤波器滤波元件数）、滤波器结构类型（单电容型C型、单电感型L型、π型）等。

（5）波导管。进入防护室的各种非导体管线，如消防喷淋管、光纤等，均应通过波导管，波导管对电磁辐射的截止原理与波导窗相同。

（6）室内电气、室内装修。其包括穿管走线、配电箱、照明、插座及吊顶、墙面装修、地面防静电地板等。为确保屏蔽室稳定运行，电气、装修材料必须选用符合国家标准的防火、防潮、环保产品。

## 9.1.2 开阔场地

### 1. 概述

开阔试验场地（Open Area Test Site, OATS）是电磁兼容测试中非常重要的试验场地，通常作为标准测试场地。在电磁辐射干扰和干扰测量中，场地对测试结果的影响非常明显，常出现在不同的测试场地（如屏蔽室、暗室、横电磁波室中），使用相同的仪器仪表测量却得到不同结果。不同结果产生的主要原因是场地的差异，即空间直射波与地面反射波的反射影响和接收点不同，造成相互叠加的场强不一致。为此，国际和国内电磁兼容相关标准中均明确规定，不同测试场地造成的试验测试结果差异，应以开阔试验场的测试结果为准。

### 2. 开阔试验场的基本结构

开阔试验场的基本结构应是周围空旷，无反射物体，地面为平坦而电导率均匀的金属接地表面。如图9-1所示，场地按椭圆形设计，长度不小于椭圆焦点之间距离的2倍，宽度不小于椭圆焦点之间距离的1.73倍，具体尺寸的大小一般视测试频率下限的波长而定。如测试频率下限为30MHz，波长是10m，则选择椭圆焦点之间距离为10m。实际电磁辐射干扰测试时，EUT和接收天线分别置于椭圆场地的两个焦点位置。考虑到开阔试验场地及屏蔽暗室的建造成本和环境的限制,国内外电磁兼容标准将 EUT 到接收天线的距离定为 3m、10m,俗称 3m 法、10m 法。如满足 3m 法测量,场地长度不小于 6m 距离,宽度不小于 5.2m 距离;如满足 10m 法测量,场地长度不小于 20m 距离,宽度不小于 17.3m 距离。

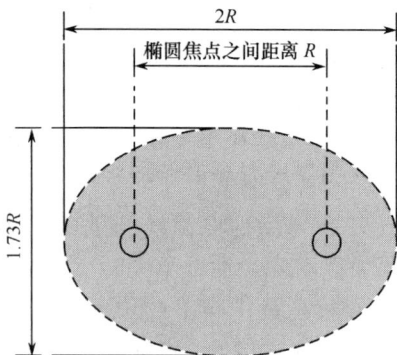

图 9-1 开阔试验场基本结构示意图

### 3. 开阔试验场的重要性能指标——归一化场地衰减

国际无线电干扰特别委员会(CISPR) No.16 标准规定用归一化场地衰减(Normalized Site Attenuation, NSA)来评定金属接地平板试验场的质量。NSA 是衡量开阔试验场能否作为合格场地进行 EMC 测试的关键技术指标。

归一化场地衰减通常定义为

$$A_N = U_r - U_R - AF_r - AF_R \tag{9-2}$$

或

$$A_N = \frac{L}{F_R^2 F_r^2} \tag{9-3}$$

$$L = P_T/P_R \tag{9-4}$$

由式(9-2)至式(9-4)可知,场地衰减不仅与场地本身特性(材料、平坦性、结构、布置)及收、发天线的距离、高度有关,还与收、发天线本身的特性有关;而 NSA 只与场地特性和测试点集合位置有关,与收、发天线本身特性无关。

建立开阔试验场地后,须进行归一化场地衰减的测试。在使用过程中,应经常监测周围电磁环境的变化,并进行定期检测,以确认场地高频电性能及电气安全性。

测量归一化场地衰减的方法主要有两种:一种是离散频率法,即使用调谐偶极子天线,针对所需频率调整其长度进行测量的方法;另一种是宽带扫频法,即用宽带天线进行扫频测量。测量场地衰减 NSA 时应分别将接收天线和发射天线处于水平极化方向和垂直极化方向状态,以得出不同极化方向的场地衰减 NSA,如图 9-2 所示。

152

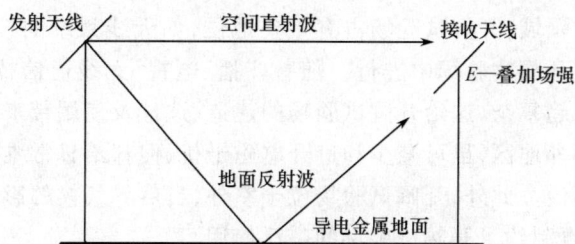

图 9 - 2 空间直射波与地面反射波场强相互叠加

用离散频率法测试开阔试验场水平极化方向的场地衰减的测量设置如图 9 - 3 所示,测量时应注意以下几点:

（1）用作发射天线和接收天线的两副调谐偶极子天线最好是相同的天线,且其平衡/不平衡变换器损耗应小于 0.5dB;天线处于谐振长度位置时,天线输入端电压驻波系数小于 1.2。

（2）在垂直极化情况下测试 NSA 时,所使用连接电缆应尽量垂直于天线,以减小电缆对测试的影响。

（3）升降接收天线时,注意寻找和读取最大接收电压值。

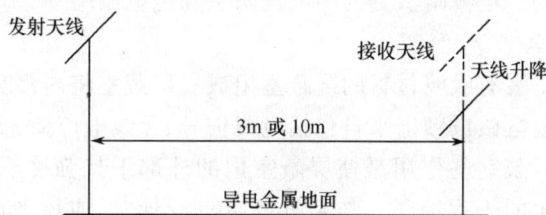

图 9 - 3 场地衰减 NSA 的测量示意图

用宽带扫频法测试开阔试验场的 NSA 易实现自动测试,既方便又快捷。但应注意的是,除了要尽可能地选用两副性能相同的天线作发射和接收天线外,所使用宽带天线的天线系数一定要预先仔细校准,天线输入端电压驻波系数也要尽可能小,以减少阻抗不匹配带来的影响。

场地衰减 NSA 的测量值可按式(9 - 5)计算,即

$$A_N = U_T - U_R - AF_T - AF_R - \Delta AF \qquad (9 - 5)$$

**4. 开阔试验场的应用**

开阔试验场在电磁兼容领域主要用于 30MHz ~ 1000MHz 频率范围对 EUT 进行电磁辐射干扰测试,并可适用于较大型 EUT 的测试。理想的开阔试验场可作为最终判定测量结果的标准测试场地。其造价低于屏蔽暗室。开阔试验场也可用于电磁辐射敏感度(抗扰度)的测量,但不宜施加过大的场强,以免对外造成电磁环

153

境干扰。

在计量测试领域,开阔试验场占有重要地位,如天线系统的校准、国际间的比对均要求在标准开阔实验场中进行。随着广播、电视、无线通信技术的高速发展,空间电磁环境日趋复杂,这给开阔试验场的建造、选址及使用带来了不少问题。选择远离城市的郊外地区,虽可减少和避开电磁干扰,但却给日常维护和试验及生活管理带来诸多不便。此外,开阔试验场位于室外,自然界气候的影响也使其不能全天候地工作,这也制约了开阔试验场的广泛使用。

开阔试验场在大于1GHz频率范围的应用及其归一化场地衰减理论值的计算及测试,国际电工委员会电磁兼容技术委员会(IEC/TC77)和国际无线电干扰特别委员会(CISPR)等有关专家尚在研究讨论之中。

### 9.1.3 电波暗室

作为辐射发射测量场地,开阔试验场是最理想的,其测量的结果完全可以根据理论计算出来,因而将其规定为最后判定的依据。但是,随着科学技术的发展,电磁环境越来越恶劣,开阔场的测量结果中,大量背景噪声严重地影响着辐射发射的数据判读。由于外壳的屏蔽解决了开阔场的背景噪声问题,因此,电波暗室被广泛地用来代替开阔场。电波暗室分为半电波暗室和全电波暗室。

**1. 半电波暗室**

半电波暗室由装有吸波材料的屏蔽室组成。屏蔽室将内部空间与外部的电磁环境相隔离。环境电磁波频谱来自包括电视信号、无线电广播、个人通信设备及人为环境噪声等。屏蔽室的作用是使屏蔽室内的外部干扰强度明显低于受试设备(EUT)本身所产生的干扰场强。在半电波暗室设计时,应该考虑屏蔽室、屏蔽效能、电磁吸波材料及暗室的建造等因素。

1) 屏蔽室

在半电波暗室的屏蔽室的建造中,有两种基本构造方法,即组合型和焊接型。

组合型结构由墙板和使墙板连接的夹具组成。墙板可以是两面覆盖镀锌薄层的胶合板或是镀锌的钢板。夹具使墙板安装成一个整体,并保证墙板的导电连接性。同时,垫衬和高频吸波材料常常被用于提高屏蔽效能。即使大多数制造商应用同样的屏蔽系统概念,但由于各自设备特性的差别导致市场上的同类产品的性能不一致。

焊接型结构是由钢板或铜板经焊接而成的一个紧密的针对射频信号的密封体。这是一项工艺要求精密的技术。高水平的焊接体使屏蔽效能稳定、可靠,同时高性能的屏蔽效能取决于焊缝漏洞的排除。当然,焊接型结构的不理想因素是造价较高。

在半电波暗室中进行电磁兼容测试,地板是一个重要的部分。在辐射发射测试中,EUT 的一部分发射信号通过地板发射,由接收天线测量接收,就像办公室中的实际情况一样。模拟一块良好的地板,要使地板具备导电连续性,并且表面的起伏变化要尽可能小。这种效果可以通过建造高架地板获得。高架地板就是用于墙壁和天花板相同的金属材质制成的架空地板。测量和控制的电缆、电源线、转台的机械部分都置于高架地板之下。高架地板根据转台机械部分的情况,一般高度为30cm~60cm。为了使地板获得完整的导电连续性,转台的导电表面与周围的地板是保证导电连续的,通常采用接地环等距空间连接的方法实现。

为了操作方便,需要对屏蔽室穿孔。穿孔需要仔细选择,施工时要保持屏蔽室的完整性。对一个典型的半电波暗室包括以下几个类型的基本穿孔,即通道门、波导窗、电源、灯和接口板等。

2)屏蔽效能

屏蔽室的性能是由屏蔽效能(SE)来定义的。它的意思是:由于屏蔽室的存在而产生的信号衰减。目前,广泛使用的 SE 的标准是 NSA 65-6(表 9-1)。在这个标准中,所定义的衰减等级已经超过用 EMC 的测试要求,对其他一些应用测试也足够用。在 EMC 的应用中,SE 是定义在一个或一些特殊频率上的。在 1GHz 这个常用的频率点,组合型的屏蔽效能是 100dB,而焊接型屏蔽室可以获得 120dB 的屏蔽效能。

表 9-1  NSA 65-6 屏蔽效能的性能要求

| 频率 | 屏蔽效能/dB | 场的类型 | 频率 | 屏蔽效能/dB | 场的类型 |
|---|---|---|---|---|---|
| 1kHz | 2 | 磁场 | 1MHz | 100 | 电场 |
| | 70 | 电场 | 10 MHz | 100 | 电场 |
| | 56 | 磁场 | 100 MHz | 100 | 平面波 |
| 10kHz | 100 | 电场 | 400 MHz | 100 | 平面波 |
| | 90 | 磁场 | 1GHz | 100 | 平面波 |
| 100kHz | 100 | 电场 | 10GHz | 100 | 微波 |
| | 100 | 磁场 | | | |

在安装吸波材料之前,要对屏蔽室的 SE 进行测试,以确认屏蔽室符合规定的屏蔽等级。由于在穿孔附近很难保证 SE,所以要格外注意穿孔附近屏蔽的完整性。

3)电磁吸波材料

电磁吸波材料安装在屏蔽室的墙上及天花板上,以减少表面的电磁反射。电磁辐射在入射时就被吸波材料吸收,并将部分电磁能转化成热能。当然,有一些残存的反射存在,并可能会干扰测试。

在半电波暗室中,目前有两种广泛应用的宽带电磁吸波材料,根据它们的工作机理被区分为吸收磁场辐射的铁氧体和吸收电场辐射的加碳泡沫。混合型材质由这两种材料组成。当然，还有一些特别的设计，但没有被广泛使用。表9-2列出一些典型吸波材料的设计及其特性。泡沫型吸波材料大多制成锥形，而混合型则制成劈尖形。铁氧体贴片一般安装在不导电的墙上（通常为胶合板），使贴片的高频性能得以提高。

表 9 - 2　常用宽带 EMC 吸波材料

| 参数 | 泡沫型 | 铁氧体贴片 | 铁氧体栅格贴片 | 混合型 |
|---|---|---|---|---|
| 长 × 宽 | 60cm × 60cm | 10cm × 10cm（或更大） | 10cm × 10cm | 60cm × 60cm |
| 高 | 60cm ~ 2.5m | 5mm ~ 1cm<br>（加不到点层到 2cm） | 1.5cm ~ 2.5cm | 40cm ~ 1.5m |
| 相对斜射的<br>性能变化 | 低到中 | 高 | 中 | 中 |
| 安装精度要求 | 低 | 高（贴片气缝） | 中（贴片气缝） | 高（贴片气缝） |
| 最高工作频率/GHz | >40 | 1 | 3 | >40 |

宽带 EMC 吸波材料的设计是一个复杂的过程，需要在低频和高频性能、尺寸和工程造价上权衡与协调。因此，制造者在设计吸波材料时常采用尝试法，通过反复尝试进行设计。但为了加速设计过程，使其更经济，许多制造者也采用计算机辅助设计，对吸波材料进行优化设计。如果精确的模型得以使用，大量的吸波材料的参数得以确定，那么无论是用反复尝试的设计方法，还是采用计算机辅助设计，都可以生产出优质的吸波材料。

吸波材料的测量是确认其性能的重要一环。由于半电波暗室的低频性能要求严格，吸波材料要确认下限到 30MHz 的性能。从 150MHz ~ 30MHz 或更低可以用同轴波导测量。在高频段，可以使用其他类型波导（100MHz 及以上）和自由空间的方式（高于 800MHz）进行测试。

4）暗室的建造

上述几部分对几个主要问题进行了介绍，包括半电波暗室的设计、屏蔽效能和吸波材料。这里集中讨论这些方面的整体实施。

在建造 EMC 测试试验室时，需要相当大的空间来容纳电波暗室和相关的设备。典型的设计尺寸如表 9 - 3 所列。除了表 9 - 3 给出的数据，还要考虑防火设施、高架地板、加固屏蔽室的钢结构，使其能够负荷吸波材料的质量，保证屏蔽完整性。

在半电波暗室及相关设备建造结束后，要验证其性能，以证实用半电波暗室替代理想的 OATS 是可行的。在民用 EMC 设施中，半电波暗室性能测试依照标准 ANSI C63.4 - 1992、CISPR22 或相关标准所描述的替代场方法。这些测试程序是

表 9-3 半电波暗室参数

| 参数 | 预 测 试 | 3m 法 | 10m 法 |
|---|---|---|---|
| 高/m | 3 | 5.5 | 8.5 |
| 宽/m | 3 | 6 | 12 |
| 长/m | 6.7 | 9 | 19 |
| 吸波材料 | 铁氧体贴片,泡沫型<br>(±60cm 高) | 混合型(±40cm 高)<br>泡沫型(±1m 高) | 混合型(±1m 高)<br>泡沫型(±2m 高) |
| 典型性能 | ±6dB 归一化场地衰减 | ±4dB 归一化场地衰减<br>±3dB 高性能情况 | ±4dB 归一化场地衰减<br>±3dB 高性能情况 |

通过比较电波暗室与 OATS 的场地衰减来证实电波暗室的性能的。场地衰减是按照标准中对于替代场所描述的理论,测量位于转台上一个静止的围绕 EUT 的区域。这个测试程序的频率范围是根据辐射发射对 EUT 测试的要求确定的。在最初的验证确定后,半电波暗室的操作应建立在每年验证的基础上。

半电波暗室的性能依靠许多因素,其中之一就是吸波材料的安装。铁氧体贴片的气缝效应要格外注意,特别是在门和其他穿孔的地方,那里的吸波材料是不连续的,门、接口板和窗的安排也要小心。还要注意以下几点:

(1)不要在吸波材料不连续的地方引起性能问题。

(2)不要出现未经处理的反射物质引起的寄生的反射和发射。

(3)地板要非常平,转台周围要保证电连续性。

(4)验证半电波暗室时,天线系数起着重要的作用。

(5)时间久了,吸波材料尤其是尖劈泡沫会倾斜,在性能上虽然影响不大,但有些负面的效应。

一个重要的问题是,选择吸波材料时一定要有质量控制措施。由于吸波材料的性能是半电波暗室的电磁性能中最重要的因素,所以要注意制造商能否保证工厂里生产的每一批吸波材料的性能都一致。最好要有一个质量控制程序,以保证每一批吸波材料的电磁性能都在低频范围内进行严格检测。电波暗室的性能还与吸波材料的安装质量相关,所以,在安装中安排有经验的人员控制质量是必需的。

一般来说,EMC 测试设备不仅仅是半电波暗室。按预算和实验的需要,可以增加屏蔽的控制室和实验室,同样也可增加测量抗扰度的全电波暗室和预测试电波暗室。最低限度,要有足够的空间来容纳测试设备和测试人员。

**2. 全电波暗室**

因为是开阔场的替代场地,所以半电波暗室仍完全沿用着开阔场的标准测量方法——接收天线需要在不同高度上扫描。这对半电波暗室来说,不仅使测量时间加长了,而且还需要大大提高暗室的高度。例如,对于 1m ~ 4m 的扫描情况,暗室屏蔽外壳的天花板高度应达到 6m ~ 7m。这是因为这一高度是在 4m 之上,再加上垂直极化时天线振子长度的 1/2、吸波材料的高度以及天线与吸波材料的最小间隔。于是,屏蔽外壳的四壁都要相应提高,吸波材料的面积相应加大;除材料消耗外,还由于质量加大带来了相应的结构问题和基础的承重问题等。这些必然导致半电波暗室的造价大幅度提高。

依靠接收天线扫描的方法保证直射波与反射波同相相加,当前在标准中只规定测至 1GHz。但随着 EUT 辐射发射的高频分量的增加(如微型计算机的时钟频率已超过 1GHz),势必要求提高测试频率。随着测试频率的提高,波长相应变短(如 $f=18\text{GHz}$、$\lambda=16\text{mm}$),对于反射面的粗糙度要求更加严格。根据国家标准 GJB 6113—95 规定,最大均方根粗糙度 $b$ 按式(9 - 6)计算,即

$$b = \frac{\lambda}{8 \cdot \sin\beta} \qquad\qquad (9-6)$$

式中:$b$ 为最大均方根粗糙度(m);$\lambda$ 为工作波长(m);$\beta$ 为反射波对地平面的夹角。

对于采用 3m 法测量的场地,当频率为 1GHz 时,$b=4.5\text{cm}$;而当频率为 18GHz 时,$b$ 将减至 2.5mm。而在 3m 法的反射波菲涅尔区,都达到这一要求,在工程上是困难的。同时由于波长缩短,接收天线扫描寻找最大值的数据复现性就会较差。为了提高这一指标,应相应改善天线塔的刚度与定位精度。

由此可见,无论是测量时间的耗费、半电波暗室造价的提高,还是微波段数据的不确定度变差,其根本原因是在辐射发射测量中存在一个地反射面。回顾历史,在辐射发射测量中,设定地反射面是为了模拟受试设备在大地表面使用时的绝大多数情况,使实验测量更接近于实际情况,但由地反射面带来的问题却是始料未及的。

根据当前的问题,有人提出:在电磁兼容测量中,是否可以像微波测量、天线测量那样,改在六面附着吸波材料的全电波暗室中进行。

与半电波暗室比较,在全电波暗室中的辐射发射测量如图 9 - 4 所示,接收天线不再接收来自 EUT 的地面反射波,而只接收直射波。

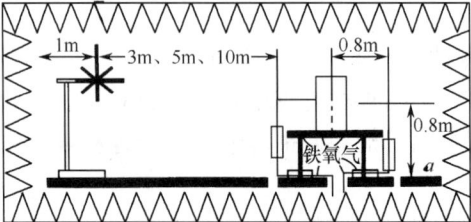

图 9 - 4　全电波暗室中的辐射发射测量

对于完全理想的暗室,其电波传播的特性应与自由空间相同。对于自由空间,以 dB 表示场地衰减(SA)的表达式为

$$SA = 20\lg\left(\frac{5Z_0 d}{2\pi}\right) - 20\lg f + AF_R + AF_T \qquad (9-7)$$

式中:SA 为自由空间的场地衰减(dB);$Z_0$ 为天线系统的终端阻抗($\Omega$);$d$ 为收发天线参考点间的距离(m);$f$ 为频率(MHz);$AF_R$ 为接收天线的电场天线系数(dB/m);$AF_T$ 为发射天线的电场天线系数(dB/m)。

如将式(9-7)对天线系数归一化,则以 dB 表示的归一化场地衰减(NSA)可写为

$$NSA = 20\lg\left(\frac{5Z_0 d}{2\pi}\right) - 20\lg f \qquad (9-8)$$

对于 3m 法,在 50$\Omega$ 的系统中

$$NSA = 41.5 - 20\lg f \qquad (9-9)$$

显然,由于是在自由空间,所以对于垂直或水平极化 NSA 均用式(9-8)表示。

对于全电波暗室,其性能的评估方法类似于半电波暗室,虽然理论 NSA 不分垂直与水平极化,但测量应对垂直与水平极化分别进行。发射天线需分别进行。发射天线需分别置于静区的高点、低点与中点进行测量;但接收天线的高度不必扫描,固定置于发射天线中点的高度处。于是,对于每个频率,应测量发射天线的 3 个高度、5 个位置及 2 种极化,即共 30 种状态(半电波暗室为 2 个高度、5 个位置及 2 种极化)。但由于接收天线不需扫描,因而测量时间节省了不少。

测量距离为 3m、5m 及 10m 时的 EUT 最大直径(即测量 NSA 时发射天线前、后、左、右、中 5 个位置所包容圆筒的最大直径)分别为 1.2m、2.0m 及 5.0m。

值得注意的是,由于接收天线不再接收地面的反射波,因而,从理论上讲,同一个辐射发射测量值,在全电波暗室中将是半电波暗室的 1/2,即比半电波暗室的测量值减小 6dB。所以,相关标准制订者应该考虑:当接收全电波暗室为辐射发射的测量场地后,是全面修订所有辐射发射的限值,还是专为全电波暗室制订新的限值这一问题。显然,这是一变动涉及相当广泛的问题。因此,虽然全电波暗室具有节省测量时间、降低设施造价、减小测量不确定度及可向频率高端扩展等优点,但全面采用全电波暗室仍在争论之中。

使用混响室进行 EMI/EMC 测试是一种有效的测试方法。混响室的工作原理是基于多模式谐振混合。

建造一个混响室是比较简单的,测试配置和测试流程也都不复杂。然而,这种测试方法的应用还不普遍,其原因可能是缺少可以描述混响室中场特性的全面的理论分析,和一种能够将测试结果与实际工程环境联系起来的方法。

**1. 混响室**

图 9-5 给出了一种混响室结构,它由一个带有墙壁的矩形腔体构成,其损耗

能够有效保证不同模式之间的均匀耦合,同时这个损耗也不会太高以至于在腔体中形成驻波。矩形腔体中全部可能存在的模式数量 $N$ 的近似计算式如下:

$$N = \frac{8\pi}{3}pqr\frac{f^3}{c^3} - (p + q + r)\frac{f}{c} + \frac{1}{2} \qquad (9-10)$$

式中:$p$、$q$ 和 $r$ 为混响室的尺寸(m);$f$ 为混响室的工作频率(Hz);$c$ 为电磁波传播速度(m/s)。混响室的两边或 3 边的长度一样时就会出现简并模,而当混响室 3 条边的长度互不相同时,对于给定的工作频率相异模式的数量就会相应增加。

由于几种彼此非常相近的模式的存在,混响室能够在其内部产生一种均匀场环境,但不包括墙壁附近。一个简单的矩形腔不能在其内部各个方向上的任意点处产生均匀场,所以要在混响室相邻的墙上安装两个大的矩形金属搅拌器,如图 9-5 所示,搅拌器绕着垂直于墙面的轴以不同的速度旋转。搅拌器的转动导致混响室的结构随时间变化,从而引起模式混合按照相同的场的统计分布发生连续变化,除了墙壁附近和混响室中所放置的金属物体的表面以外,这个变化是和位置无关的。通过这种方式就能够在混响室内产生一种均匀的任意场环境(比如,对任一点的任一场分量的幅度在一个时间段内进行取样,其最大值、最小值和平均值几乎完全相等)。在混响室中使用一个测试偶极子天线对场强进行了测量以验证这一概念,测试结果如图 9-6 所示,混响室每边的长度大约为 2 m,在距离金属墙壁大约 8 cm 处的空间内的场分量均匀性在 ±0.5 dB 以内。

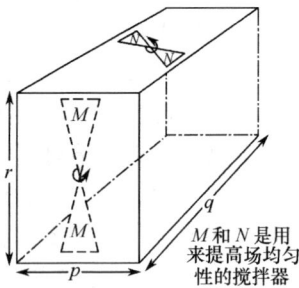

图 9-5　一种简单的混响室结构

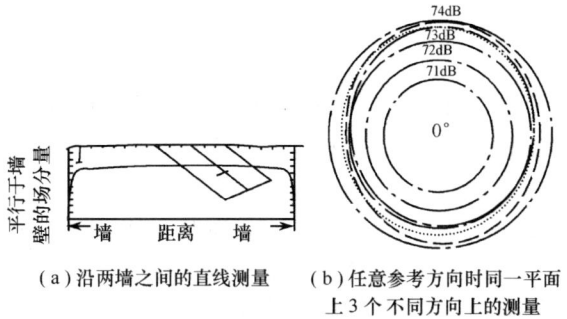

图 9-6　混响室内的场强变化

最近的有关搅拌器的研究表明,对于给定的旋转角度,搅拌器的效果取决于感应到的高频频率漂移的程度。进一步的研究还表明,尺寸为两个波长或更长,并且旋转时不会产生任何轴向对称的搅拌器的效率会更高。

**2. 混响室的应用**

1)辐射发射测试

图 9-7 所示为一个使用混响室进行辐射发射测试的简单框图,这里所描述的

为一种替代方法。经过校准的信号发生器与经过校准的衰减器连接起来为已知增益特性的天线馈电,天线和经过供电连接的受试设备都放在混响室内。

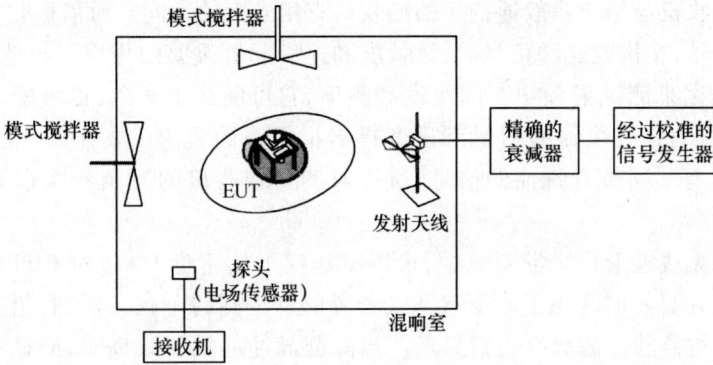

图9-7　使用混响室进行辐射发射(或辐射敏感度)测试的基本框图

接下来要进行两次测试。首先,混响室外部的信号发生器关机,保持受试设备处于开机状态,使用接收天线和接收机来测试混响室内部的场强。接下来,将受试设备断电,但断电动作必须小心以保证其在混响室内的位置不会发生改变,然后将经过校准的信号发生器开机,并借助于经过精确校准的衰减器来调整其功率电平,以使混响室内的场强与之前所测得的相同。在进行这两次测试时,模式搅拌器都必须是连续转动的,其转动速度要足够慢,以使受试设备有足够的时间来响应测试场方向图的变化。通过这两次测试,就可以计算出受试设备的辐射发射电平。

2)辐射敏感度测试

图9-7所示的试验框图也可以用来进行辐射敏感度的测试。此时,必须对受试设备进行一些附加的连接,从而能够对规范中所要求的可反映其由于敏感度而引发故障的性能或性能参数进行检测。

借助于信号发生器和衰减器可以在混响室中得到所需的电场强度,搅拌器也要连续转动。在不同的场强下观察受试设备的性能以记录受试设备发生故障时的场强。当每次场强发生变化时,一定要确保留有足够的时间以使场强和受试设备的性能能够趋于稳定,这一点是很重要的。对于不同的频率可以重复进行测试。

## 9.2　常用测量仪器及设备

电磁兼容测试的各个测试项目中对使用的仪器、设备都有特定的要求。本节将对常用的仪器设备做简单的介绍。

## 9.2.1 测量接收机(电磁干扰测量仪)

测量接收机与用于一般通信用的接收机有相当大的不同。通信接收机是用于再现一个信号,在接收这种信号时,灵敏度和速度起着重要的作用。与此相反,测量接收机是用来测试射频功率的幅度和频率,它可能是干扰源,也可能是信号的载波。因此,对这种仪器的测量准确度提出了很高的要求。由于在干扰测量中经常出现具有不同带宽特性的信号,所以对测量接收机的互调特性也有严格的要求。

在民用无线电干扰测量领域中,采用了加权干扰测量方法(对 CISPR 为准峰值加权),它在显示时考虑了收听者和收看者所感觉到的干扰。例如,幅度固定的脉冲型干扰按照脉冲的频率进行显示。当降低脉冲的重复频率时,所显示的值越来越小。而当提高频率时,显示值增大。

通常也有用频谱分析仪来测量 EMI 的,由于普通频谱分析仪没有预选滤波器且灵敏度低,因而测量的数值是不准确的,特别是对脉冲干扰的测量。无预选功能的频谱分析仪对宽带干扰信号的加权校正测量很繁琐,且其输入不能提供测量宽带干扰信号所需的动态范围。为解决此问题,可对频谱分析仪进行改进,使它们满足上述要求。通过增加一些模块,使原来的频谱分析仪类似一台接收机,但通过按一个键即可简单地变回普通频谱分析仪。这类仪器 R&S 公司和 Agilent 公司均有生产,名称为接收机,但实质上是由频谱分析仪改装而来的。

频谱分析仪改装的接收机与传统的 EMI 接收机相比明显具有扫频测量速度快、覆盖同样频段的仪器体积小、价格相对便宜等优点,对所关注的频段扫描测量后,可直接给出频谱分布图形。因而,越来越多的实验室选用频谱分析仪式接收机作为 EMI 测量用仪器。

### 1. 测量接收机的组成

测量接收机电路框图如图 9 - 8 所示,各部分功能如下:

1)输入衰减器

可将外部进来的过大的信号或干扰电平衰减,调节衰减量大小,保证输入电平在测量接收机可测范围之内,同时也可避免过电压或过电流造成测量接收机的损坏。

2)校准信号发生器

测量接收机本身提供的内部校准信号发生器,可随时对接收机的增益进行自校准,以保证测量值的准确。普通接收机不具备校准信号发生器。

3)高频放大器

利用选频放大原理,仅选择所需的测量信号进入下级电路,而外来的各种杂散信号(包括镜像频率信号、中频信号、交调谐波信号灯)均排除在外。

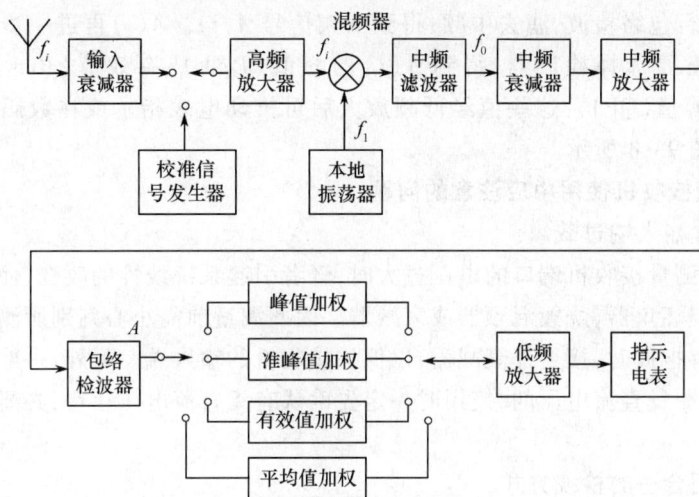

图 9-8    测量接收机组成框图

4）混频器

将来自高频放大器的高频信号和来自本地振荡器的信号合成产生一个差频信号输入到中频放大器,由于差频信号的频率远低于高频信号的频率,使中频放大级增益得以提高。

5）本地振荡器

提供一个频率稳定的高频振荡信号。

6）中频放大器

由于中频放大器的调谐电路可以提供严格的频带宽度,又能获得较高的增益,因此可保证接收机的总选择性和整机灵敏度。

7）检波器

测量接收机的检波方式与普通接收机有很大差异。测量接收机除可接收正弦波信号外,更常用于接收脉冲干扰信号,因此测量接收机除具有平均值检波功能外,还增加了峰值检波和准峰值检波功能。

8）输出指示

早期测量接收机采用表头指示电磁干扰电平,并用扬声器播放干扰信号的声响。近几年已广泛采用液晶数字显示代替表头指示,并具备程控接口,使测量数据可存储在计算机中进行处理或打印出来供查阅。

**2. 测量接收机的工作原理**

接收机测量信号时,先将仪器调谐于某个测量频率 $f_i$,该频率经高频衰减器和高频放大器后进入混频器,与本地振荡器的频率 $f_1$ 混频,产生很多混频信号。经过中频滤波器后仅得到中频 $f_0 = f_1 - f_i$。中频信号经中频衰减器、中频放大器后由包络检波器进行包络检波,滤去中频,得到低频信号 $A(t)$。$A(t)$ 再进一步进行加权检波,根据需要选择检波器,得到 $A(t)$ 的峰值(Peak)、有效值(Rms)、平均值(Ave)或准峰值(QP)。这些值经低频放大后可推动电表指示或在数码管屏幕显示出来,如图 9-8 所示。

**3. 测量接收机使用中应注意的问题**

1)放置输入端过载

输入到测量接收机端口的电压过大时,轻者引起系统线性的改变,使测量值失真,重者会损坏仪器,烧毁混频器或衰减器。因此测量前需小心判别所测信号的幅度大小,没有把握时,接上外衰减器,以保护接收机的输入端。另外,一般的测量接收机是不能测量直流电压的,使用时一定先确认有无直流电压存在,必要时串接隔直电容。

2)选用合适的检波方式

依据不同的 EMC 测量标准,选择平均值、有效值、准峰值或峰值检波器对信号进行分析。实际干扰信号基本形式可分为 3 类:连续波、脉冲波和随机噪声。

连续波干扰如载波、本振、电源谐波等,属于窄带干扰,在无调制的情况下,用峰值、有效值和平均值检波器均可检测出来,且测量的幅度相同。

对于脉冲干扰信号,峰值检波可以很好地反映脉冲的最大值,但反映不出脉冲重复频率的变化。这时,采用准峰值检波器最为合适,其加权系数随脉冲信号重复频率的变化而变化,重复频率低的脉冲信号引起的干扰小,因而加权系数小,反之加权系数大,表示脉冲信号的重复频率高。而用平均值、有效值检波器检测脉冲信号,读数也与脉冲的重复频率有关。

随机干扰的来源有热噪声、雷达目标反射及自然环境噪声等,这里主要分析平稳随机过程干扰信号的测量,通常采用有效值和平均值检波器测量。

利用这些检波器的特性,通过比较信号在不同检波器上的响应,就可以判别所测未知信号的类型,确定干扰信号的性质。如用峰值检波测量某一干扰信号,当换成平均值或有效值检波时幅度不变,则信号是窄带的;而幅度发生变化,则信号可能是宽带信号(即频谱超过接收机分辨带宽的信号,如脉冲信号)。

3)测试前的校准

测量接收机或频谱分析仪都带有校准信号发生器,目的是通过比对的方法确定被测信号强度。测量接收机的校准信号是一种具有特殊形状的窄脉冲,以保证在接收机工作频段内有均匀的频谱密度。测量中每读一个频谱的幅度之前,都必须先校准,否则测量值误差较大。频谱分析仪的校准信号是正弦信号,其频谱常可见各次谐波,测量前校准一次即可,通常频谱分析仪启动自动校准时校准的内容比较多,如带宽、参考电平、衰减幅度、频率等,需 5min~10min。做测量接收机用时,有些频谱分析仪也配有脉冲校准源。

4）关于预选器

无论是高电平的窄带信号还是具有一定频谱强度的宽带信号,都可能导致测量接收机输入端第一混频器过载,产生错误的测量结果。对于脉冲类的宽带信号,在混频器前进行滤波(也称为预选),可避免发生过载现象。不经预选时,宽带信号的所有频谱分量都同时出现在混频器上,若宽带信号的时域峰值幅度超过混频器的过载电平,便会发生过载情况。

由于进行了跟踪滤波,故输入信号频谱只有一部分进入预选器的通带内,到达混频器的输入端,输入信号的频谱强度不会因滤波而改变。这种靠滤波而不是靠衰减来实现的幅度减小,改变了宽带信号测量的动态范围,同时又能维持接收机测量低电平信号的能力。若窄带信号(如连续波信号)处在预选滤波器的通带内,则预选的过程不会改变测量窄带信号的动态范围。

**4. 测量接收机的技术要求**

| | | |
|---|---|---|
| 国际 EMI 测试 | 9kHz ~ 150kHz | 200Hz |
| | 150kHz ~ 30MHz | 9kHz |
| | 30MHz ~ 1000MHz | 120kHz |
| 国军标 EMI 测试 | 25Hz ~ 1kHz | 10Hz |
| | 1kHz ~ 10kHz | 100Hz |
| | 10kHz ~ 250kHz | 1kHz |
| | 250kHz ~ 30MHz | 10kHz |
| | 30MHz ~ 1GHz | 100kHz |
| | > 1GHz | 1MHz |

检波器:峰值、准峰值和平均值检波器。

输入阻抗:50Ω。

灵敏度:优于 $-30\text{dB}\mu\text{V}$(典型值)。

为满足脉冲测量的需要,接收机还应具有预选器,即输入滤波器,对接收信号频率进行调谐跟踪,以避免前端混频器上的宽带噪声过载。另外,接收机还应有足够低的灵敏度,以实现小信号的测量。

## 9.2.2 频谱分析仪/电磁干扰接收机

一个配备基本功能的频谱分析仪的造价是 7 万元 ~ 15 万元,比测量接收机便宜很多,广泛应用于"快速查看"性质的测试和诊断。频谱分析仪的瞬态频谱显示功能对快速确认发射频率点非常有用,并能够缩小到频谱上的一小部分。与跟踪信号源协同使用时,频谱分析仪在检查电路网络的高频响应方面用处很大。

在完全符合性测试装备中,简单的频谱分析仪不能替代接收机,因为它的灵敏度和动态范围有限,并对过载很敏感。图 9 - 9 给出了一个典型的频谱分析仪框图,可以看到没有经过选择和预放的输入信号直接注入覆盖整个频率范围的混频器,这造成了 3 个方面的影响:首先,背景噪声比较大,在考虑由变换器和线缆造成的衰减时,低限值水平情况下其灵敏度不足以把信号从噪声中甄别出来;其次,混频二极管是一种非常脆弱的元件,很容易在输入的瞬间瞬态信号和连续过载信号的作用下损坏,如果不注意保护输入端口,就会发现维修费用迅速增加;第三,宽带信号中包含的能量能够使混频器过载并使之处于非线性状态,即使是检波器带宽中的能量尚处于仪器的外在动态范围之内;如果没有意识到这一点,可能因为过载做了一次不正确的测试。

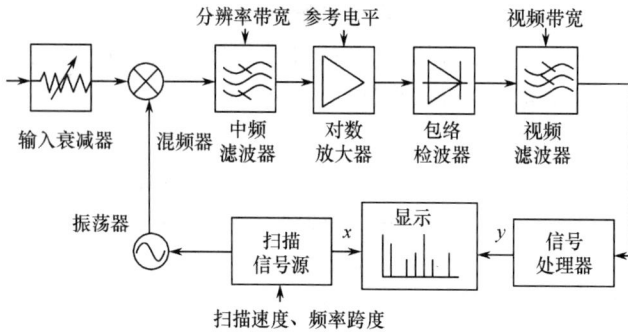

图 9-9　频谱分析仪框图

### 1. 预选器

可能会发现有些频谱分析仪可以提供等效于测量接收机的功能,但这时它的价格也会向接收机价格看齐。对于大多数公司来说,一个令人满意的折中办法是用跟踪预选器来提高频谱分析仪的性能。跟踪预选器是一个包含输入保护、预放和可以锁定频谱分析仪本振的扫描调谐滤波器的独立单元,如图 9-10 所示。预放改善了作为测试接收机系统的噪声性能,同样重要的是,输入保护可以使仪表在过载的情况下安全使用;滤波器可以减小宽带信号的能量,从而可以提高有效动态范围。

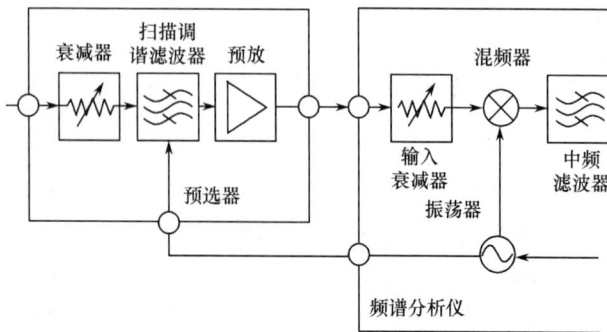

图 9-10　跟踪预选器

166

预选器的缺点是它的造价几乎等于频谱分析仪本身,使系统的造价翻倍。虽然可以使用一些手动预选器,但使用起来非常麻烦。然而,这毕竟是对系统的一种升级。频谱分析仪本身可以用来做诊断测试,当需要进行符合性测量时,可以考虑再加上一个预选器。像测量接收机一样,现代的频谱分析仪和预选器也能够通过 IEEE-488 总线用软件控制。如果系统硬件充足,就能够按照与测量接收机同样的方法进行符合性测试(用计算机进行数据处理)。

**2. 跟踪信号源**

如果给频谱分析仪增加一个跟踪信号源,就可以在造价增加不大的情况下极大地扩展频谱分析仪的测量能力。使用跟踪信号源可以做很多频率敏感性的测量,而这些测量对全面电磁兼容测试是必需的。

跟踪信号源是一个信号发生器,它的输出频率可以锁定在频谱分析仪的测量频率上并以相同的速率进行扫描,如图 9-11 所示。发生器的输出幅度维持一个常数,允许的变化范围非常小,在 100kHz~1GHz 范围内的典型值小于 ±1dB。如果这一信号源输入到一个网络,而网络输出连接到频谱分析仪的输入,在频谱分析仪上就立刻可以观察到网络的频率—幅度响应曲线。同时,它并不能够像完全的矢量网络分析仪那样使用,它具备了一些相同的功能,但是同时成本有所增加。其动态范围理论上应该与频谱分析仪相等(一直到 120dB),但实际上受限于测试装置中引起信号馈通的分布耦合的影响。

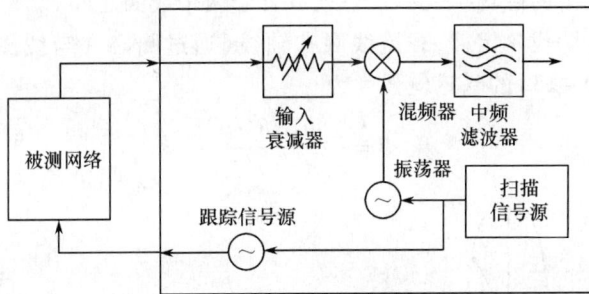

图 9-11　跟踪信号源

## 9.2.3　电源阻抗稳定网络

电源阻抗稳定网络(也称人工电源网络)在射频范围内向被测设备提供一个稳定的阻抗,并将被测设备与电网上的高频干扰隔离开,然后将干扰电压耦合到接收机上。

电源阻抗稳定网络对每根电源线提供 3 个端口,分别为供电电源输入端、到被测设备的电源输出端和连接测量设备的干扰输出端。

电源阻抗稳定网络的阻抗是指干扰信号输出端接 50Ω 负载阻抗时,在设备端测得的相对于参考地的阻抗的模。当干扰输出端没有与测量接收机相连时,该输出端应接 $50\Omega$ 负载阻抗。图 9－12 所示为 $50\Omega/50\mu H$ 的 V 型电源阻抗稳定网络示意图,适用频段为 $0.15MHz \sim 30MHz$(民用标准)或 $0.01MHz \sim 10MHz$(军用标准),电源阻抗稳定网络还有其他的类型,如 $50\Omega/5\mu H$ 等,适用于不同标准要求。

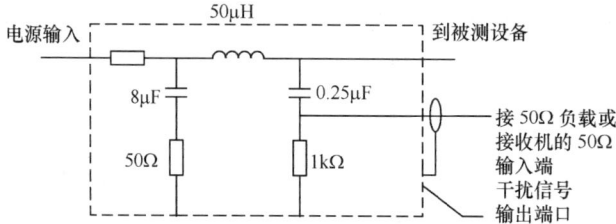

图 9－12　电源阻抗稳定网络结构示意图

除阻抗参数外,电容修正系数也是其重要参数,用于将接收机测量的端口电压,转换成被测电源线上的干扰电压。

## 9.2.4　亥姆霍兹线圈

亥姆霍兹线圈是由处于同一轴线上相互平行的两个同样大小的环形线圈组成,两环形线圈的距离等于线圈的半径,两线圈产生的磁场相互叠加,就可在中央形成一个相当均匀的磁场。受测设备就放置于两个线圈之间。

根据毕奥－萨伐尔定律,载流线圈在轴线(通过圆心并与线圈平面垂直的直线)上某点(图 9－13)的磁感应强度为

$$B = \frac{\mu_0 N R^2 I}{2(R^2 + x^2)^{3/2}} \qquad (9-11)$$

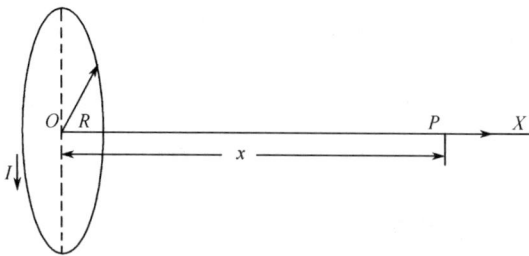

图 9－13　载流线圈在轴线上 O 点的磁感应强度

亥姆霍兹线圈是用以产生均匀弱磁场的一种组合线圈,如图 9－14 所示,设它由一对半径为 $R$、匝数为 $N$、相互平行、同轴放置的圆形线圈同相串联组成。并且,这对线圈的距离 $O_A O_B = R$。

当两线圈分别通以电流 $I$ 时,产生的磁感应强度分别是

168

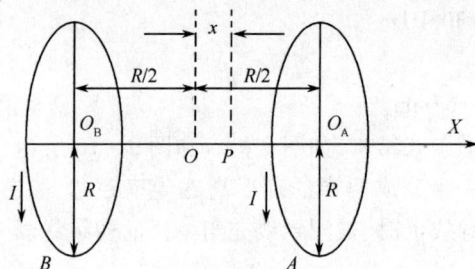

图 9-14　产生均匀弱磁场的组合线圈

$$B_1 = \frac{\mu_0 N R^2 I}{2\left[R^2 + \left(\dfrac{R}{2} + x\right)^2\right]^{3/2}} \tag{9-12}$$

$$B_2 = \frac{\mu_0 N R^2 I}{2\left[R^2 + \left(\dfrac{R}{2} - x\right)^2\right]^{3/2}} \tag{9-13}$$

$O_A$ 与 $O_B$ 合成磁感应强度为

$$B_1 + B_2 = \frac{\mu_0 N R^2 I}{2\left[R^2 + \left(\dfrac{R}{2} + x\right)^2\right]^{3/2}} + \frac{\mu_0 N R^2 I}{2\left[R^2 + \left(\dfrac{R}{2} - x\right)^2\right]^{3/2}} \tag{9-14}$$

在坐标原点,磁感应强度为

$$B_0 = \frac{8}{5^{3/2}} \cdot \frac{\mu_0 N I}{R} \tag{9-15}$$

亥姆霍兹线圈用于小型设备的磁场敏感度测量。其谐振频率应大于 15kHz,在测试区域内磁场分布的不均匀性应小于 ±1dB。其典型参数为:

线圈直径:$\phi$1.5m。

导线直径:$\phi$1.62mm 漆包线。

中央均匀磁场区:0.5m×0.5m×0.5m。

磁场起伏:小于 1.5dB。

## 9.2.5　电流探头

电流探头是测量线上非对称干扰电流的卡式电流传感器,测量时不需与被测的电源导线导电接触,也不用改变电路的结构。它可在不打乱正常工作或正常布置的状态下,对复杂的导线系统、电子线路等的干扰进行测量。国军标的低频传导发射或敏感度测试主要用电流探头做换能器,将干扰电流转换成干扰电压再由测量接收机测量,测量传导干扰时频率最高用到 30MHz。

其技术指标如下:

测量频段:20Hz~30MHz。

输出阻抗:50Ω。

内环尺寸:32mm~67mm。

电流探头为圆环形卡式结构,如图9-15和图9-16所示,能方便地卡住被测导线。其核心部分是一个分成两半的环形高磁导率磁芯,磁芯上绕有 N 匝导线。当电流探头卡在被测导线上时,被测导线充当一匝的初级线圈,次级线圈则包含在电流探头中。

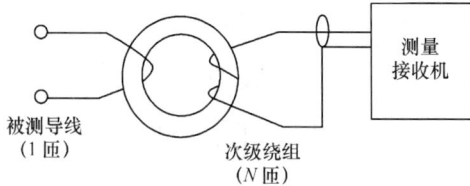

图9-15 电流探头电路结构

图9-16 电流探头外形

使用电流探头时,需先测出其传输阻抗,然后才能用于传导干扰的测量。当电流探头卡在被测电源线上时,其输出端与测量接收机相连,线上的干扰电流值等于接收机测量的电压除以传输阻抗。

## 9.2.6 横电磁波传输小室

### 1. GTEM 横电磁波传输小室概述

GTEM(Gigahertz Transverse Electro-Magnetic)横电磁波传输室是近年来国际电磁兼容领域发展起来的一项新技术,其工作频率范围可从直流至数吉赫以上,内部可用场区大,对 EUT 大小的限制与频率无关,既可以用于电磁辐射敏感度的测量,也可进行电磁辐射干扰的测量,该装置及技术为现代电磁兼容的性能评估与测定提供了强有力的手段。由 GTEM 组成的电磁辐射敏感度测试系统、电磁辐射干扰

170

测试系统较之在开阔场地、屏蔽暗室中采用天线辐射、接收等测试方法可节省大量资金,同时对外界环境条件无特别要求。由于所需配置的仪器设备简单、效率高,可数倍地提高测量速度,易实现自动化测量。GTEM 横电磁波传输小室外形如图9-17 所示。

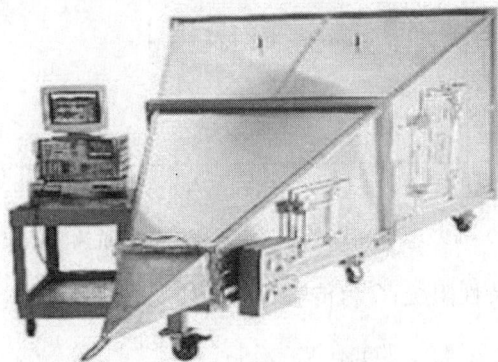

图 9-17　GTEM 横电磁波传输小室

## 2. 基本结构与原理

GTEM 横电磁波传输小室采用同轴及非对称矩形传输线设计原理,为避免内部电磁波的反射及产生高阶模式和谐振,总体设计为尖劈形。输入端口采用 N 型同轴接头,而后渐变至非对称矩形传输,以减少结构突变所引起的电波反射。为使GTEM 内部达到良好的阻抗匹配与较大的可用体积,选取并调测了合适的角度、芯板宽度和非对称性,如图 9-18 所示。

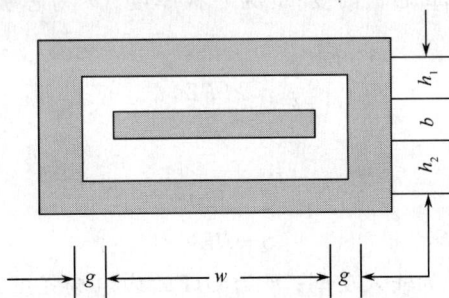

图 9-18　非对称矩形传输线截面

为使球面波从源输入端到负载不产生时间差和相位差,并具有良好的高、低频特性,终端采用电阻式匹配网络与高性能吸波材料组合成的复合负载结构。GTEM 小室内电场强度与输入功率的关系可根据式(9-19)计算。

$$Z = \frac{1}{vC} \tag{9-16}$$

171

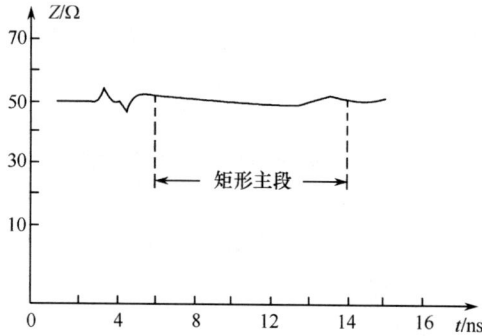

图 9 - 19　GTEM 电磁波传输小室时域阻抗测量结果

式中:$Z$ 为传输线的特性阻抗;$C$ 为传输线单位长度的电容,有

$$C = \varepsilon\left(\frac{b}{g} + \frac{w}{h_1} + \frac{w}{h_2}\right) + \sum_{m=1,2}\frac{\varepsilon}{\pi}\left\{\lg\frac{g^2 + h_m^2}{4h_m^2} + 2\frac{h_m}{g}\arctan\frac{g}{h_m}\right\}$$
$$+ \sum_{m=1,2}\cdot\frac{\varepsilon}{\pi}\left\{\lg\frac{g^2 + h_m^2}{4g^2} + 2\frac{g}{h_m}\arctan\frac{h_m}{g}\right\} \qquad (9-17)$$

或

$$C = \frac{\varepsilon}{v}\int E \cdot \mathrm{d}l \qquad (9-18)$$

$v$ 为电波在自由空间中传播速率;$\varepsilon$ 为自由空间介电常数;$h_1$ 为 GTEM 芯板到顶板的距离;$h_2$ 为 GTEM 芯板高度;$b$ 为芯板厚度;$w$ 为芯板长度;$g$ 为芯板到侧壁的距离。

$$|E| = \frac{k(PZ)^{\frac{1}{2}}}{h} \qquad (9-19)$$

$$|H| = \frac{|E|}{120\pi} \qquad (9-20)$$

$$S = HE \qquad (9-21)$$

式中:$k$ 为修正因子;$P$ 为输入功率;$E$ 为 GTEM 内电场强度;$H$ 为 GTEM 内磁场强度;$S$ 为 GTEM 内功率通量密度。

**3. 时域阻抗分析**

GTEM 作为一个单端口网络,其内部的阻抗分布参数及匹配状况只有通过时域阻抗测试才能给予正确的分析与评定,而系统电磁场的分布和边界条件的确定也依赖于特性阻抗的准确给定。所以 $50\Omega \pm 5\Omega$ GTEM 时域阻抗的测试是非常重要的。通常要求在放置 EUT 矩形传输主段处的特性阻抗在某一范围之内。

例如,NIM - 8815 横电磁波传输小室时域阻抗测量采用 TDR 时域反射计进

172

行,测量误差小于 2%。测量结果如图 9 - 19 所示,结果表明在电磁波传输小室主段的特性阻抗为 49.8Ω~50.7Ω。

### 4. 电压驻波比测量

电压驻波比的测量是在输入端口参考面对 GTEM 的阻抗匹配和电波反射状况进行评定。当输入信号时,其匹配性能好坏将直接影响信号源有效功率的输出。如果电压驻波比过大,将增加电磁场的计算误差,影响内部电磁场的分布,并使系统的准确度下降。通常要求电压驻波比小于 1.5。

GTEM 横电磁波传输小室驻波比的测量可用网络分析仪进行,测量误差小于 1%。NIM - 8815 GTEM 横传输小室驻波比的测量结果如图 9 - 20 所示,由于 GTEM 负载端所采用的吸波材料对微波的吸收能力较之射频段具有更好的性能,所以只要输入端同轴连接器和非对称过渡段设计调试合理,GTEM 测试系统可工作于更高的频段。研究测试表明,高品质的 GTEM 在高达 18GHz 的频率范围内仍可呈现较小的反射,处于良好的匹配状态。

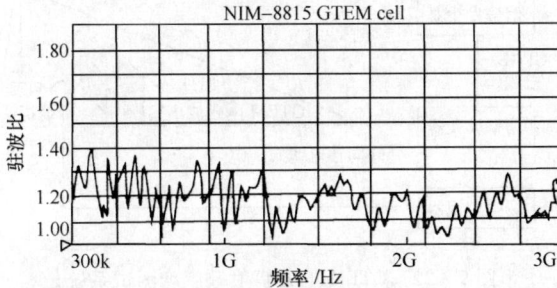

图 9 - 20 GTEM 横电磁波传输小室驻波比测量结果

### 5. GTEM 小室内电磁场分布

在频率不很高时,GTEM 小室内电磁场分布可根据广义电报方程组求解计算。当频率较高时,由于高阶模式多,边界条件不易确定,计算复杂。我国学者对此进行了较深入的研究分析。理想的 GTEM 小室电场和磁场分布方向如图 9 - 21 所示。

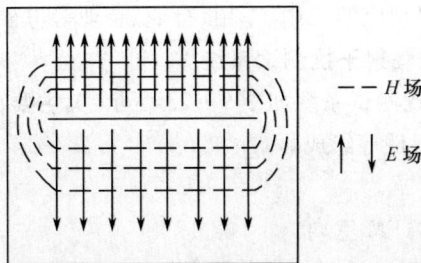

图 9 - 21 GTEM 传输小室内电场和磁场分布方向示意图

试验测量通常使用光纤作传输线的电场探头,场强监视器要求分辨率大于0.1V/m。测量时确定频点和场强大小,并保持输入净功率稳定不变。根据给定的参考尺寸,将电场探头置于不同的部位,读取场强值并进行归一化数据处理。在电磁辐射敏感度(EMS)测量应用中,按照标准中的规定,在确定的参考平面(如取 16 个等距测量点)内的 16 个测量点结果中可删除 25% 最大偏差的数据点,即保留 12 个测量点的数据进行归一化处理,所保留的 12 个测量点的场强离散度应在 ±3dB 范围内。在保留点中,定出最低场强的位置做参考,以保证参考面内场强满足 0 ~ 6dB 的测量要求。

### 6. GTEM 组成电磁辐射敏感度测试系统

GTEM 电磁辐射敏感度测试系统如图 9 – 22 所示,其主要由 GTEM 室、信号发生器、功率放大器、场强监视器组成。

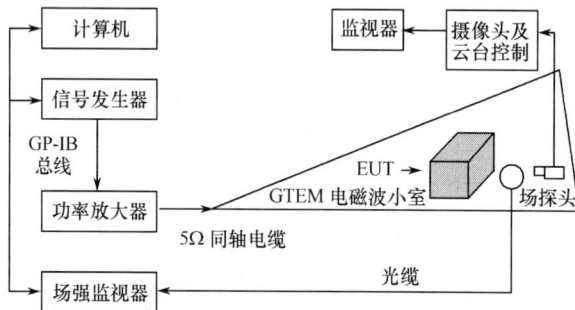

图 9 – 22  GTEM 电磁辐射敏感度测试系统

操作方法如下:

(1) 将 EUT 及场探头置于 GTEM 室内。

(2) 确定测试频率及调制方式和调制度。

(3) 调整信号源输出电平。

(4) 通过场强仪监测 GTEM 室的场强达到所需的强度。

(5) 重复(2)~(4)步骤,观测确定 EUT 的电磁辐射敏感度。

不同的 EUT 应参照相应的民用、军用、行业、企业等电磁兼容性能测试标准。

### 7. GTEM 组成电磁辐射干扰测试系统

GTEM 电磁辐射干扰测试系统如图 9 – 23 所示,其主要由 GTEM 室、干扰接收机、计算机及数据处理软件等组成。

操作方法如下:

(1) 将 EUT 置于 GTEM 室内。

(2) 根据测量标准要求设置扫频范围和检波方式及分辨率带宽。

(3) 记录接收机测出的 EUT 辐射干扰电平。

（4）计算和进行数据处理。采用该方法进行 EMI 测试需建立数学模型及结合计算机软件进行数据处理。美国 FCC 等均已认可用该方法进行 EMI 测试的结果。

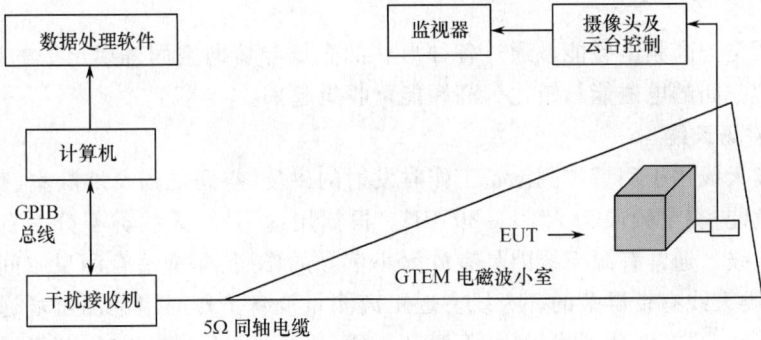

图 9 – 23　GTEM 电磁辐射干扰(EMI)测试系统

### 8. 测试系统误差分析

GTEM 电磁辐射敏感度(EMS)测试系统误差分析。

根据式(9 – 22)进行分析可得到合成场强 $E$ 的总误差：

$$\frac{\Delta E}{E} = \frac{1}{2(\delta_p + \delta_z)} + \delta_h + \delta_k \qquad (9-22)$$

式中

$$\delta_k = \delta_z + \delta_A + \delta_r + \delta_E + \delta_m$$

各项误差分析如下：

（1）$\delta_p$ 为射频微波功率计测量的不确定度,误差范围在 ±5% 以内。

（2）$\delta_z$ 为电磁波传输室放置 EUT 处特性阻抗测量的不确定度,误差范围在 ±3% 以内。

（3）$\delta_h$ 为电磁波传输室放置 EUT 处芯板的高度测量的不确定度,误差范围在 ±1% 以内。

（4）$\delta_k$ 为信号源输出电平不稳造成的不确定度,误差范围在 ±1% 以内。

（5）$\delta_A$ 为射频微波功率放大器输出功率不稳定造成的不确定度,误差范围在 ±5% 以内。

（6）$\delta_r$ 为系统反射、匹配不良引起的不确定度,误差范围在 ±2% 以内。

（7）$\delta_E$ 为电磁波传输室主段 EUT 处电场非均匀性引起的误差,其值在 ±1 ~ 3dB 以内(根据空间大小确定)。

（8）$\delta_m$ 为电场探头及监测仪校准与测量的不确定度引起的误差,其值在 ±1dB 以内。

将上述各项误差因素合成,并考虑系统软件,可对部分误差进行修正,则系统的总不确定度可控制在 ±3dB 或 0 ~ 6dB 内,完全满足国内、国际电磁兼容测试标准的要求。

### 9.2.7　常用天线

天线是把高频电磁能量通过各种形状的金属导体向空间辐射出去的装置,天线也可把空间的电磁能量转化为高频能量收集起来。

**1. 磁场天线**

磁场天线用于测量被测设备工作时发射的磁场、空间磁场及屏蔽室(体)的磁场屏蔽效能,测量频段为 25Hz ~ 30MHz。根据用途不同,天线类型分为有源天线和无源天线。通常有源天线因具有放大小信号的作用,非常适合测量空间的弱小磁场,此类天线有带屏蔽的环天线。近距离测量设备工作时泄漏的磁场通常采用无源环天线,与有源环天线相比,无源环天线的尺寸较小。测量时,环天线的输出端与测量接收机或频谱分析仪的输入端相连,测量的电压值(dBμV)加上环天线的天线系数,即得所测磁场(dBpT)。环天线的天线系数是预先校准出来的,通过它才能将测量设备的端口电压转换成所测磁场。下面以常用天线为例,给出两种环天线的技术指标。

1)有源磁场环天线(见图 9-24)

测量频段:10kHz ~ 30MHz。

增益:85dB ~ 125dB。

灵敏度: -1dB(μA/m), 10kHz。

　　　　 -42dB(μA/m), 1MHz。

阻抗:50Ω。

环直径:60cm。

2)无源磁场环天线

测量频段:20Hz ~ 100kHz。

环直径:13.3cm。

匝数:36。

导线规格:$7 \times \phi 0.07$mm。

屏蔽:静电。

图 9-24　有源磁场环天线

**2. 电场天线**

电场天线用于测量被测设备工作时发射的电场、环境电场及屏蔽室(体)的电场屏蔽效能,测量频段为 10kHz ~ 40GHz。根据用途不同,天线分为有源天线和无源天线两类。电磁兼容测量中通常使用宽带天线,配合测量接收机进行扫频测量。有源天线是为测量小信号而设计的,其内部放大器将接收到的微弱信号放大至接收机可以测量的电平,主要用在低频段,测量天线的尺寸远小于被测信号的波长,且接收频率很低的情况。常用的电场天线如下：

1）杆天线

天线杆长 1m，用于测量 10kHz ~ 30MHz 频段的电磁场，形状为垂直的单极子天线，由对称振子中间插入地网演变而来，所以测试时一定要按天线的使用要求安装接地网（板）。杆天线分为无源杆天线和有源杆天线（见图 9 – 25），区别在于测量的灵敏度不同。

无源杆天线通过调谐回路分频段实现 50Ω 输出阻抗，而有源杆天线则通过前置放大器实现耦合和匹配，同时提高了天线的探测灵敏度。

杆天线技术指标如下：

频率范围：10kHz ~ 30MHz。

天线输入端阻抗：等效于 10pF 容抗。

天线有效高度：0.5m。

输出端阻抗：50Ω。

主要参数：天线系数 $AF$

对无源杆天线，10kHz ~ 30MHz 需分多个频段进行调谐，测量场强一般为 1V/m 以上，而有源杆天线因配有前

图 9 – 25　有源杆天线

置放大器，灵敏度 $F$ 大大提高，可达到 $10\mu V/m$，但测量的场强上限最大为 1V/m 左右，否则会出现过载现象。有源杆天线还具有宽频段的特点，无需转换波段，其前置放大器增益在整个测量频段内基本保持不变，在手动测量中可免去查天线系数的麻烦。

进行电磁场辐射发射测量时，所测场强可通过式（9 – 23）计算，即

$$E = U + AF \tag{9 – 23}$$

式中：$E$ 为场强（$dB\mu V/m$）；$U$ 为接收机测量电压（$dB\mu V$）；$AF$ 为杆天线的天线系数（$dB/m$）。

对无源杆天线，其天线系数与有效高度相对应，为 6dB。有源杆天线的天线系数则需通过校准得到，其值与前置放大器的增益有关。

2）双锥天线

双锥天线的形状与偶极子天线十分接近，它的两个振子分别为 6 根金属杆组成的圆锥形（见图 9 – 26），天线通过传输线平衡变换器将 120Ω 的阻抗变为 50Ω。双锥天线的方向图与偶极子天线类似，测量的频段比偶极子天线宽，且无需调谐，适合与接收机配合，组成自动测试系统进行扫频测量。

典型技术指标如下：

测量频段：30MHz ~ 300MHz。

阻抗：50Ω。

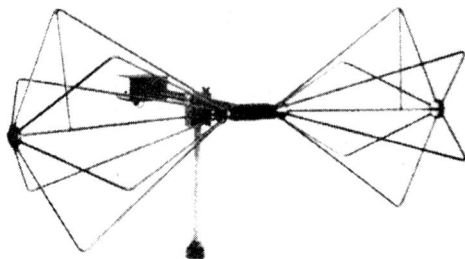

图 9 - 26　双锥天线

驻波比：≤2.0。

最大连续波功率：50W。

峰值功率：200W。

双锥天线不仅用于电磁场辐射发射测量，也用于辐射敏感度或抗扰度的测量。前者测得的是小功率电场，可用功率容量小的天线；后者发射和接收的功率均较大，比如20V/m，因此应选用能承受几百瓦功率的双锥天线。

3）半波振子天线

半波振子天线是最简单的天线，30MHz以上随着工作波长的缩短，使用谐振式对称振子天线进行场强测量成为可能，早期国产干扰测量仪配备的就是这种天线。

半波振子天线主要由一对天线振子、平衡/不平衡变换器及输出端口组成。天线振子根据所测信号频率对应的波长，将天线振子的长度调到半波长，同时调节平衡/不平衡阻抗变换器（75Ω～50Ω），使天线的输出端具有小的电压驻波比。

半波振子天线的技术指标如下：

增益：1.64。

阻抗：73 + j42.5Ω。

有效高度：$h_e = \lambda / \pi$，$\lambda$ 为波长。

波瓣宽度：78°。

其示意图如图9 - 27所示。

利用半波振子天线测量干扰场强的不足之处在于它的测量频段窄，如28MHz～500MHz，需4副天线才能覆盖，且测量时每个频点均需调谐，在低频时，半波振子天线尺寸太大，架设不便，因此，多用于校准试验和有专门要求的辐射发射测试。

4）对数周期天线

结构类似八木天线，它上、下有两组振子，从长到短交错排列，最长的振子与最低的使用频率相对应，最短的振子与最高的使用频率相对应。对数周期天线有很强的方向性，其最大接收/辐射方向在锥底到锥顶的轴线方向。对数周期天线为线

178

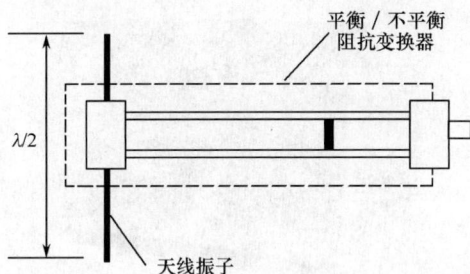

图 9 - 27　半波振子天线示意图

极化天线,测量中可根据需要调节极化方向,以接收最大的发射值。它还具有高增益、低驻波比和宽频带等特点,适用于电磁干扰和电磁敏感度测量,如图 9 - 28 所示。

图 9 - 28　对数周期天线示意图

典型技术指标如下:

测量频段:80MHz ~ 1000MHz。

阻抗:50Ω。

驻波比:≤1.5。

最大连续波功率:50W。

5）双脊喇叭天线

双脊喇叭天线的上、下两块喇叭板为铝板,铝板中间位置是扩展频段用的弧形凸状条,两侧为环氧玻璃纤维的覆铜板,并刻蚀成细条状,连接上下铝板,如图 9 - 29 所示。双脊喇叭天线为线极化天线,测量时通过调整托架改变极化方向。因其测量频段较宽,可用于 0.5GHz ~ 18GHz 辐射发射和辐射敏感度测试。

典型技术指标如下:

测量频段:0.5GHz ~ 1GHz 或 1GHz ~ 18GHz。

阻抗:50Ω。

驻波比:≤1.5。

179

图 9 - 29　双脊喇叭天线

最大连续波功率:50W。

6）角锥喇叭天线

喇叭天线中最常见的是角锥喇叭,它的使用频段通常由馈电口的波导尺寸决定,比双脊喇叭窄很多,但方向性、驻波比及增益等均优于双脊喇叭天线,在1GHz以上高场强(如200V/m)的辐射敏感度测量中,为充分利用放大器资源,选用增益高的喇叭天线作发射天线,较容易达到所需的高场强值,如图9-30所示。

典型技术指标如下:

测量频段:1GHz~40GHz(由多个天线覆盖)。

阻抗:50Ω。

驻波比:1.5左右。

最大连续波功率:50W~800W。

方向性:很强,为10°~60°。

增益:较高。

图 9 - 30　喇叭天线

# 第10章　电磁发射和电磁敏感度测试

电磁兼容性是设备(分系统、系统)的一种能力,是其在共同的电磁环境中能一起执行各自功能的共存状态,即该设备不会由于受到处于同一电磁环境中的其他设备的电磁发射导致或遭受不允许的降级,它也不会使同一电磁环境中其他设备(分系统、系统)因受其电磁发射而导致或遭受不允许的降级。这包括两个方面的含义:

(1)电子设备在它们自己所产生的电磁环境和外界电磁环境中,能按原设计要求正常运行。也就是说,它们应具有一定的抗电磁干扰能力。

(2)电子设备自己产生的电磁噪声必须限制在一定的水平,避免影响周围其他电子设备的正常工作。

电磁兼容性测试就是考核电子系统、电子设备是否具备电磁兼容性的能力。与电磁兼容性概念相对应,电磁兼容性测试主要从电磁发射性能和电磁敏感性能两个方面对系统、分系统及设备进行测试。由于电磁能量耦合的路径主要有辐射和传导两种方式,所以总体上电磁兼容性测试包括了电磁辐射发射(Radiated Emission,RE)性能测试、电磁传导发射(Conducted Emission,CE)性能测试、电磁辐射敏感度(Radiated Susceptibility,RS)测试和电磁传导敏感度(Conducted Susceptibility,CS)测试等4种测试。通常把电磁发射性能测试简称为 EMI(Electro-Magnetic Interference)测试,电磁敏感性能测试简称为 EMS(Electro-Magnetic Susceptibility)测试。

GJB 151A—97《军用设备和分系统电磁发射和敏感度要求》规定了需要对军用设备和分系统进行的电磁发射和敏感度测试项目,主要包括以下内容:

(1)CE101 25Hz~10kHz 电源线传导发射。

(2)CE102 10kHz~10MHz 电源线传导发射。

(3)CE106 10kHz~40GHz 天线端子传导发射。

(4)CE107 电源线尖峰信号(时域)传导发射。

(5)CS101 25Hz~50kHz 电源线传导敏感度。

(6)CS103 15kHz~10GHz 天线端子互调传导敏感度。

(7)CS104 25Hz~20GHz 天线端子无用信号抑制传导敏感度。

(8)CS105 25Hz~20GHz 天线端子交调传导敏感度。

(9)CS106 电源线尖峰信号传导敏感度。

（10）CS109 50Hz～100kHz 壳体电流传导敏感度。

（11）CS114 10kHz～400MHz 电缆束注入传导敏感度。

（12）CS115 电缆束注入脉冲激励传导敏感度。

（13）CS116 10kHz～100MHz 电缆和电源线阻尼正弦瞬变传导敏感度。

（14）RE101 25Hz～100kHz 磁场辐射发射。

（15）RE102 10kHz～18GHz 电场辐射发射。

（16）RE103 10kHz～40GHz 天线谐波和乱真输出辐射发射。

（17）RS101 25Hz～100kHz 磁场辐射敏感度。

（18）RS103 10kHz～40GHz 电场辐射敏感度。

（19）RS105 瞬变电磁场辐射敏感度。

当然，针对不同的使用环境、不同的设备和系统，测试项目不同、限值要求不同。所有军用设备和分系统都应当做下面的 5 项测试：

（1）CE102 10kHz～10MHz 电源线传导发射。

（2）CS101 25Hz～50kHz 电源线传导敏感度。

（3）CS114 10kHz～400MHz 电缆束注入传导敏感度。

（4）RE102 10kHz～18GHz 电场辐射发射。

（5）RS103 10kHz～40GHz 电场辐射敏感度。

而其他项测试可根据需要进行。比如对于海军舰艇上的设备，还需要做 CE101 25Hz～10kHz 电源线传导发射、CS116 10kHz～100MHz 电缆和电源线阻尼正弦瞬变传导敏感度、RE101 25Hz～100kHz 磁场辐射发射和 RS101 25Hz～100kHz 磁场辐射敏感度等 4 项测试。对于陆军地面设备，不用进行 CE101 25Hz～10kHz 电源线传导发射、CE107 电源线尖峰信号（时域）传导发射、CS109 50Hz～100kHz 壳体电流传导敏感度、RE101 25Hz～100kHz 磁场辐射发射和 RS105 瞬变电磁场辐射敏感度等项测试。具体测试项目需要结合标准规定、装备应用环境需求等统筹考虑，既要保证通过测试后的产品适应复杂电磁环境下的需要，还要考虑到产品设计、生产工艺、经济成本等因素，避免由于过多的测试造成产品的过设计、高成本问题。

本章重点阐述军用设备和分系统常用的测试项目及相关的知识，同时介绍电缆的屏蔽效能和滤波器的测试。

# 10.1　对测试场地、仪器设备的一般要求

## 10.1.1　测量容差

除非对特定的测试另有规定，测量的容差应满足以下要求：

距离：±5%。

频率：±2%。

幅度：测量接收机 ±2dB。

测量系统(包括测量接收机、传感器、电缆等)：±3dB。

时间(波形)：±5%。

## 10.1.2 环境电平

如果环境电平太高,将导致难以区分 EUT 的发射和环境电平,同时由于电磁能量的叠加作用,可能导致错误的测量结果。因此应当对环境电平进行限制,尤其是进行电磁发射性能测试时,更应当严格限制环境电平,以提高测试结果的准确性。为了保证测试结果的可靠性,测试应该在屏蔽室或暗室内进行。如果在屏蔽室外进行测试,应尽量选择电磁环境较低的位置时间。

环境电平应当在 EUT 断电、所有辅助设备通电的情况下测试,所测得的电磁环境电平至少要低于规定的极限值 6dB。电源线上的传导电磁环境电平,应在断开 EUT,并连接一个流过与 EUT 相同额定电流的电阻负载的情况下测得。

## 10.1.3 测试场地

为了防止 EUT 与外部环境交互影响,测试应该在屏蔽室内进行。屏蔽室应该提供足够的屏蔽效能,以保证能够提供规定的电磁环境,并且屏蔽室应该有足够大的尺寸,满足标准规定的配置要求及测试天线的摆放要求。屏蔽室的屏蔽效能应该按照《电磁屏蔽室屏蔽效能的测量方法》(GB/T 12190)进行测量。一般,对于 10kHz 以上的电场和平面波,应能够提供 80dB 以上的屏蔽效能。对于屏蔽室的输入电源线,应该增加电源滤波器,并能够提供 80dB 的插入损耗。

用于电磁兼容测试的典型的屏蔽室的屏蔽效能如表 10-1 所列。

表 10-1 典型的屏蔽室屏蔽效能

| 频率 | 屏蔽效能 | 电磁场特性 | 频率 | 屏蔽效能 | 电磁场特性 |
|------|---------|-----------|------|---------|-----------|
| 14kHz | >60dB | 磁场 | 100MHz | >100dB | 电场 |
| 100kHz | >80dB | 磁场 | 1GHz | >100dB | 平面波 |
| 100kHz | >100dB | 电场 | 10GHz | >100dB | 微波 |
| 1MHz | >100dB | 磁场 | 18GHz | >100dB | 微波 |

当在屏蔽室内进行辐射发射和辐射敏感度测试时,为减少反射、改善准确性和重复性,应采用射频吸波材料,比如浸碳泡沫尖劈、铁氧体瓦、铁氧体瓦与尖劈组合等方式。在垂直入射的情况下,80MHz ~ 250MHz 时反射损耗应当大于 6dB,而在

80MHz 以上反射损耗应当大于 10dB。

射频吸波材料应位于 EUT 上面、后面和两侧面以及辐射和接收天线后面。图 10-1 是屏蔽室内部吸波材料的安装位置及测试配置示意图。

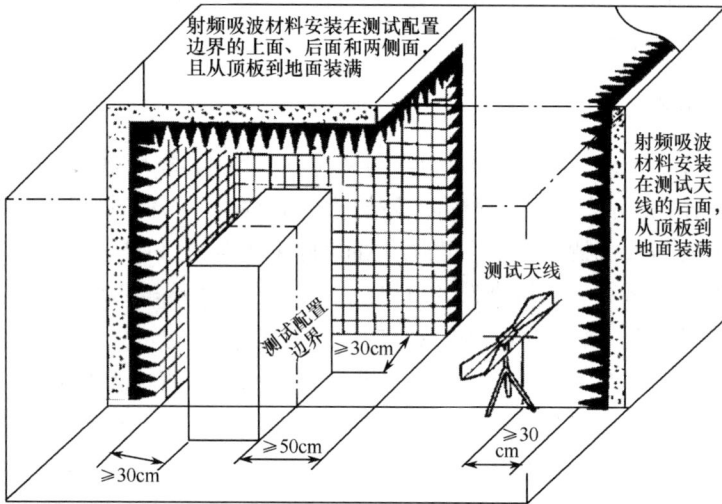

图 10-1　屏蔽室内部吸波材料的安装位置及测试配置示意图

当测试中产生的高电平信号可能与频谱管理机构批准的指配频率相互干扰时,测试应在屏蔽室内进行。当得到频谱管理机构批准时,也可在开阔场地进行。

### 10.1.4　接地平板

设备的辐射发射和敏感度电平直接与电缆相对于接地平板的位置及接地平板的导电性有关,因此接地平板对于得到真实的测试结果有重要作用。

EUT 应安装在模拟实际情况的接地平板上,如果实际情况未知或需要多种形式安装,应安装在金属接地平板。金属接地平板的面积应不小于 2.25m²,短边不小于 76cm。当 EUT 安装在金属接地平板上时,接地平板应不大于每方块 0.1mΩ 的表面电阻(最小厚度:紫铜板 0.25mm;黄铜板 0.63mm;铝板 1mm)。金属接地平板与屏蔽室之间直流搭接电阻不大于 2.5mΩ。在屏蔽室外测试使用的金属接地板至少应为 2m×2m 的面积,且至少应超过测试配置边界 0.5m。

当 EUT 的安装不存在接地平板时,应放在非导电平面上。

测试表明,金属(铜)接地平板和复合材料接地平板对电磁兼容的测试结果是有影响的。为了尽量模拟设备的实际接地情况,有必要采用几种接地平板以满足同一 EUT 的不同单元分别安装在不同材料的装备的情况。

## 10.1.5 电源阻抗

为降低通过电源线引入外部的干扰,并降低测试配置产生的干扰对外部电源的影响,在测试中均应该使用人工电源网络(Artificial Mains Network,AMN),也称为线路阻抗稳定网络(Line Impedance Stabilization Network,LISN)。

不同的标准对 LISN 的性能要求是有差异的。图 10 - 2 中给出了 CISPR16 - 1 所规定的用于商业 EMC 试验的 LISN 内部单相线路的等效电路,应用于军用设备的 LISN 的内部电路应当符合图 10 - 3 的规定,外观如图 10 - 4 所示,其阻抗特性应达到图 10 - 5 所示的要求。

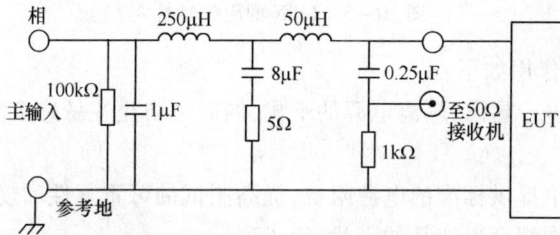

图 10 - 2  典型 LISN 的等效电路

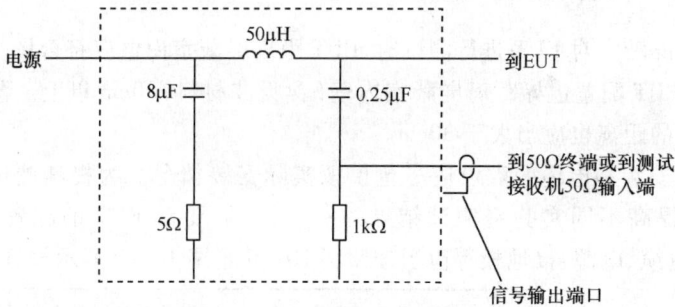

图 10 - 3  复合军用测试标准的 LISN 等效电路

图 10 - 4  一种复合军用测试标准的 LISN

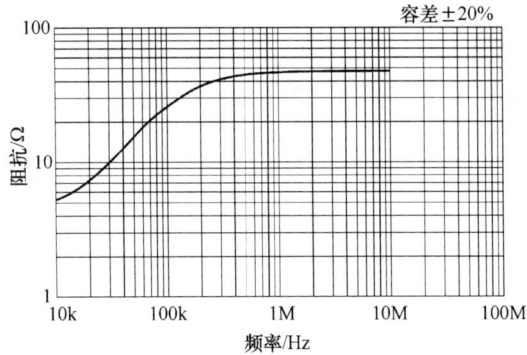

图 10 - 5　LISN 的阻抗特性

LISN 的主要作用如下：

（1）与电源进行隔离，隔离电源的干扰，同时也防止在敏感度测试中影响到电源的工作。

（2）在测试中提供标准的电源阻抗，提高测试的可重复性和规范性。

（3）在测试中耦合出产品的干扰，用于测试。

## 10.1.6　EUT 测试配置

当利用屏蔽室对 EUT 进行测试时，EUT 距离屏蔽室内壁应符合图 10 - 1 所示的要求，即 EUT 配置边界距离屏蔽室内壁（含吸波材料）30cm 以上。测试天线到屏蔽室内壁的距离也应当大于 30cm。

EUT 的安装和电缆的敷设应尽量模拟实际安装情况。为提高测试结果的可重复性，并提高不同实验室测试结果的一致性，需要对 EUT 的配置进行规范。EUT、互联电缆、电源、接地板等应当按照图 10 - 6 至图 10 - 9 所示放置。

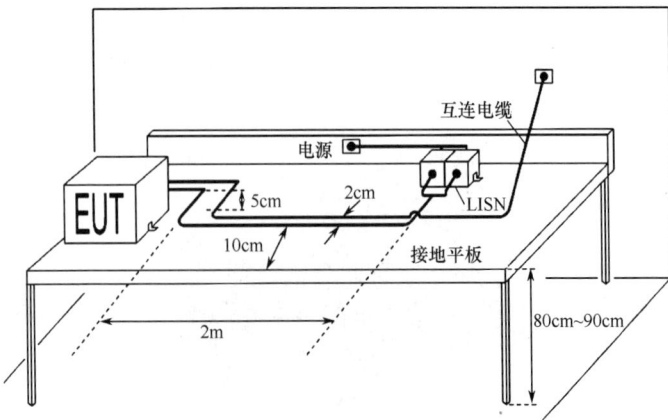

图 10 - 6　EUT 屏蔽室测试的一般配置示意图

186

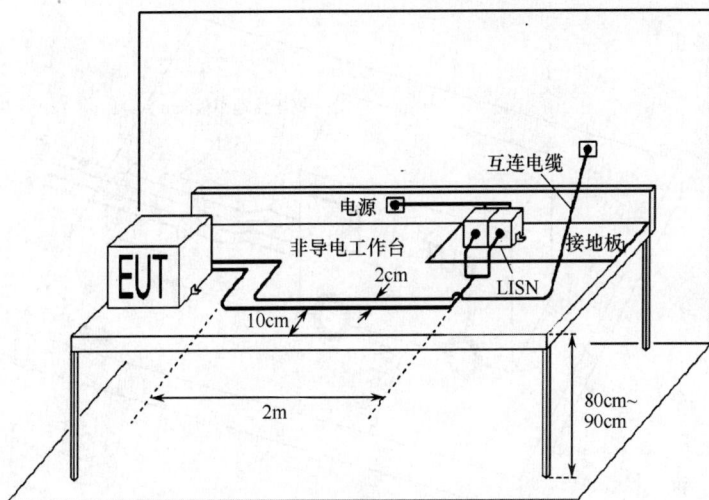

图 10-7    EUT 安放于非导电工作台上的屏蔽室测试配置

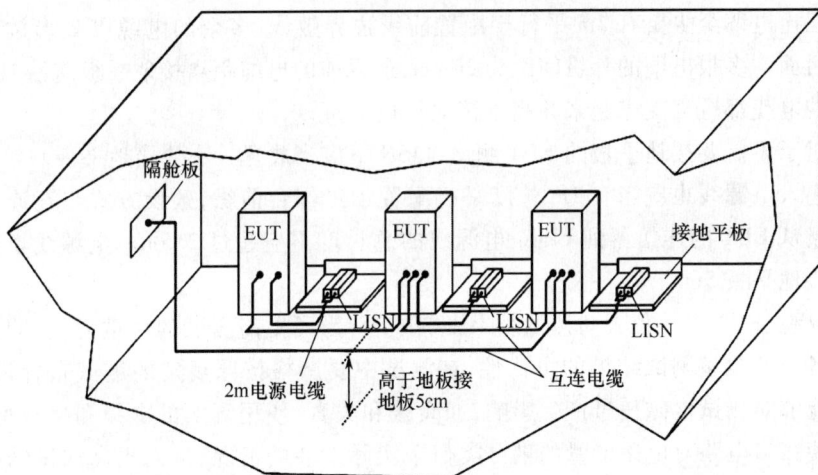

图 10-8    独立 EUT 和多 EUT 屏蔽室测试配置

通常,EUT 应当放置在一个高度为 80cm～90cm 的工作台上。而独立的 EUT 以接近实际工作的状态放置在屏蔽室的地板上。

EUT 产生最大辐射的一面或对信号最易产生响应的一面朝向测试天线。在测试前需要通过预测试或者根据产品的接口结构等进行分析 EUT 产生最大辐射或最敏感的位置。

测试配置中整个互连电缆的长度应与实际平台安装长度一致。当长度超过 10m 时,则电缆至少取 10m;当长度未规定时,除非实际安装的电缆不足 2m,否则

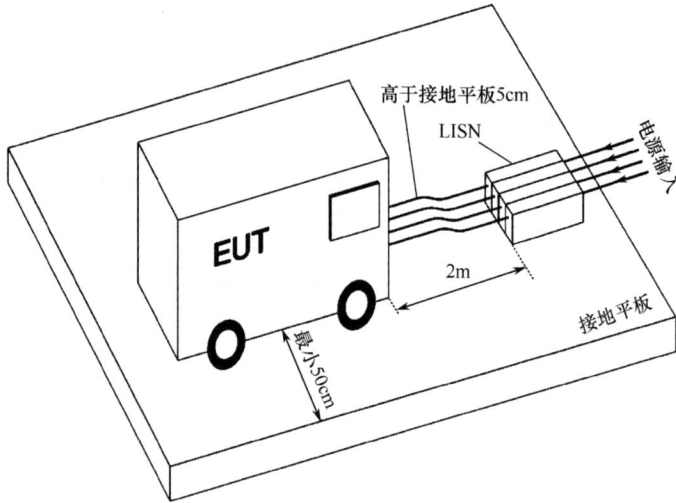

图 10-9　独立大型 EUT 屏蔽室测试配置

每根互连电缆至少要有 2m 平行于配置前缘边界敷线,多余的电缆以 Z 形放置在配置后面。多根电缆的外缘间距为 20mm,最靠前的电缆距离接地平板前沿 10cm。所有的电缆都应当支撑起来并高于接地平板 5cm。

对于不需要接地平板的 EUT 测试,LISN 下应当放置一小块接地平板。

输入电源线也应当有 2m 长度平行配置于工作台前缘,敷设方式与互连电缆相同。从 EUT 的连接器到 LISN,电源线的总长度不应超过 2.5m。电源线也应当高于接地平板 5cm。

电缆、EUT 摆放位置对测试结果影响较大,为了提高测试的可重复性,同时也为了各个实验室测试结果的可比性,在测试中要严格按照规定的测试布置进行。电缆能够对测试电磁信号产生影响,如衰减和失真,使用真实的电缆和接口配置,能够使接口电路对电磁能量的耦合类似于实际安装的情况,从而提高测试结果的准确性。电缆间 2cm 的间隔,一方面可以使电缆充分暴露在辐射场下,另一方面也能够降低电缆间信号的耦合。电缆距离接地平板前缘 10cm,主要是为了给电缆留出足够有效的接地平板面积,提供比较标准的阻抗。将所有的电缆架高 5cm,主要是为了使由于耦合和对接地平板的电容形成的回路面积标准化。将电源电缆固定长度和敷设后再与 LISN 连接,能够形成标准的电源线阻抗。

## 10.1.7　EUT 状态及其监控

在发射测量时,EUT 应工作在易产生最大发射的状态下;在敏感度测量时,EUT 应工作在最敏感的状态下。当具有几种不同的状态,应对发射和敏感度进行足够的多种状态测试,以便对所有电路评估。

对于发射测试,EUT 的工作状态主要有:EUT 获得最大的主电源电流工作方式,EUT 的接口电路工作中造成最活跃工作状态,在内部数字时钟信号上产生最大的电流消耗工作方式;可调雷达的设置应达到具有最高可得到的平均功率的输出波形,能够被访问的数据总线接口通常设置在产生恒定的总线信息流量的工作状态。对于可调谐的射频设备,在每个调谐频段、可调谐单元或固定频道范围内,EUT 都应工作在不少于 3 个频率上。其中一个是频带的中心频率,另外两个是距每个频带或频道范围高端 −5%、低端 +5% 的频率。对于调频设备,测试应在包括 EUT 整个可能的频率范围的 30% 跳频模式下进行,EUT 工作频率要等分成低、中和高 3 段。

在敏感度测试期间,对在实际平台安装中被认为是任务关键的 EUT 的任何工作方式都应进行评定。其间应监测 EUT 是否性能降低或误动作。监测通常使用机内自检、图像和字符显示、音响输出以及其他信号输出和接口的测量来实现。也可以在 EUT 中安装专门电路来监测 EUT 状态,但这些改动不应影响测试结果。图 10 – 10 给出一种用于 EUT 状态监测的图像监测系统,这是一种可以用于 EMS 测试的视频监测系统。该系统包括监视探头和显示器两大部分,之间用光纤传输视频信号。监视探头放置在辐射场环境中监视 EUT 状态变化,通过光纤把视频图像信号传输到处于安全环境的监视器,便于试验人员实时监控。其监视器通过电池供电。

图 10 – 10   一种用于 EUT 状态监测的图像监测系统

至于 EUT 是否为敏感的判定准则和方法,应当由 EUT 接收方、提供方或双方确定,并在试验方案中明确。EUT 的敏感度门限电平应按下列步骤确定:

- 当敏感现象存在时,降低干扰信号直到 EUT 恢复正常。
- 在上一步骤基础上再降低干扰信号 6dB。
- 逐渐增加干扰信号直到敏感现象刚重复出现,此时干扰信号电平即为敏感度门限电平。
- 记下上一步骤门限电平、频率范围、最敏感的频率和电平及其他适用的测试参数。

## 10.1.8 测试设备

### 1. 测量接收机

对于测量接收机,只要其性能(如灵敏度、带宽选择、检波功能、动态范围和工作频率)能够满足测试的要求,均可以使用。

EMI 测量接收机的输入端口一般有预选器、衰减器和低噪声放大器,如图 10 – 11所示。

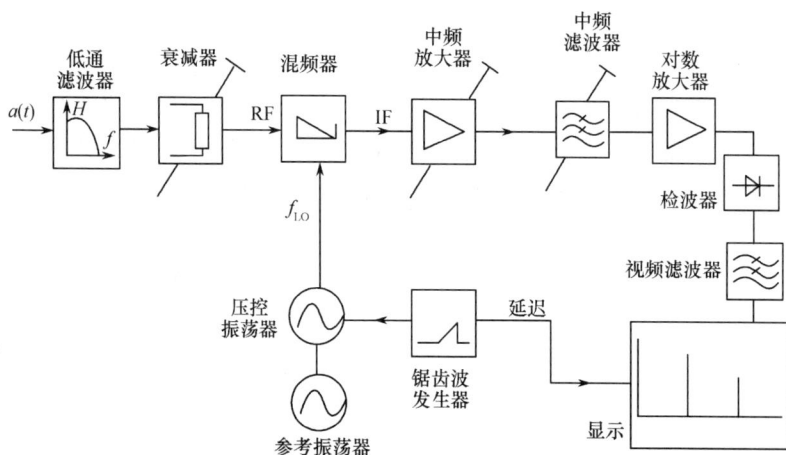

图 10 – 11 超外差扫频 EMI 接收机的原理结构框图

预选器主要由一组低通滤波器或带通滤波器组成,主要用来防止带外的信号导致混频器饱和,影响测试结果。

衰减器主要是调节混频器的输入电平,保证混频器工作在线性区域,不会由于输入电平过大而导致饱和。当设置衰减器为 0 的状态时,一方面接收机的输入驻波比较差,另一方面如果有大信号容易导致混频器损坏,因此通常不要把衰减器设置为 0 状态。一般的测量接收机混频器的最佳输入电平为 – 30dBm 左右,为了保证测试效果,对于测试信号,应该注意调整输入信号的衰减量。中频部分的放大器会补偿输入端口衰减器的衰减量。这样,如果采用比较高的衰减量,将会带入比较高的本底噪声,降低系统的灵敏度。

190

对于大信号测试,当混频器饱和后将工作在非线性区域,导致测试结果不准确。此时可以增加输入口的衰减器设置:当衰减量变化,而测试结果没有变化时,表示混频器未饱和,当衰减量变化而结果也发生变化时表示混频器已饱和。

在 EMC 测试中,要求使用的接收机中频滤波器对应的带宽为 6dB,而一般的频谱分析仪所使用的带宽为 3dB。这是两者比较重要的差别。不应使用视频滤波器限制接收机响应。如果接收机有可控的视频带宽,则应将它调到最大值。

军用标准中要求接收机使用峰值检波器。这是因为峰值检波电路充电时间短,对于脉冲信号能够快速响应,得到包络的最大值。在军用设备中脉冲调制信号被广泛使用,因此军用标准中更关心脉冲的幅度,所以规定使用峰值检波器。峰值检波器应在整个频域的发射和敏感度测量中使用,用以在接收机通带内检测调制包络的峰值。当其他测量仪器如示波器、非选频电压表或宽带场强计等用于敏感度测量时,则需对测试信号加以修正,以便将读数修正到在调制包络峰值情况下的等效均方根值。

### 2. 信号发生器

对于射频信号发生器,要求能够在规定的频率范围内产生一定幅度的正弦波,并且有能够满足要求的频率精度、幅度精度和频率分辨率。进行军用产品 EMS 测试,要求进行 1kHz、50% 占空比的脉冲调制,因此信号源应具有脉冲调制功能;为兼顾 IEC 系列标准,还需要能够提供 AM 调制。

### 3. 功率放大器

在 EMS 测试时,可能需要产生较强的射频信号,而单纯信号源的输出功率在 10dBm 左右,往往不能满足测试要求,所以要使用功率放大器提高信号强度。在所要求的测试频率范围内,要使用 5 台 ~ 6 台放大器。在低频段,由于天线的尺寸比波长小很多,天线增益低,为了达到更大的场强,需要非常大的功率。如要在 10kHz 频段得到 200V/m 的场强,可能需要几千瓦以上的功率放大器。

对于放大器,除了放大器的频率范围和输出功率外,还要注意放大器的非线性工作。放大器的输入、输出并不一直是线性关系。当输入功率达到一定强度,放大器就进入了非线性区域,输入、输出将不再是线性关系。此时输入信号的二次谐波正比于输入信号幅度的平方,而 3 次谐波正比于输入信号幅度的立方。当输入信号的幅度达到饱和状态时,放大器输出的谐波的幅度将非常大。同时又由于在测试系统中天线增益的非线性,所以在整个系统中谐波的影响将更加严重。在测试中,当谐波刚好落到设备的响应频段时,将可能造成设备敏感。因此在使用放大器时,要注意放大器的响应,尽量不要工作在饱和区。在设备敏感时,要注意分析问题是否是由于放大器谐波造成的。

## 10.1.9 扫描频率控制

### 1. EMI 扫描频率设置

当进行 EMI 发射测试时,接收机的带宽、扫描时间、频率步进步长等指标应当按照表 10-2 所列要求设置。

测试带宽指接收机总选择性曲线 6dB 带宽,并且不应使用视频带宽去限制接收机的响应(将视频带宽调至最大)。在测试中,对于数字式接收机,扫描步进应不大于分辨率带宽的一半,否则会导致测试结果漏掉某些频率,发生错误。如表 10-2 规定不足以捕捉 EUT 最大发射幅度和满足频率分辨率要求,则应采用更长的测量时间和更低的扫描速率。

表 10-2 测量接收机测量带宽和扫描设置

| 频率范围 | 6dB 带宽 | 频率步长 | 模拟接收机<br>最小测试时间 | 驻留时间 |
|---|---|---|---|---|
| 25Hz ~ 1kHz | 10Hz | ≤5 Hz | 0.015s/Hz | 0.15s |
| 1kHz ~ 10kHz | 100Hz | ≤50 Hz | 0.15s/kHz | 0.015s |
| 10kHz ~ 250kHz | 1kHz | ≤500 Hz | 0.015s/kHz | 0.015s |
| 250kHz ~ 30MHz | 10kHz | ≤5kHz | 1.5s/MHz | 0.015s |
| 30MHz ~ 1GHz | 100kHz | ≤50kHz | 0.15s/MHz | 0.015s |
| >1GHz | 1MHz | ≤500kHz | 15s/GHz | 0.015s |

### 2. EMS 扫描频率设置

当进行敏感度测试时,扫描频率、步长及驻留时间等应当满足表 10-3 的要求。

表 10-3 敏感度测试频率扫描设置

| 频率范围 | 模拟扫描的最大扫描速率 | 步进扫描的最大步长 | 驻留时间 |
|---|---|---|---|
| 30Hz ~ 1MHz | $0.02f_0/s$ | $0.01f_0$ | ≥1s |
| 1MHz ~ 30MHz | $0.01f_0/s$ | $0.005f_0$ | ≥1s |
| 30MHz ~ 1000MHz | $0.005f_0/s$ | $0.0025f_0$ | ≥1s |
| 1GHz ~ 8GHz | $0.002f_0/s$ | $0.001f_0$ | ≥1s |
| 8GHz ~ 40GHz | $0.001f_0/s$ | $0.0005f_0$ | ≥1s |

对敏感度测量,应对每个适用的试验在整个频率范围内进行扫描。在敏感度扫描测试中,信号源的扫频速率和频率步长不应超过表 10-3 所列值。该速率和步长由信号源调谐频率($f_0$)和倍乘因子确定。模拟式扫描是指连续调谐的信号

192

源,而步进式扫描是指相继地调谐在离散频率点上的频率合成信号源。步进式扫描在每一调谐频率上至少驻留 1s。对某些 EUT,为可靠观察响应,必要时应降低扫描速率和减少步长。在 10kHz 以上进行测试的时候,如未特别指出,均应使用 1kHz、50% 占空比的脉冲调制。

## 10.1.10 场强监控

利用闭合回路控制系统来监控场强,以调节射频放大器的输出达到 EMS 测试的要求。

射频场可通过场强传感器监控,典型的场强传感器如图 10-12 所示。这些传感器包含一个小的内部天线和探测器,由 3 个正交的重复结构组成,这样 3 个正交平面一直受到监控,并且它对极性不敏感。测试单元可用电池驱动。测试场强信号通过光纤传送给射频环境之外的计算机进行处理和控制。

有两种基本方法可以控制场强,即闭合回路校准法和置换法。在非吸波暗室中,用闭合回路校准法监控更好,探测器可放置在 EUT 附近。

使用这种方法的缺点如下:

(1) 传感器沿 EUT 的正面只监控了一个位置,其他位置的场强可能大不相同。

(2) 对于特定频率,如果传感器无效,放大器将增加其输出功率直至放大器被损坏,这是 EUT 和放大器两者作用的后果。

(3) 在特定步进频率下,试图确定正确的场强时,可能会导致施加功率的过度校正,其结果是在一小段时间内可能会出现场强超标。

当使用电波暗室时,置换法更实用,这种方法适用于以 16 点场均匀性测试图预校准一个空间。对于每一个频率,确定放大器的功率值并记录下来,然后将 EUT 放入暗室中。在每个频率点,放大器提供预校准的功率值。当场均匀性接近定义值时,这个测试方法是正确的。当需要改变功率时,最好改变输出放大器的(传输功率)输出,而不是改变传输到天线的净功率。当 EUT 放置环境变化时,天线的特性会显著变化。

图 10-12 典型的
场强传感器

## 10.1.11 测量注意事项

### 1. 射频危害

高功率射频场的出现会造成生理伤害。某些测试可能存在影响到人身健康的电磁环境,应采取必要的措施防止人员暴露在存在射频危害的电磁环境下。当放大器打开时,试验人员不允许进入测试实验室内。因此,在进行高功率电磁敏感度测试时,应当在屏蔽室内配备摄像系统,在监控室用监视器监视,使试验人员可以在屏幕上观察到 EUT 的状态变化。当然,这种摄像机应当能够在高射频激励场中正常工作。

**2. 电击危害**

在某些测试中,设备安全地被断开,存在电击的危险;部分设备裸露的接线柱可能导致危险,在测试中要注意。

**3. 频谱管理**

某些高电平的测试与频谱管理机构规定的频率相干扰,这时测试应在屏蔽室内进行,当获得频谱管理机构的允许时也可以在开阔场进行试验。

**4. 过载**

测量接收机和传感器易遭受过载,特别是无预选器的接收机和有源传感器。必须进行定期及每次开机前检查,以保证过载条件不存在。

**5. 无关人员和设备**

为了保证实验的安全、顺利、准确进行,无关人员不得进入测试区,无关的设备、电缆架和桌子等应搬离测试区内。

# 10.2  CE102 10kHz ~ 10MHz 电源线传导发射

CE102 10kHz ~ 10MHz 电源线传导发射项目用来测量被测设备输入电源线(包括回线)上的传导发射,适用于所有电源导线(包括返回线,但不包括 EUT 电源输出端导线)。

## 10.2.1  极限值

对于电源供电电压低于 28V 的 EUT,其电源线传导发射的极限值如图 10 – 13 中的基准曲线所示。从图 10 – 13 中可以看出,在 10kHz 处,电源线的传导发射不得高于 94dBμV;在 500kHz 处,电源线的传导发射不得高于 60dBμV;在 10MHz 处,电源线的传导发射不得高于 60dBμV;在 10kHz ~ 500kHz 频段,频率按对数变化,幅度按线性变化。对于 EUT 电源电压高于 28V 的情况,传导发射限值可适当放宽。美军标《设备和分系统电磁干扰特性控制要求》(MIL – STD – 461F)规定,在 EUT 供电电压高于 28V、低于 115V 时,传导发射限值在基准曲线基础上增加 6dB;在 EUT 供电电压高于 115V、低于 220V 时,传导发射限值在基准曲线基础上增加 9dB;在 EUT 供电电压高于 220V、低于 270V 时,传导发射限值在基准曲线基础上增加 10dB;在 EUT 供电电压高于 270V 时,传导发射限值在基准曲线基础上增加 12dB。GJB 151A—97 规定与美军标的稍有差异,在 EUT 供电电压高于 220V、低于 380V 时,传导发射限值在基准曲线基础上增加 11dB;在 EUT 供电电压高于 380V 时、低于 440V 时,传导发射限值在基准曲线基础上增加 12dB。而对于 EUT 供电电压高于 440V 的情况没有做出要求。图 10-13 中的放宽限值是美军标 MIL-STD-461F《设备和分系统电磁干扰特性控制要求》的放宽量。

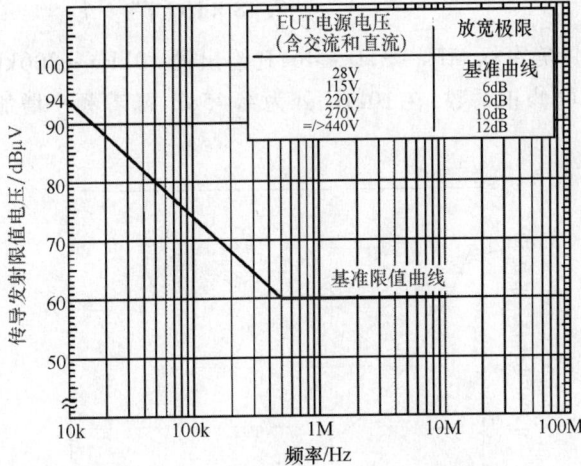

图 10-13 CE102 电源线传导发射限值

## 10.2.2 测试设备及测试配置

### 1. 测试设备

测试主要用到的设备包括以下几种:

(1) 测量接收机。

(2) 函数发生器。

(3) 示波器。

(4) LISN。

(5) 衰减器。

(6) T 形同轴连接器。

(7) 信号源。

其中 LISN 一方面提供标准的电源阻抗,另一方面,利用内部 $0.25\mu F$ 的电容可以耦合出电源线的传导发射信号。电源线上的骚扰电压可以按式(10-1)得到,即

$$U_{\text{interference}}(\text{dB}\mu V) = U_{\text{test}}(\text{dB}\mu V) + C_{0.25\mu F}(\text{dB}) + L_{\text{cable}}(\text{dB}) \qquad (10-1)$$

式中:$U_{\text{interference}}$ 为电源线上的以 dB$\mu$V 表示的骚扰电压;$U_{\text{test}}$ 为接收机测试到的以

195

dB$\mu$V 表示的电压值;$C_{0.25\mu F}$ 为 0.25$\mu$F 电容以 dB 表示的修正系数;$L_{cable}$ 为连接电缆的以 dB 表示的损耗。

LISN 的 0.25$\mu$F 电容的修正系数可以按式(10 - 2)计算得到,即

$$C_{0.25\mu F} = 20\log\left(\frac{\sqrt{1 + (7.48 \times 10^{-5}f)^2}}{7.48 \times 10^{-5}f}\right) \qquad (10 - 2)$$

图 10 - 14 是美军标 MIL - STD - 461F 给出的 10kHz ~ 200kHz 频率范围内的 0.25$\mu$F 电容的修正系数,在 10kHz 处为 4.45dB,随着频率增加此系数迅速衰减。

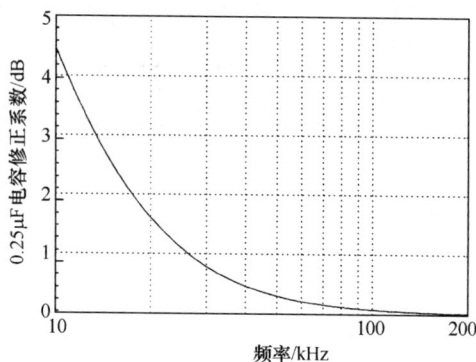

图 10 - 14　LISN 的 0.25$\mu$F 电容的修正系数

其中的衰减器主要用于保护测量接收机。这是因为 220V、400Hz 的电压会在 LISN 的测试输出端口上产生约 7.2V 的电压,这可能会对接收机造成损伤或损坏,所以在 LISN 的测试输出端口连接一个衰减器(20dB 即可满足测试要求),用于保护接收机并防止过载。在测量接收机的读数上,要加上衰减器的衰减量。在测试中也要防止过高的瞬态电压损坏测量接收机。

**2. 测试配置**

按照 10.1 节的有关要求进行测试配置。

## 10.2.3　校准

本测试项目校准的目的主要是用于检查因连接电缆、接收机等仪器设备和测试辅助器材造成的测试误差是否在容许的范围内。校准设备的连接关系如图 10 - 15 所示。

LISN 电源输入端断开,按照图 10 - 15 所示进行连接。计算机通过 GPIB 电缆连接接收机。在 10kHz、100kHz 校准过程中,信号源连接 T 型同轴连接器,T 型同轴连接器另两个端口分别连接示波器和 LISN 输出端口。LISN 信号输出端口连接衰减器,衰减器输出口通过电缆连接接收机。在 2MHz 和 10MHz 校准过程中,信

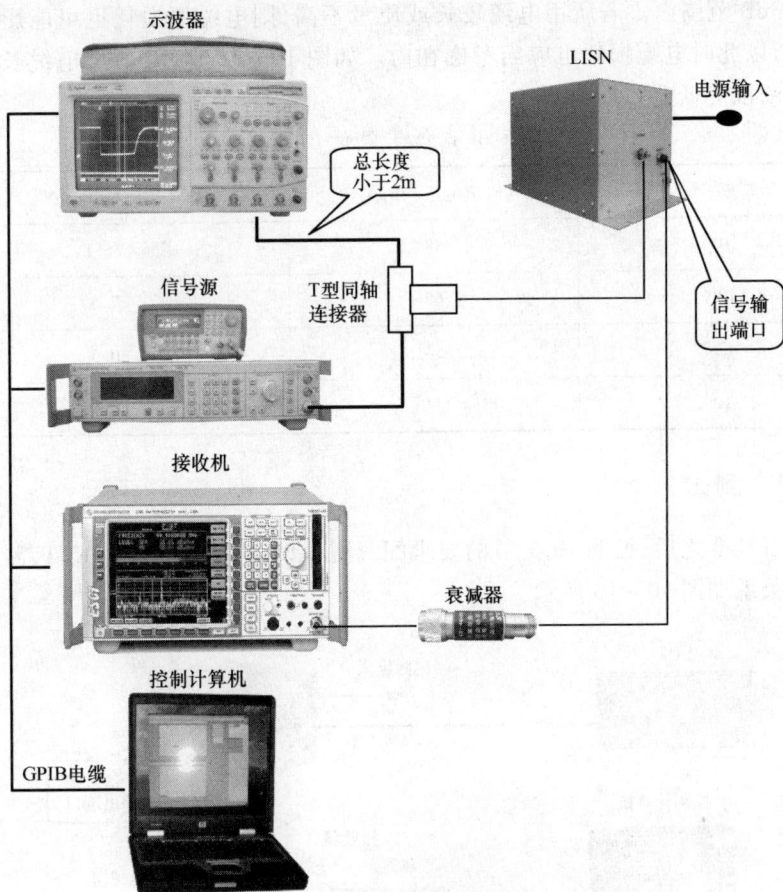

图 10 - 15　CE102 校准设备连接关系

号源通过电缆直接连接 LISN 的输出端口,不需要通过 T 型同轴连接器连接示波器。这主要是因为在 500kHz 以下,LISN 的输出端口阻抗并不是 50Ω,如图 10 - 15 所示,所以 50Ω 阻抗的信号源输出电压在 LISN 端口上并不是信号源输出电平的标称值,需要利用示波器测量加在 LISN 电源端口的电压。

所有测试设备经预热并稳定工作后开始进行校准。

在 10kHz、100kHz、2MHz、10MHz 频率上施加校准信号到 LISN 的电源输出端,施加到 LISN 端口上的电平低于限制线 6dB,如表 10 - 4 所列的电压值。在 10kHz 和 100kHz 频率点上,调整信号源的输出电平,使示波器读数达到表 10 - 4 所列对应频率的电压值。示波器输入阻抗设置为 1MΩ,读数采用 RMS 方式。在 2MHz 和 10MHz 频率点上,直接将信号源输出幅度设置为规定的电平值。

检查接收机的读数、衰减器的差损和 0.25μF 电容修正系数之和是否在施加

197

电平±3dB范围内。若所用电缆较长或质量不高,则电缆的损耗也可能影响测试结果,所以此时电缆损耗也应当考虑在内。如图10-15所示,所用电缆长度不要超过2m,以降低电缆损耗。

表 10-4 不同频点低于限值 6dB 对应的电压值

| 频率/Hz | 限值电压/dBμV | 监测电压/mV |
|---------|--------------|------------|
| 10 | 88 | 25.1 |
| 100 | 68 | 2.5 |
| 2 | 54 | 0.5 |
| 10 | 54 | 0.5 |

## 10.2.4 测试

进行校准之后,按照 10.1 节的要求配置测试设备、测试环境及 EUT,测试仪器的连接关系如图 10-16 所示。

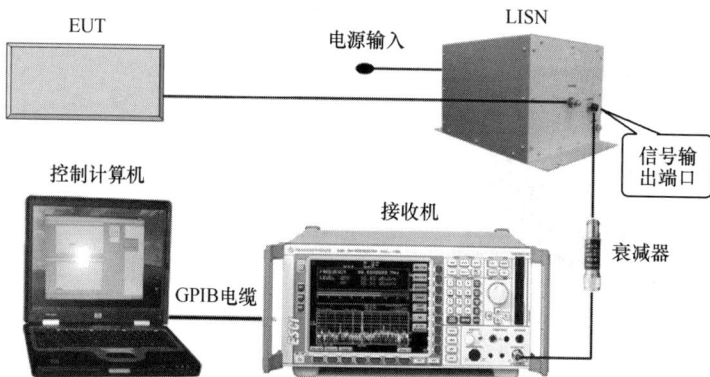

图 10-16 CE102 测试连接关系

将 LISN 信号输出端口接 20dB 衰减器,然后通过电缆接测量接收机射频输入端口,计算机通过 GPIB 电缆连接接收机 GPIB 端口。

所有测试设备预热并稳定工作后进行测试。频率扫描按 10.1.9 节规定执行。通过计算机软件对接收机测试结果进行读取、传输并记录。

EUT 的电源线(包括回线)也要进行测试。

## 10.2.5 注意事项

(1) 本测试项目中使用的 LISN 可能有外露的接线端口连接超过安全电压的

198

高电压,所以一定要注意用电安全。

（2）对于 220V、400Hz 的电源,在 LISN 的信号端口可能会耦合 7.2V 的电压,这个电压可能会损坏接收机;对于一些被测设备,可能存在很大的干扰信号,可能会损坏接收机或者导致接收机饱和。因此为保护接收机不被损坏并防止接收机饱和,需要在接收机的信号端口接 20dB 以上的衰减器。

## 10.3　CS101 25Hz～50kHz 电源线传导敏感度

本测试的目的是检验 EUT 承受耦合到输入电源线上的信号的能力,适用于设备和分系统的交流和直流输入电源线,不包括回线。按 GJB 151A—97 要求直流供电时,测试频率范围为 25Hz～50kHz;交流供电时,从电源频率的二次谐波至 50kHz。美军标《设备和分系统电磁干扰特性控制要求》(MIL – STD – 461F) 要求的频率范围达到了 150kHz,限值也有所变化。

### 10.3.1　极限值

GJB 151A—97 规定的几个关键频点的限值如表 10 – 5、表 10 – 6 所列。当 EUT 的供电电压大于 28V 时,采用表 10 – 5 所列的曲线 1 极限;当 EUT 的供电电压不大于 28V 时,采用表 10 – 6 给出的曲线 2 极限。限值曲线如图 10 – 17 至图 10 – 19 所示。

表 10 – 5　CS101 极限(AC 和 DC)曲线 1

| 频　率 | 限值电压/dBμV | 监测电压/V$_{(rms)}$ |
|---|---|---|
| 25Hz | 136 | 6.3 |
| 5kHz | 136 | 6.3 |
| 50kHz | 116 | 0.63 |
| 注:频率为对数关系,幅度为线性关系 | | |

表 10 – 6　CS101 极限(AC 和 DC)曲线 2

| 频　率 | 限值电压/dBμV | 监测电压/V$_{(rms)}$ |
|---|---|---|
| 25Hz | 126 | 2 |
| 5kHz | 126 | 2 |
| 50kHz | 106 | 0.2 |
| 注:频率为对数关系,幅度为线性关系 | | |

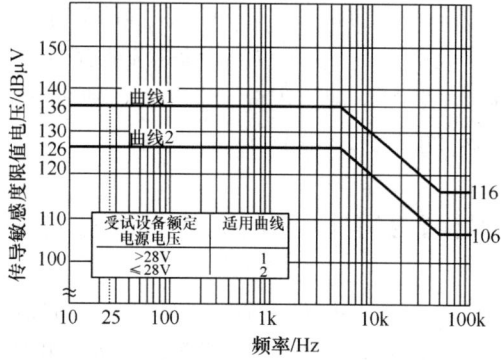

图 10-17 CS101 国军标限值曲线（交流和直流）

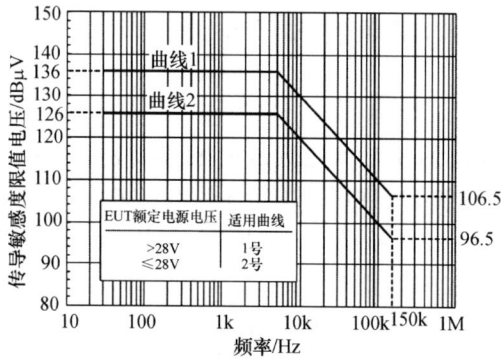

图 10-18 CS101 美军标限值曲线

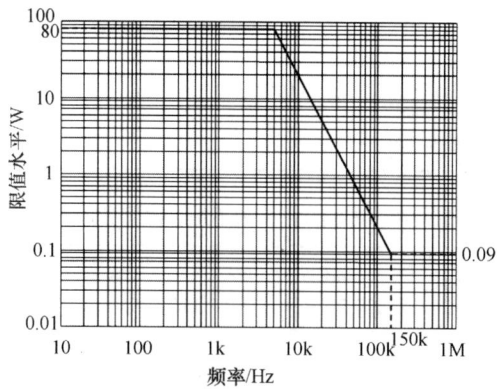

图 10-19 CS101 美军标限值曲线

## 10.3.2 测试设备及测试配置

### 1. 测试设备

测试主要用到的设备包括以下几种：

(1) 函数发生器。

(2) 功率放大器。

(3) 示波器。

(4) 耦合变压器。

(5) 电容器为 $10\mu F$。

(6) 隔离变压器。

(7) 取样电阻器为 $0.5\Omega$。

(8) LISN。

### 2. 测试配置

按照 10.1 小节的有关要求进行测试配置。

## 10.3.3 校准

校准连接关系如图 10 - 20 所示。

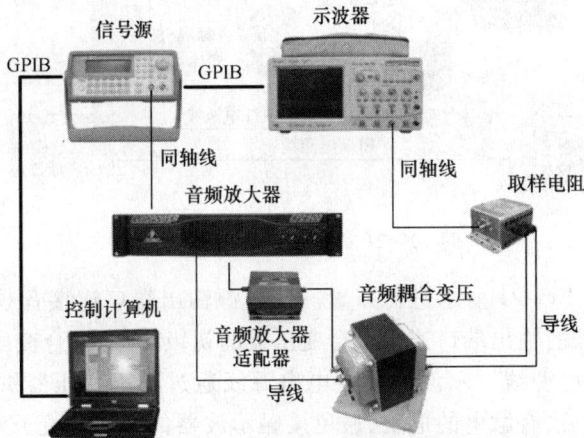

图 10 - 20　CS101 校准连接关系

(1) 按照图 10 - 20 所示进行布置,信号源输出通过电缆连接音频放大器输入端口,音频放大器输出通过导线连接耦合变压器的初级端口,耦合变压器的次级端口连接 $0.5\Omega$ 取样电阻,取样电阻的监测端口通过同轴线连接示波器的输入端口。为保护音频放大器和耦合变压器,在音频放大器输出端增加一个音频放大器适配器(该适配器内部为一个限流电阻)。

（2）所有设备开机预热 0.5h，使之稳定工作。

（3）将信号源频率调整到最低的频率，波形为正弦波，不进行调制，将放大器打开，信号源输出；示波器输入端口阻抗设置为 1MΩ，读数方式设置为 RMS。增大信号源的输出电平，直到示波器指示在 0.5Ω 取样电阻负载上的功率达到 GJB 151A—97 规定的最大电平（80W，即示波器指示电压值为 6.32Vrms）。

这一过程中注意电阻、适配器及放大器的温度，防止设备由于温度过高而损坏。注意电阻、适配器可能存在高温，防止烫伤。

### 10.3.4　测试

测试连接关系如图 10 − 21 所示。

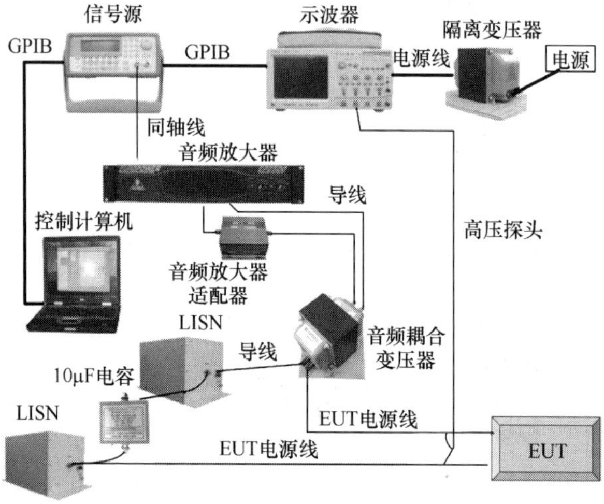

图 10 − 21　CS101 测试连接关系

（1）按照图 10 − 21 所示进行布置。信号源输出端口连接音频放大器的输入端口，音频放大器的输出端口连接耦合变压器的初级端口，耦合变压器的次级端口串入被测设备的电源线。示波器的供电电源线通过隔离变压器供电（注意：示波器的保护地断开后，有触电的危险，避免接触示波器的金属外壳）。示波器的探头连接在被测件输入电源线（请使用具有足够安全裕度的高压探头，以保护示波器）。在被测件输入电源线两端并联 10μF 电容。该电容器为穿芯电容。使用时，一端接到穿芯电容的中心芯体，另一端接到穿芯电容的外壳。请注意连接，防止短路现象发生。

（2）所有测试设备开机预热 0.5h，使之稳定工作。

（3）将信号源频率调整到最低点，波形为正弦波，不调制，信号源不输出。将功率放大器打开，增益调整与校准相同，信号源输出，增大信号源输出，直到示波器读数达到规定的电压值(但信号源幅度不超过校准获得的幅度值)。

(4)按照表10-7所列的参数进行扫频,监测被测设备是否敏感,注意在安全地线断开时的安全问题。

表 10 - 7  扫频参数

| 频率范围 | 模拟扫描 | 数字扫描步长 | 驻留时间 |
|---|---|---|---|
| 25Hz ~ 100kHz | $0.02f_0/s$ | $0.01f_0$ | 1 s |

此过程中注意适配器及放大器的温度,防止设备由于温度过高而损坏。注意适配器可能存在高温,防止烫伤。

## 10.4  CS114 10kHz ~ 400MHz 电缆束注入传导敏感度

本测试的目的是检验 EUT 承受耦合到与 EUT 有关电缆上的射频信号的能力。适用于设备或分系统的所有互连电缆,包括电源电缆在内。

(1)10kHz ~ 2MHz 全部适用。

(2)2MHz ~ 30MHz 全部适用。

(3)30MHz ~ 200MHz 对飞机(空军和陆军)和空间系统适用,其他任选(只有当订购方有规定时才适用)。

(4)200MHz ~ 400MHz 全部任选(只有当订购方有规定时才适用)。

### 10.4.1  极限值

CS114 10kHz ~ 400MHz 电缆束注入极限值如表10-8所列。

表 10 - 8  CS114 10kHz ~ 400MHz 电缆束注入极限值

| 频率 | 军种 | 飞机(外部或SCES) | 飞机(内部) | 所有舰船(甲板上) | 舰船(金属甲板下) | 舰船(非金属甲板下) | 水下 | 地面 | 空间 |
|---|---|---|---|---|---|---|---|---|---|
| 10kHz ~ 2MHz | 陆军 | 5 | 5 | 2 | 2 | 2 | 1 | 3 | 3 |
| | 海军 | 5 | 3 | 2 | 2 | 2 | 1 | 2 | 3 |
| | 空军 | 5 | 3 | — | — | — | — | 2 | 3 |
| 2MHz ~ 30MHz | 陆军 | 5 | 5 | 5 | 2 | 4 | 1 | 4 | 3 |
| | 海军 | 5 | 5 | 5 | 2 | 4 | 1 | 2 | 3 |
| | 空军 | 5 | 3 | — | — | — | — | 2 | 3 |
| 30MHz ~ 200MHz | 陆军 | 5 | 5 | 5 | 2 | 2 | 1 | 4 | 3 |
| | 海军 | — | — | 5 | 2 | 2 | 1 | 2 | 3 |
| | 空军 | 5 | 3 | — | — | — | — | 2 | 3 |

| 频率 | 军种 | 飞机（外部或SCES） | 飞机（内部） | 所有舰船（甲板上） | 舰船（金属甲板下） | 舰船（非金属甲板下） | 水下 | 地面 | 空间 |
|---|---|---|---|---|---|---|---|---|---|
| 200MHz ~ 400MHz | 陆军 | 5 | 5 | 5 | 2 | 2 | 1 | 4 | 3 |
| | 海军 | — | — | 5 | 2 | 2 | 1 | 2 | 3 |
| | 空军 | 5 | 3 | — | — | — | — | 2 | 3 |

表 10 - 8 中,水下指潜艇等水下设备和分系统;空间指星载、弹载及运载火箭等空间飞行器的设备和分系统。CS114 各曲线的极限值如表 10 - 9 至表 10 - 13 所列。

表 10 - 9　CS114 曲线 1 极限

| 频率 | 限值电流/dBμA |
|---|---|
| 10kHz | 37 |
| 1MHz | 77 |
| 30MHz | 77 |
| 400MHz | 65 |

注:频率为对数关系,幅度为线性关系

表 10 - 10　CS114 曲线 2 极限

| 频率 | 限值电流/dBμA |
|---|---|
| 10kHz | 43 |
| 1MHz | 83 |
| 30MHz | 83 |
| 400MHz | 71 |

注:频率为对数关系,幅度为线性关系

表 10 - 11　CS114 曲线 3 极限

| 频率 | 限值电流/dBμA |
|---|---|
| 10kHz | 49 |
| 1MHz | 89 |
| 30MHz | 89 |
| 400MHz | 77 |

注:频率为对数关系,幅度为线性关系

表 10 - 12　CS114 曲线 4 极限

| 频率 | 限值电流/dBμA |
|---|---|
| 2MHz | 97 |
| 30MHz | 97 |
| 400MHz | 85 |

注:频率为对数关系,幅度为线性关系

表 10 - 13　CS114 曲线 5 极限

| 频率 | 限值电流/dBμA | 频率 | 限值电流/dBμA |
|---|---|---|---|
| 10kHz | 69 | 30MHz | 109 |
| 1MHz | 109 | 400MHz | 97 |

注:频率为对数关系,幅度为线性关系

当 EUT 受试电缆感应出下述电流而 EUT 不敏感,也算满足要求。

曲线 1:83dBμA;曲线 2:89dBμA;曲线 3:95dBμA;曲线 4:103dBμA;曲线 5:115dBμA。

## 10.4.2 测试设备及测试配置

**1. 测试设备**

所需测试设备如下：

(1) 频谱分析仪。

(2) 射频信号源。

(3) 功率计。

(4) 功率探头。

(5) 功率放大器。

(6) 注入探头。

(7) 监视探头。

(8) 校准夹。

(9) 衰减器。

(10) 匹配负载。

(11) 定向耦合器。

监测探头的作用是将导线中的感应干扰电流通过转移阻抗转换成电压,读取探头的输出电压后,通过转移阻抗就可以测试出导线上的干扰电流。在实际使用中,常使用转移阻抗的倒数,并取对数,这样接收机的读数(dBμV) + 探头的因子(dB/Ω) + 电缆损耗(dB),就能够得到导线上的干扰电流(dBμA)。电流探头的转移阻抗或者因子可以通过校准获得。每次校准后,请注意更新软件中的数据。

注入探头将放大器输入的功率转换成电流,施加到测试导线上。

校准夹具提供一个标准的 $50\Omega$ 阻抗,将注入探头夹在中心导体上,一个输出端口连接负载,另一个端口通过衰减器连接接收机,在 $50\Omega$ 阻抗上注入电流值 dBμA = 输出电压 dBμV − 34,其中 34 为 $50\Omega$ 阻抗的对数值,这样通过监测校准夹具的输出电压就能够计算出中心导体注入的电流值。

**2. 测试配置**

按照 10.1 节的有关要求进行测试配置。

## 10.4.3 校准

校准配置原理如图 10 − 22 所示。

(1) 信号源输出连接功率放大器的输入端口,放大器的输出端口连接定向耦合器的输入端口,定向耦合器的输出端口连接注入探头。定向耦合器的耦合端口通过功率计探头连接功率计。

注入探头插入校准夹具的中心导体,将盖板固定好,一个端口连接大功率负

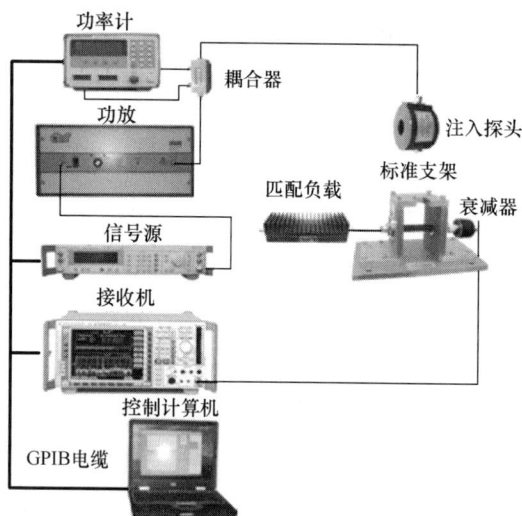

图 10 - 22　CS114 校准配置

载,另一端口连接衰减器的输入端口(注意衰减器的输入、输出端口不要接反)。衰减器的输出端口连接接收机。

（2）所有测试设备预热 0.5h,使之稳定工作。调整放大器增益(建议设置在90%左右)。

（3）将信号源频率调至 10kHz,信号不加调制,正弦波,信号源输出电平调至最低,将放大器设为 pow on 状态,信号源输出,监测接收机读数并计算:接收机读数(dBμV) + 衰减器衰减量 + 电缆衰减 – 34(dBμV 与 dBμA 的转换),得到产生的电流值(dBμA),增加信号源输出电平,直至接收机指示达到规定电平,记录功率计测量的前向功率。在要求的频率范围内进行扫频,记录功率计的电平。

## 10.4.4　测试

测试配置原理如图 10 - 23 所示。

（1）信号源输出连接功率放大器的输入端口,放大器的输出端口连接定向耦合器的输入端口,定向耦合器的输出端口连接注入探头。定向耦合器的耦合端口通过功率计探头连接功率计。

监测探头连接接收机(当需要的时候要增加衰减器),夹在距离 EUT 测试端口5cm 处,注入探头夹在距离监测探头 5cm 处。

（2）敏感度测试。调整放大器增益(建议设置在90%左右);将信号源调整到10kHz,并用 1kHz 占空比为 50% 脉冲进行脉冲调制,将功率放大器设置为 pow on状态,将信号源输出,增加信号源的输出电平,使功率计监测到的功率达到校准入

206

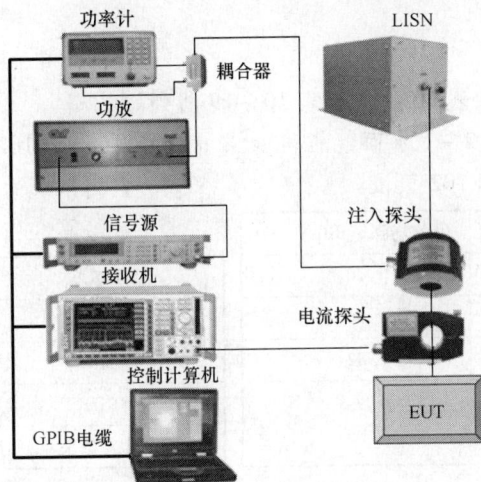

图 10 - 23   CS114 测试配置

射功率,使感应电流不超过规定的最大电流;在 10kHz ~ 400MHz 范围内按照表 10 - 14进行扫描。

表 10 - 14   敏感度测试

| 频率范围 | 模拟扫描速度 | 数字扫描步长 | 驻留时间 |
|---|---|---|---|
| 10kHz ~ 1MHz | $0.02f_0/s$ | $0.01f_0$ | 1s |
| 1MHz ~ 30MHz | $0.01f_0/s$ | $0.005f_0$ | 1s |
| 30MHz ~ 400MHz | $0.005f_0/s$ | $0.0025f_0$ | 1s |

入射功率保持校准电平或要求的最大电流电平(选电平低者)。

## 10.5   RE102 10kHz ~ 18GHz 电场辐射发射

本测试的目的是检验来自 EUT 及其相关电缆,电线的电场发射,适用于设备和分系统壳体和所有互连电缆的辐射发射,不适用于发射机的基频或天线的辐射。

(1) 地面 2MHz ~ 18GHz(频率上限到 1GHz 或 EUT 最高工作频率的 10 倍,取较大者 30MHz 以上,水平极化场、垂直极化场都应满足)。

(2) 水面舰船 10kHz ~ 18GHz。(频率上限到 1GHz 或 EUT 最高工作频率的 10 倍,取较大者 30MHz 以上,水平极化场、垂直极化场都应满足)。

(3) 潜艇 10kHz ~ 1GHz。

(4) 飞机(陆军)10kHz ~ 18GHz。

(5) 飞机(空军和海军)2MHz ~ 18GHz(频率上限到 1GHz 或 EUT 最高工作频率的 10 倍,取较大者 30MHz 以上,水平极化场、垂直极化场都应满足)。

## 10.5.1 极限值

RE102 极限值如表 10-15 至表 10-19 所列。

表 10-15 RE102-1 水面舰船和潜艇的 RE102 极限

| 频率 | 限值场强/(dBμV/m) |
|---|---|
| 10kHz | 70 |
| 100MHz | 36 |
| 18GHz | 82 |

注:频率为对数关系,幅度为线性关系
潜艇极限值范围至 1GHz

表 10-16 RE102-2 适用于飞机和空间系统的 RE102 极限(海军和空军(内部))

| 频率 | 限值场强/(dBμV/m) |
|---|---|
| 2MHz | 34 |
| 100MHz | 34 |
| 18GHz | 79 |

注:频率为对数关系,幅度为线性关系

表 10-17 RE102-2 适用于飞机和空间系统的 RE102 极限(陆军(内部和外部)及海军和空军(外部))

| 频率 | 限值场强/(dBμV/m) |
|---|---|
| 10kHz | 60 |
| 2MHz | 24 |
| 100MHz | 24 |
| 18GHz | 69 |

注:频率为对数关系,幅度为线性关系
2MHz 以下对空军和海军不适用

表 10-18 RE102-3 适用于地面设备的 RE102 极限(海军(固定的)和空军)

| 频率 | 限值场强/(dBμV/m) |
|---|---|
| 2MHz | 44 |
| 100MHz | 44 |
| 18GHz | 89 |

注:频率为对数关系,幅度为线性关系

表 10-19 RE102-3 适用于地面设备的 RE102 极限(海军(移动的)和陆军)

| 频率 | 限值场强/(dBμV/m) |
|---|---|
| 2MHz | 24 |
| 100MHz | 24 |
| 18GHz | 69 |

注:频率为对数关系,幅度为线性关系

## 10.5.2 测试设备及测试配置

### 1. 测试设备

所需测试设备如下:

(1)频谱分析仪。

(2)射频信号源。

(3)前置放大器。

（4）信号源。

（5）鞭状天线。

（6）双锥天线。

（7）双脊喇叭天线。

（8）天线架。

（9）前置放大器。

前置放大器用于将信号放大,用以抵消由于电缆损耗等造成的信号衰减,提高系统的灵敏度。使用前置放大器会降低整个系统的噪声,但是也会限制系统的动态范围。在使用前置放大器时,请注意被测设备或环境中不存在过大的信号,否则会导致放大器饱和或者过大的输出信号导致接收机饱和,从而产生错误的测试结果。

对于测试天线,测试结果 dBμV/m 由接收机读数 dBμV + 天线因子 dB/m + 电缆损耗（ - 预放增益）获得。对于测试天线,需要定期进行校准。

**2. 测试配置**

按照 GJB 152A—97 要求的基本配置进行测试,EUT 产生最大辐射发射的面朝向天线,天线距离测试配置边界前缘 1m,除拉杆天线,天线高于地面 1200mm。天线任何部位距屏蔽室壁面不小于 1m,距顶板不小于 0.5m。

## 10.5.3　校准

校准配置如图 10 - 24 所示。

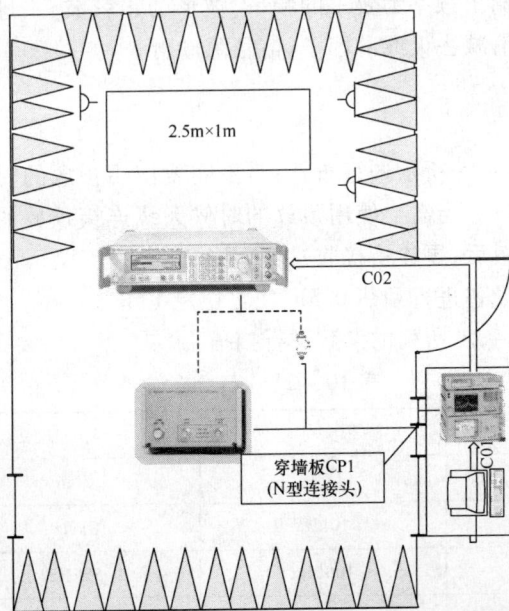

图 10 - 24　RE102 校准配置

（1）信号源输出端口连接接收机。当不需要使用预放的时候,信号源连接穿墙板,再连接接收机输入端口。当需要使用预放的时候,信号源连接预放的输入端口,预放的输出端口连接穿墙板,再连接接收机输入端口。

（2）所有设备预热 0.5h,使之稳定工作。

（3）在每副天线使用最高频率(30MHz、200MHz、1GHz、18GHz)上施加校准信号,电平比极限值减去天线系数后低 6dB,按照 RE102 - 2 陆军飞机极限低 6dB 进行,如表 10 - 20 所列。

表 10 - 20　按 RE102 - 2 陆军飞机限值校准设置

| 频率 | 极限场强/(dBμV/m) | 极限值 -6dB/(dBμV/m) | 信号源电平值/(dBμV) |
|---|---|---|---|
| 30MHz | 24 | 18 | 18 - 天线因子(30MHz) |
| 200MHz | 30 | 24 | 24 - 天线因子(200MHz) |
| 1GHz | 60 | 54 | 54 - 天线因子(1GHz) |
| 18GHz | 69 | 63 | 63 - 天线因子(18GHz) |

设置信号源的输出频率为要求的频率,波形为正弦波,不进行调制,信号源电平值为要求的电平值减去天线的因子,信号源输出。

## 10.5.4　测试

（1）按照图 10 - 25 所示进行布置;当不需要使用预放的时候,天线连接穿墙板和接收机输入端口。当需要使用预放的时候天线连接预放的输入端口,预放的输出端口连接穿墙板后,再连接接收机输入端口。

（2）所有测试设备进行预热 0.5h,使之稳定工作。

（3）按照表 10 - 21 所列的参数进行扫描。

表 10 - 21　扫描参数

| 频率范围 | 带宽/Hz | 步长/Hz | 驻留时间/s |
|---|---|---|---|
| 10kHz ~ 250kHz | 1kHz | 500 | 0.015 |
| 250kHz ~ 30MHz | 10kHz | 5kHz | 0.015 |
| 30MHz ~ 1GHz | 100kHz | 50kHz | 0.015 |
| >1GHz | 1MHz | 500kHz | 0.015 |

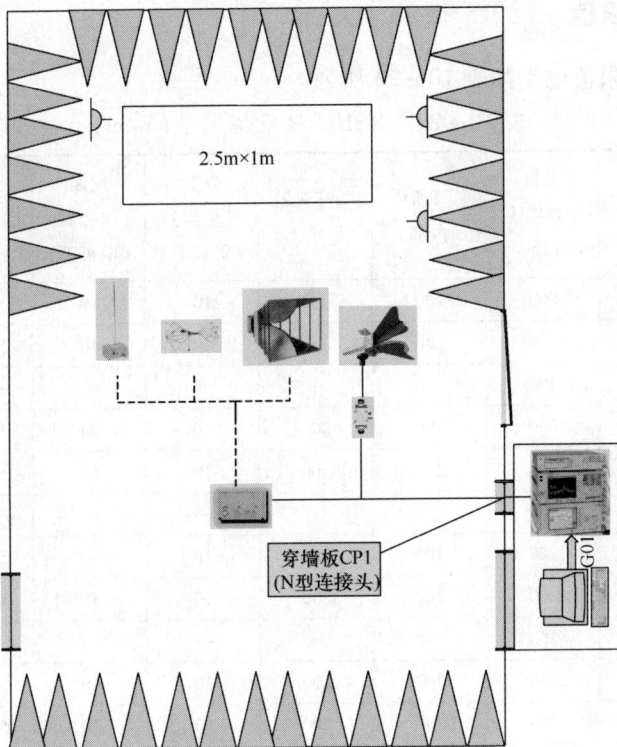

图 10 – 25    RE102 测试配置

## 10.6    RS103 10kHz ~ 40GHz 电场辐射敏感度

该试验用于检验 EUT 和有关电缆承受辐射电场的能力,确保在平台上或平台外的各种发射天线电磁场中工作的设备不降低性能。适用于设备和分系统壳体及所有互连电缆,适用范围如下:

(1) 10kHz ~ 2MHz,对陆军飞机(包括航线保障)设备适用,其他任选。

(2) 2MHz ~ 30MHz,对陆军舰船、陆军飞机(包括航线保障设备)及海军适用,其他任选。

(3) 30MHz ~ 1GHz,全部适用。

(4) 1GHz ~ 18GHz,全部适用。

(5) 18GHz ~ 40GHz,全部任选。

"任选"是指当订购方有规定时才要求。除非订购单位另有规定,不适用于连接天线的接收机的调谐频率。

## 10.6.1 极限值

RS103 极限值电平如表 10 - 22 所列。

表 10 - 22　RS103 极限值电平(V/m)

| 频率范围 | 平台 | 飞机（外部或SCES） | 飞机（内部） | 所有舰船（甲板上） | 舰船（金属）（甲板下） | 舰船（非金属）（甲板下） | 水下① | 地面 | 空间② |
|---|---|---|---|---|---|---|---|---|---|
| 10kHz ~ 2MHz | 陆军 | 200 | 200 | 10 | 10 | 10 | 5 | 20 | 20 |
| | 海军 | 200 | 20 | 10 | 10 | 10 | 5 | 10 | 20 |
| | 空军 | 200 | 20 | — | — | — | — | 10 | 20 |
| 2MHz ~ 30MHz | 陆军 | 200 | 200 | 200 | 10 | 50 | 5 | 50 | 20 |
| | 海军 | 200 | 200 | 200 | 10 | 50 | 5 | 10 | 20 |
| | 空军 | 200 | 20 | — | — | — | — | 10 | 20 |
| 30MHz ~ 1GHz | 陆军 | 200 | 200 | 200 | 10 | 10 | 5 | 50 | 20 |
| | 海军 | 200 | 200 | 200 | 10 | 10 | 5 | 10 | 20 |
| | 空军 | 200 | 20 | — | — | — | — | 10 | 20 |
| 1GHz ~ 18GHz | 陆军 | 200 | 200 | 200 | 10 | 10 | 5 | 50 | 20 |
| | 海军 | 200 | 200 | 200 | 10 | 10 | 5 | 50 | 20 |
| | 空军 | 200 | 60 | — | — | — | — | 50 | 20 |
| 18GHz ~ 40GHz | 陆军 | 200 | 200 | 200 | 10 | 10 | 5 | 50 | 20 |
| | 海军 | 200 | 60 | 200 | 10 | 10 | 5 | 50 | 20 |
| | 空军 | 200 | 60 | — | — | — | — | 50 | 20 |
| ① 潜艇等水下设备和分系统；②指星载、弹载及运载火箭等空空飞行器的设备和分系统 | | | | | | | | | |

## 10.6.2 测试设备

所需测试设备主要包括以下几种：

（1）信号发生器。

（2）功率放大器。

（3）接收天线、发射天线。

（4）电场传感器。

（5）测量接收机。

（6）功率计。

（7）定向耦合器。

（8）衰减器。

（9）数据记录装置。

（10）LISN。

## 10.6.3  校准

对辐射场的强度控制主要有两种方法,即电场传感器实时监测法和接收天线预校准法。

**1. 电场传感器实时监测法**

利用电场探头监测施加电场的强度,由于电场探头尺寸较小,对于场的扰动较小,能够保证探头处的场变化不大。为了防止信号受到干扰,一般的电场探头均使用光纤传输信号,然后利用主机显示测试强度。需要保证来自 EUT 的电场强度小于极限值的 10%。

**2. 接收天线预校准法**

首先,接收天线不连接电缆,施加标准信号到连接接收天线的电缆,确定整个接收系统的幅度测量准确;然后,接收天线连接电缆,信号源按照 1kHz、50% 占空比进行脉冲调制,增加信号源电平,直到接收天线测量到规定的电场强度,记录发射天线的注入功率;最后,在整个频率范围内进行校准。在测试过程中,按照记录的频率和对应的注入功率施加电磁辐射,并检测 EUT 的工作状态。

## 10.6.4  测试

按照一般要求对于 EUT 进行配置,辐射天线距离 EUT 1m 距离。应保证足够的位置放置辐射天线,保证 EUT 受到全面的评估。在测试中,要考虑到射频场对人身的危害,应采取必要的措施。

在 1GHz 以下,使用电场传感器实时监测法,在 1GHz 以上既可以使用电场传感器实时监测法,也可以使用接收天线预校准法。

**1. 电场传感器实时监测法**

利用电场传感器实时检测施加的电场强度,调整信号源的输出,使在 EUT 附近产生要求的电场强度,在整个频率范围内按照规定的扫描速率进行扫描。电场探头不应放置在角落或 EUT 组件的边缘。测试信号应该按照 1kHz、50% 占空比的脉冲调制进行。30MHz 以上,水平极化和垂直极化均应该进行测试,如图 10-26 所示。

**2. 接收天线预校准法**

将 EUT 放置在接收天线的位置（图 10-27）,按照之前校准的注入功率施加干扰,观察 EUT 是否敏感。

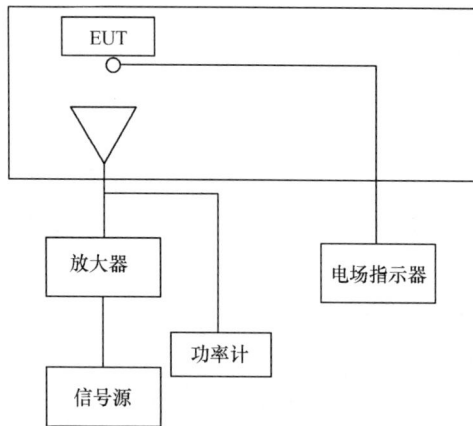

图 10 - 26　RS103 测试(电场传感器实时监测法)

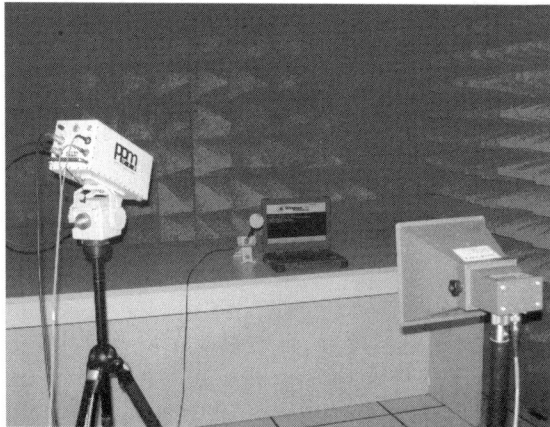

图 10 - 27　在多功能屏蔽室中对电子设备进行辐射敏感度测试

# 10.7　RS101 25Hz ~ 100kHz 磁场辐射敏感度

本测试的目的是检验 EUT 承受磁场辐射的能力,适用于设备和分系统壳体及所有互连电缆,不适用于 EUT 的天线。对于预定安装在海军飞机上的设备,只适用于 ASW 飞机;对陆军地面设备,仅适用于具有扫雷或探雷能力的机动车辆;当订购方有规定,也适用于海军地面设备。

## 10.7.1　极限值

适用于海军和陆军的 RS101 极限如表 10 - 23 和表 10 - 24 所列。

表 10 – 23   RS101 – 1 适用于
海军的 RS101 极限

| 频率 | 限值磁场强度/dBpT |
|------|------|
| 25Hz | 175 |
| 60Hz | 175 |
| 400Hz | 165 |
| 2kHz | 122 |
| 100kHz | 88 |

注：频率为对数关系,幅度为线性关系

表 10 – 24   RS101 – 2 适用于
陆军的 RS101 极限

| 频率 | 限值磁场强度/dBpT |
|------|------|
| 25Hz | 180 |
| 60Hz | 180 |
| 100kHz | 116 |

注：频率为对数关系,幅度为线性关系

## 10.7.2   测试设备及测试配置

### 1. 测试设备

所需测试设备如下：

（1）频谱分析仪。

（2）函数发生器。

（3）音频放大器。

（4）电流探头。

（5）辐射环。

（6）环传感器。

辐射环：在距离环平面 5cm 的地方能够产生 $9.5 \times 10^7$ pT/A 的磁通密度。因此,通过测试注入电流环的电流值,就能够计算出距离环平面 5cm 处的磁场强度。

### 2. 测试配置

按照 10.1 节的有关要求进行测试配置。

## 10.7.3   校准

校准配置原理如图 10 – 28 所示。

（1）信号源连接至音频功率放大器,音频功率放大器输出端口连接耦合变压器的初级（音频功放输出端连接适配器 ARRAPT – 1）,耦合变压器的次级连接磁场线圈。电流探头连接接收机,将电流探头夹在耦合变压器至磁场线圈的输出线上,测试输入磁场线圈的电流。

（2）所有测试设备打开预热 0.5h,使之稳定工作。

（3）将信号源频率调至 1kHz,波形为正弦波,不进行调制,将音频功率放大器打开,增益调为 5dB 左右,信号源输出,读取接收机读数,计算接收机读数 dBμV + 电流探头因子,得到注入的电流值,按照电流值与线圈的关系,增加信号源的电平

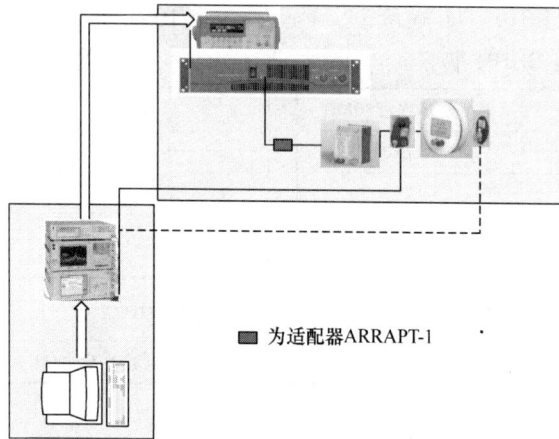

图 10 - 28　RS101 校准配置

值,得到110dBpT 的磁通密度,将接收机接至接收环,检查接收机读数是否为42dBμV ± 3dB。

## 10.7.4　测试

测试配置原理如图 10 - 29 所示。

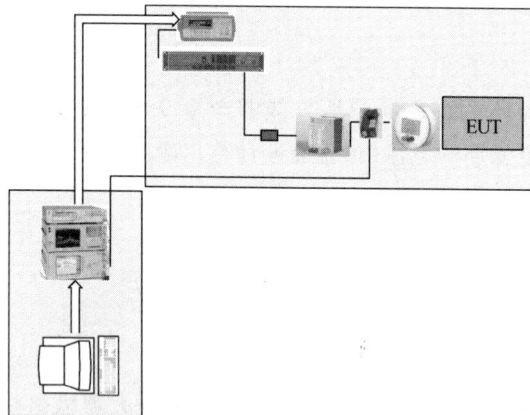

图 10 - 29　RS101 测试配置

（1）信号源连接至音频功率放大器,音频功率放大器输出端口连接耦合变压器的初级(音频功放输出端连接适配器 ARRAPT - 1),耦合变压器的次级连接磁场线圈。电流探头连接接收机,夹在耦合变压器至磁场线圈的输出线上,测试输入磁场线圈的电流。

（2）所有测试设备开机预热 0.5h,使之稳定工作。

（3）选择测试频率。辐射环置于距 EUT 一个面 50mm 处,环平面平行于 EUT 表面。将信号源频率调至最低频率,波形为正弦波,不进行调制,不输出。将音频功率放大器打开,增益调为 70%,信号源输出,读取接收机读数,计算接收机读数 dBμV + 电流探头因子,得到注入磁场线圈电流值,按照电流值与线圈的关系,增加信号源的电平值,得到至少大于 GJB 151A—97 要求 10dB 的磁场强度,但不超过 15A(183dBpT),在规定范围内扫描,允许比要求扫描速度快 3 倍。

## 10.8　电缆屏蔽效能测试

为了防止电磁波由电缆向外发射或防止外界电磁干扰对信号导体的影响,需要电缆屏蔽体。给定的电缆屏蔽体设施的屏蔽效能决定于被屏蔽的电磁干扰的特征及设施两端的端接状况,对于供电电源及子系统间传送数据来说,在电缆中有几种选择。特别是由于数据及信号电缆带有高频范围的宽带信号,它们需要屏蔽以使辐射耦合减至最小,同时必须控制阻抗。在不同的"阻抗受控的"(Controlled Impedance)屏蔽电缆中可以选择同轴电缆、三线电缆、双线电缆、双屏蔽二线电缆。电缆的选用以及电缆中信号、地或屏蔽的安排将决定传输通道的特性阻抗。

双线电缆是具有接地屏蔽编织层的双线对绞平衡线,最高可用于 10MHz 频率,如图 10 - 30 所示。扭绞可以使穿过铜编织层的低频磁场泄漏引起的感应噪声电压相互抵消。

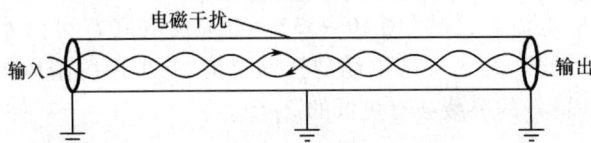

图 10 - 30　屏蔽双线电缆

双屏蔽二线电缆如图 10 - 31 所示的双层屏蔽二线电缆。外屏蔽编织层接大地,而内屏蔽编织层接系统地。如果不能保证把系统地隔开,则两屏蔽体都接大地。

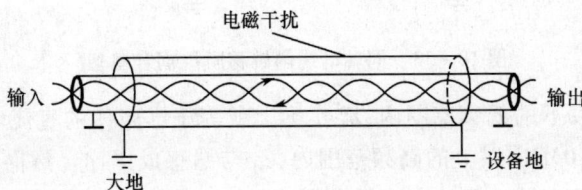

图 10 - 31　双屏蔽二线电缆

同轴电缆是用于 20kHz ~ 50GHz 的一种有单一外层屏蔽体的双导体线。屏蔽体是高频时多点接地、低频时单点接地的半刚性圆管屏蔽体或编织线屏蔽体。应注意避免在多点接地布置中由地环路引起的共地及共模干扰。

三线电缆也是一种同轴电缆，只是另一屏蔽体与信号回路屏蔽体隔开(图10 - 32)。另一屏蔽体是真正的屏蔽体，并且接地。这样可以改进同轴电缆的屏蔽性能。

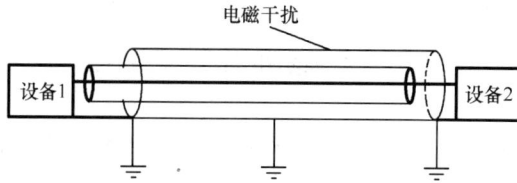

图 10 - 32　屏蔽三线电缆

由于屏蔽材料的电导率是有限值，而且厚度很小，加之编织层又有孔口，电磁场仍会穿越屏蔽体而在传输线内产生感应电流。因此，电缆屏蔽体的有限屏蔽效能需要进行理论或试验评估。

电缆屏蔽体的转移阻抗。因为精确测量电缆屏蔽体内部的场强有困难，而线路任一端测得的电压又决定于线路端点的端接方式、线路端点的阻抗失配程度及线路损耗，要用屏蔽前后的场强比或用无屏蔽及有屏蔽时的感应电压比来定义屏蔽效能颇不方便。所以通常用电缆屏蔽体的转移阻抗来表达屏蔽效能。

电缆屏蔽体的转移阻抗为屏蔽体外表面上单位长度的纵向感应电压 $U_i$ 与屏蔽体表面上通过的电流 $I_s$ 之比(图 10 - 33)。电缆皮电流 $I_s$ 可由外部入射场或电缆两端地电位差引起。$Z_t$ 为屏蔽电缆的转移阻抗，并可用屏蔽体 1m 长度的欧姆值来表示。因此，更好的屏蔽会有更低的 $Z_t$ 值。

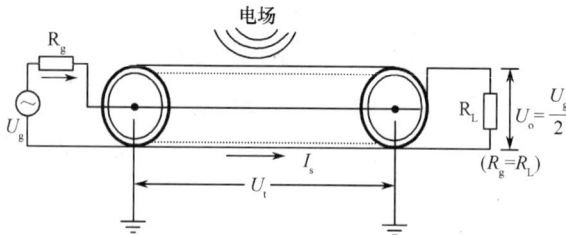

图 10 - 33　同轴电缆内转移阻抗耦合模型

在 100kHz 以下的低频范围内，$Z_t$ 实际上就等于屏蔽体的直流电阻 $R_{DC}$。当存在编织层时，在 10MHz 以上的高频范围内，$Z_t$ 与漏感成正比。然而在几兆赫，以上的频率，屏蔽体与内导体间的容性耦合就很重要。

单一的编织屏蔽体可以模拟为具有菱形孔或椭圆孔的整管。转移阻抗包括：

218

（1）由等效屏蔽管的有限电导率引起的纵向电场对屏蔽电流之比所决定的扩散分量 $Z_r$。

（2）耦合电感分量 $L_t$，包括穿越编织线屏蔽体开口处的磁场耦合以及编织体交错部分间的电感。

（3）由透入屏蔽体的磁场所引起的趋表电感 $L_s$。

$$Z_t = Z_r + \mathrm{j}\omega L_t + (1 + \mathrm{j})\omega L_s \qquad (10 - 3)$$

为使单一编织电缆具有更好的屏蔽作用，可在编织上包裹金属带（如铝带）或导电护套（如聚碳酸酯）以减少耦合电感 $L_t$，从而降低转移阻抗。

对薄壁管状屏蔽体（图 $10 - 34$）而言，根据 Schelkunoff 的推导，转移阻抗的简化公式为

$$Z_t = \frac{1}{2\pi a\sigma t}\frac{(1 + \mathrm{j})\,t/\delta}{\sinh[(1 + \mathrm{j})\,t/\delta]}, t \ll a \ll \lambda \qquad (10 - 4)$$

式中：$a$ 为屏蔽体的内半径；$t$ 为屏蔽体壁厚；$\sigma$ 为屏蔽体的电导率；$\delta$ 为屏蔽体内的趋肤深度。

低频时 $t/\delta \ll 1$，得

$$Z_t = \frac{1}{2\pi a\sigma t} = R_{DC} \qquad (10 - 5)$$

式中：$R_{DC}$ 为屏蔽管单位长度的直流电阻。

图 10 - 34　半刚体管状同轴线

在计算机系统中，如果电缆端点的连接器未能有效地屏蔽，则视频电缆内信号电流在宽带范围会产生很强的辐射发射。在电缆屏蔽体与电缆要穿越的屏蔽体或地结构间可采用屏蔽地转接器，以形成 $360°$ 低阻抗电气连接，从而提高屏蔽效能。屏蔽装配不同的电缆，其转移阻抗或屏蔽效能变化非常显著。按屏蔽效能下降顺序排列为：整管半刚体同轴电缆、编织三线电缆、编织同轴电缆、双屏蔽二线电缆和屏蔽二线电缆。

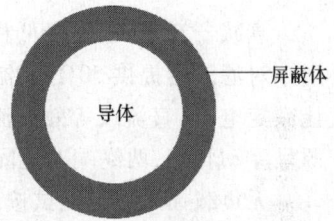

## 10.9　电磁干扰滤波器的测试

滤波器特性在终接 $50\Omega$ 情况下进行评估，并如 MIL - STD - 220A 及 CISPR 标准所述测试方法进行试验测量。插入损耗也是在固定电阻（通常为 $50\Omega$ 或 $75\Omega$）终接情况下进行测试。这些测试在无负载以及在直流/交流负载两种情况下进行测试。然而，测得的特性因终接阻抗不同可能与实际使用中观测的特性有差异。插入损耗测试的基本试验电路如图 $10 - 35$ 所示。对不对称干扰可用同轴试验电路进行滤波器测试，对于对称干扰则用对称试验电路进行滤波器测试。

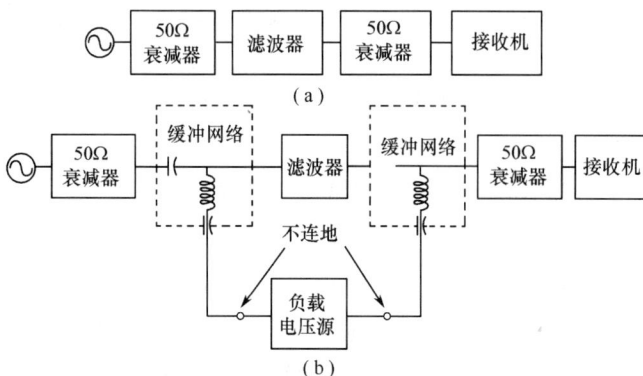

图 10 – 35　插入损耗测试的基本试验电路

衰减器有 10dB 的最低插入损耗。它们是电阻网络,在各种插入损耗测试中用来对滤波器提供 50Ω 标准负载。当进行满负载插入损耗测试时使用缓冲网络让额定电流(直流或等效电流)通过滤波器,并将信号源与接收机隔开。负载电压源呈浮动状态,两终端对地隔断。

无负载插入损耗测试按图 10 – 35(a)分两步进行。首先在滤波器未接入电路时记录接收机输入电压 $U_1$。当滤波器接入电路后,在同样输出电压情况下记录接收机输入电压 $U_2$,滤波器插入损耗可由式(10 – 6)求得,即

$$IL = 20\lg \frac{U_1}{U_2} \qquad (10 - 6)$$

满负载插入损耗测试按图 10 – 35(b)所示进行。在此试验中,将标称直流额定电流加至滤波器。满负载插入损耗按前述无负载测试情况的类似方法测试,但测量电压时需在额定负载电流通过滤波器的情况下进行。

# 第11章 电缆的电磁兼容分析

一台独立进行 EMC 辐射发射测试时完全合格的设备通过电缆连接起来后,系统就不再合格了。这是电缆辐射的作用。实践表明,按照屏蔽设计规范设计的屏蔽机箱一般很容易达到 60dB ~ 80dB 的屏蔽效能,但往往由于电缆处置不当,造成系统产生严重的 EMC 问题。90% 的 EMC 问题是电缆造成的。这是因为电缆是高效的电磁波接收天线和辐射天线,同时也是干扰传导的良好通道。

电缆产生的辐射尤其严重。电缆之所以会辐射电磁波,是因为电缆端口处有共模电压存在,电缆在这个共模电压的驱动下,如同一根单极天线,如图 11 - 1 所示。

它产生的电场辐射为

$$E = 12.6 \times 10^{-7}(fIL)(1/r) \qquad (11-1)$$

式中:$I$ 为电缆中的由于共模电压驱动而产生的共模电流强度;$L$ 为电缆的长度;$f$ 为共模信号的频率;$r$ 为观测点到辐射源的距离。

图 11 - 1 电缆
共模辐射模型

要减小电缆的辐射,可以减小高频共模电流强度,缩短电缆长度。电缆的长度往往不能随意减小,控制电缆共模辐射的最好的方法是减小高频共模电流的幅度,因为高频共模电流的辐射效率很高,是造成电缆辐射超标的主要因素。

使用屏蔽电缆也许能够解决电缆辐射的问题,但是在使用屏蔽电缆的情况下,屏蔽层合理地接地是解决电缆 EMC 问题的关键。"Pigtail"、不正确的接地点选择等问题都将使屏蔽线出现 EMC 问题。

另外,电缆的布置也对产品 EMC 产生重大的影响,电缆之间的耦合、电缆布线形成的环路都是电缆 EMC 设计的重要部分。

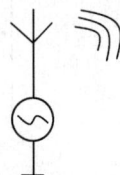

## 11.1 电缆和导线的辐射

在 EMC 领域中较有用的原理之一是:有时变电流存在的地方,就有电磁场存在;反之,有时变场入射到导线上,就有电流流动。在预估合成辐射时,必须首先确定传播路径,可能的话还需确定电流的幅度。

当多芯电缆中有差动电流且导线靠在一起时,则该电缆产生的总体辐射常常小于大面积环路或孤立电缆中较低幅度的共模电流产生的辐射。与 EMC 接触很少的实习工程师经常不考虑信号电缆或电源互连电缆辐射的可能性,那是由于信号或差动噪声电压是处在低频,因此可以忽略共模干扰的影响。另外,由于在共模干扰方面的经验,即干扰源往往是共模电流,使得 EMC 工程师可能又错误地忽略了差模电流的影响。

有关这方面的实际例子是连接两台设备的数据总线的辐射,因为在设备的 PCB 和设备机壳之间存在共模噪声电压。由于通过在远处外壳的接地连接,使得在机壳至 PCB 的连接线和数据总线返回路径之间有电流存在,如图 11 − 2 所示。在屏蔽电缆的情况下,内导体中的差动电流在屏蔽层内部仅仅感生低电平电流。然而在内导体和屏蔽层之间的任何共模电压却常常在屏蔽层内部产生较高的电流。甚至在没有任何一根内导体与远端的外壳相连的情况下,由于内导体和屏蔽层形成的传输线阻抗的存在,在屏蔽层内部仍然有电流流动。

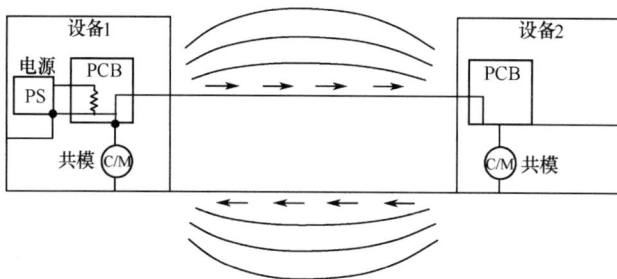

图 11 − 2　在设备内部由噪声电压产生的共模电流导致的辐射

当一台设备与地连接,例如通过交流安全地线接地,则交流电源线中的共模电流正是主要的辐射源。将电池供电的宽带噪声通过一根长电缆连到没有接地线的负载上仍然会在互连电缆上测到共模电流。对于这个令人吃惊的结果最可能的解释是:在电路和接地结构之间的电容中有位移电流流过。当将接地线接到有辐射环路的类似装置上时,则在接地线中的共模电流可能是主要的辐射源。

测量共模电流的最准确的方法是用电流探头对屏蔽电缆或无屏蔽电缆的所有导线进行测量。另一种方法是根据实测的或预估的共模电压及电路或传输线阻抗值,用电路理论来计算电缆中的电流。当屏蔽层内部的电流已知时,在电缆屏蔽层外表面的电流可以根据计算 200kHz 以下电缆与电缆之间的耦合及 200kHz 以上电缆的转移阻抗的方法推导出来。于是电缆的辐射场可以应用单极天线、电流元或电流环路的公式来计算。另外,也可以应用矩量法来计算。

222

## 11.1.1　环路的辐射

对于不属于传输线定义的任何形状的环路,只要环路末端的负载阻抗不大于环路的传输线阻抗,远场中的电磁场,可以用简化的公式(11-2)计算,即

$$E = \frac{Z_c I_L \beta^2 A}{4 \breve{S} R^\Theta} \tag{11-2}$$

式中:$Z_c = 377\Omega$;$I_L$ 为最大环路电流;$\beta = 2\pi/\lambda$;$A$ 为环路面积。

## 11.1.2　几何形状的传输线辐射

为了计算超出接地平面的两根或一根电缆组成的传输线所产生的辐射,采用了传输线辐射电阻的概念。天线或传输线的辐射电阻是用来描述将传送到负载的功率中的一小部分转化成辐射功率的那部分导线电阻。在一个有效的天线中,辐射电阻设计得较高,而将输入功率转化成热的电阻是低的。在传输线中,正好相反。对于 $\lambda/2$(或 $\lambda/2$ 的整数倍)长的二线传输线,当传输线短路时(对称连接),或是 $\lambda/4$ 长和另一些倍数长度,而当线路开路或以高于 $Z_c$(不对称连接)的负载端接时,则其谐振部分的辐射电阻 $R$ 是

$$R = 30\beta^2 b^2 \tag{11-3}$$

式中:$b$ 为两线传输线之间的距离,或是超出接地平面的电缆高度的 2 倍。谐振传输线的辐射功率 $P$ 为

$$P = 30\beta^2 b^2 I^2 \tag{11-4}$$

式中:$I$ 为线电流。对于大多数的 EMI 状况,辐射噪声覆盖的频率都很宽,因此可以预计发生线路的谐振条件是存在的。例如,当电流源是变流器或数字逻辑电路的噪声时,其谐波范围可从数千赫到 500MHz。

当传输线中的电流源谐波可忽略时,电缆属于长电缆,即 $l > 0.25\lambda$,但若传输线长度既不是所关注的频率所对应的谐振长度,也不是以它的特性阻抗来端接时,则其辐射电阻 $R_辐$ 是

$$R_辐 = 30\beta b^2 \tag{11-5}$$

而辐射功率 $P_辐$ 为

$$P_辐 = 30\beta b^2 I^2 \tag{11-6}$$

离传输线距离为 $R$ 处的磁场为

$$H = \sqrt{\frac{pk}{4\pi R^2 Z_w}} \tag{11-7}$$

式中:$p$ 为辐射功率;$Z_w$ 为波阻抗;$k$ 为方向性因数,对于电流环路和谐振线约为

1.5,对于非谐振线为1.0。

而电场为

$$E = \sqrt{\frac{Z_w pk}{4\pi R^2}} \qquad (11-8)$$

在近场,波阻抗接近于传输线的特性阻抗 $Z_c$。然后波阻抗就线性地变化直到近场/远场的界面。在界面处,$Z_w = 377\Omega$。由电流环路辐射的 $E$ 场可以根据 $E = HZ_w$ 求出。计算近场波阻抗的公式为

$$Z_w = \frac{\lambda/2\pi - R}{\lambda/2\pi}(Z_c - 377) + 377 \qquad (Z_w < 377\Omega)$$

式中:$R$ 为距辐射源的距离(m)。

图 11-3 比较了超出地面 5cm 的 2m 长传输线产生的磁场的计算值和实测值。在近场,应用传输线理论计算 $H$ 场得到的结果接近实测值;反之应用电流环路公式来计算,就有很大的误差。在远场,两个计算值趋向于一致,计算值和实测

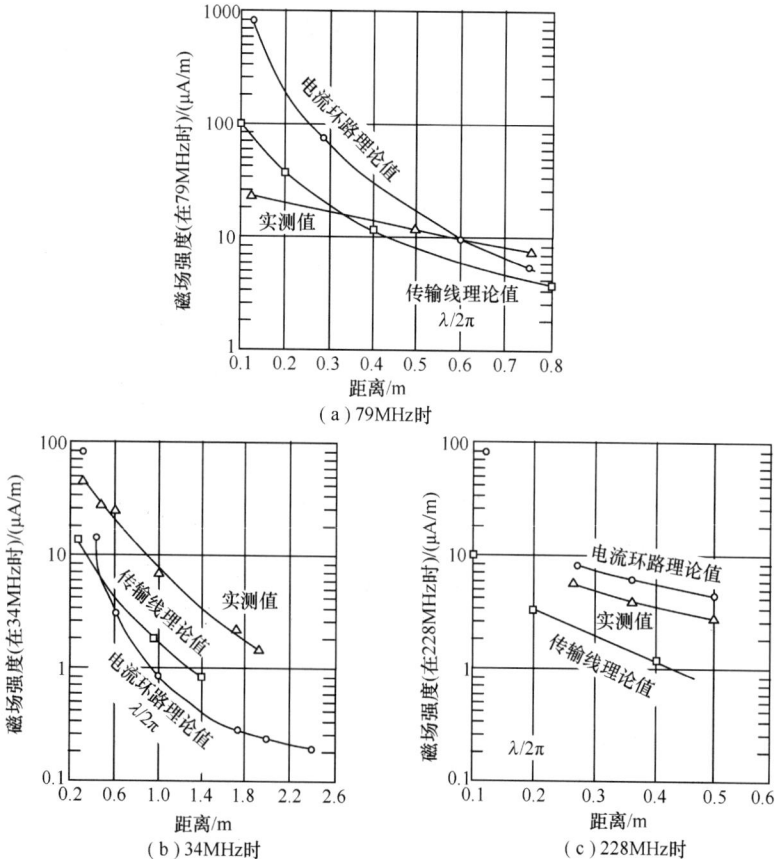

图 11-3 传输线产生的磁场强度随距离变化的计算值与实测值比较

224

值的最大误差大约是6dB。

方向性因数取1.5,没有考虑天线相对于传输线的高度情况,正如在图11-2中测量值所表明的一样。当在屏蔽室内测量时,更重要的因素是从天花板和屏蔽室壁对传输线的反射。

在RE102和DO-160的测试中,电缆位于接地平面上方5cm、距地平面边缘10cm,长度为2m。当使用屏蔽电缆时,屏蔽层常常一端接在设备外壳上,外壳与接地平面搭接,经过2m长度后,在另一端连接到接地平面上。若假定接地线之间的电缆长度为3m,介质的相对介电常数是2,于是电缆的第一谐振频率是35MHz,此处$\lambda/2 = 3m$。RE102的典型窄带限值在35MHz是$22dB\mu V/m$,它是在距接地平面边缘1m处测得的。为了符合规范限值,根据式(11-6),则电缆屏蔽层中的电流在35MHz必须小于$9\mu A$,根据式(11-6)得到离电缆1.05m处预估的$H$场是$3.47 \times 10^{-8}A/m$。传输线的特性阻抗大约是$317\Omega$,这样距传输线1.05m处的波阻抗大约是$377\Omega$。因此预估的$E$场为$3.47 \times 10^{-8}A/m \times 377\Omega = 13\mu V/m = 22dB\mu V/m$。

在图11-2中,根据实测的电缆电流,在34MHz时实测的$H$场强度大约高于预估值12dB,测量距离为1m。由于屏蔽室天花板和墙壁的反射,加上天线校准误差和测试电缆电流时电流探头的衰减效应,可能要考虑测量中存在一些偏差。因此工程师必须把20MHz~35MHz时的电缆上的共模电流设计在小于$1\mu A$,以确保符合RE102限值。

测量也在一个有良好阻尼的电波暗室内进行,在整个测量频率范围内,显示出与在OATS(开阔试验场)的测量值的相关性在0~4dB范围内。一根2m长16AWG的绝缘导线放置在超出接地平面5cm,距接地平面边缘10cm处,端接方式分别为短路、开路和以$317\Omega$负载端接。导线上的电流用电流探头来监测。当使用传输线的特性阻抗来端接时,在沿导线长度方向上电缆中的电流是常数。对于终端短路和开路时,将电流探头沿导线上下移动以获取最高电平的电流。测量天线位于接地平面边缘前1m处,并升高和降低天线(在美军标MIL-STD-462或DO-160中不要求)以测量EUT产生的最高电场强度。同时改变天线的取向以获得水平或垂直方向的极化场。

## 11.2　串扰和电磁耦合

串扰(Crosstalk)可以定义为来自邻近其他信号通路对一个信号通路的干扰,常限于使用在邻近的电路、导线上,其耦合通路以电路的互电容和互电感为特征。

正如与所有的EMC预估或EMI分析所做的一样,研究串扰时,第一步要做的是识别发射源,以判定干扰路径是属于传导的、辐射的还是串扰的。若在传输信号导线的邻近导线中有瞬变大电流或快速上升的电压出现,则 EMI 分析的首要目标就是串扰,它在预估分析中也是一个备选对象。举例来说,一根电缆中既有中继电动机、电灯等的控制或驱动电平的导线,也有用于传输数字信号、模拟信号、射频信号、视频信号的导线,那么在数字信号、电源和模拟信号共享一根电缆时可能产生串扰。同样地,当一条传送控制或逻辑电平的 PCB 印制线非常靠近采用低电平的另一条印制线时,则也可能发生串扰。

长电缆若作为传输高速数据的串行通道或并行位,或用来传送遥测信号时,也是串扰预估或 EMI 分析的首选对象。

图 11-4 所示的邻近的电缆或导线之间的串扰既可以是由互电容产生的电场耦合引起的,也可以是由互电感产生的磁场耦合引起的,第三种形式的耦合是通过共阻抗引起的。这里非常重要的一点是要区别 EMI 是由共阻抗产生的,还是由电磁耦合或串扰引起的。下面是一个共阻抗或串扰都有可能引起干扰的例子:假定有一根驱动白炽灯的大电流导线,与邻近的信号导线共用相同的返回线路。当两个返回线路以灯的电缆末端作公共连接时,则 EMI 既可能是由串扰引起,也可能是由于电灯的大电流流经返回线路的直流电阻而产生较大的电压降所引起的。

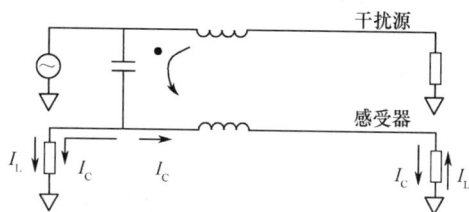

图 11-4 电场(容性)串扰和磁场(感性)串扰

在认为 EMI 起因于串扰之前,非常重要的是要确定在干扰源末端感受器线路上无噪声干扰,还要确定在离干扰源的线路的远端输入电路不会产生噪声,在接口上造成数据接收错误的另一种可能性是由于线路与负载阻抗不匹配而产生的反射,这也可能被误认为是串扰。

一种确定是否由串扰引起 EMI 的实用方法是把干扰源和感受器导线分开。若这不易实现,那么将干扰源波形的边缘暂时减缓或把频率降低,则可能是一种可行的方法。在产生间隙性的 EMI 并怀疑是串扰引起的情况下,可以用增加干扰源信号的幅度、频率、速率或通过变压器或电容器注入另外的噪声源的方法来加以证实。此时,若 EMI 趋势是增加的,则可能已经发现有串扰源存在。

若给定频率或上升时间,则串扰值是可以计算的,或能够在表格、图表中查到。

通常在频率给定的情况下,对于产生上述串扰而言,该串扰的上升时间由 $1/(\pi f)$ 给定,同样,若规定了上升时间,则频率可以通过 $1/(\pi t)$ 求出。

本章中的串扰预估假定使用了无损耗传输线。传输线上的损耗之一是集肤效应(即电流主要在导体表面流过)。载流导线的集肤效应可以用导线的交流电阻表征。在非常靠近的两根导线所载电流方向相反的情况下,电流局限在导线的一小部分横截面上流动的情况将会增加。于是电流倾向离开在相邻导线靠近区域的方向聚集,这将使交流电阻增加 0.6 倍 ~ 0.7 倍。传输线的第二个损耗机理是使导线隔离的介电材料的损耗。实际上,在电缆传输线中(如对绞屏蔽线)的损耗可能主要是集肤效应。

在串扰预估中,由于排除传输线的损耗所引起的误差只有在电缆长度很长和信号上升时间很快的情况下,才是主要的并且忽略损耗造成的误差通常远小于预估误差。例如,60cm 长的电缆,上升时间为 100ns 的干扰源由于忽略损耗而引起串扰预估的误差仅仅是 7% ,而本章提供的预估方法引起的误差却不会小于 15% 。

当考虑串扰发生在 PCB 线路间、电缆内的导线间和邻近的导线与电缆间时,非常重要的是要确定耦合主要是电场耦合,更方便的方法是可以将干扰源和感受器电路之间和感受器电路与地线之间的特性阻抗用在串扰预估中。两种耦合模式中哪一种是主要的则取决于电路阻抗、频率和其他因素。估计电路阻抗的粗略准则如下:

- 当干扰源和感受器电路阻抗乘积小于 $300^2\Omega$ ,则主要是磁场耦合。
- 当阻抗乘积大于 $1000^2\Omega$ 时,则主要是电场耦合。
- 当阻抗乘积在 $300^2\Omega$ ~ $1000^2\Omega$ 之间时,则磁场耦合或电场耦合能否起主要作用,要取决于电路的几何尺寸和频率。

然而,这些准则并不能适用所有的情况(如位于接地平面上方的 PCB 两印制线之间的串扰),当接地平面上方的印制线的特性阻抗相对较低(如 $100\Omega$),而在感受器印制线上的负载阻抗和源阻抗高于特性阻抗时,则串扰主要是容性的。

## 11.3  导线和电缆间的容性串扰和电场耦合

图 11-5 所示的是平行信号线的 4 线电容性排列形式。若电路是不平衡的(即在每个电路中返回导线处在同一地电位),为了预估,4 线布置可以由接地平面上方的两线布置来取代。如图 11-5 所示,可将连接第一个电路的导线与接地平面之间的电容称为 $C_1$ ,连接第二个电路的导线与接地平面之间的电容称为 $C_2$ 。当每根导线与其接地平面之间的距离相等时,则 $C_1 = C_2 , L_1 = L_2$ 。

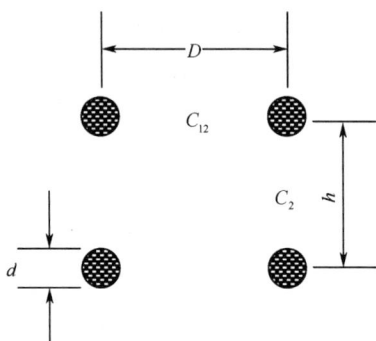

图 11 - 5　4 线电容性排列形式

此电容可以由接地平面上方的导线电感求出，电容 $C(\mathrm{pF/m})$ 为

$$C = \frac{3.38}{L_1} \qquad (11-9)$$

所以

$$C = \frac{3.38}{0.14\lg\left(\dfrac{4h}{d}\right)}$$

式中：$h$ 为导线超过接地平面的高度；$d$ 为导线的直径。高度和直径可以用任何单位表示，只要两者的单位相同即可。

两线电路间的互电容 $C_{12}$（单位为 pF/m），可以由互感（$M$）及接地平面上方的导线电感公式（11-9）来算出，即

$$C_{12} = \frac{0.07\lg\left[1+\left(\dfrac{2h}{D}\right)^2\right]}{\left[0.14\lg\left(\dfrac{4h}{d}\right)\right]^2} \times 3.28 \qquad (11-10)$$

式中：$D$ 为两个电路之间的距离；$h$ 为超出接地平面的高度；$d$ 为导线的直径。

虽然任何测量单位都可以应用，但在这些计算中，$D$、$h$、$d$ 都必须用相同的测量单位。

对于小的 $h/D$ 值，$C_{12}$ 随着导线超出接地平面高度 $h$ 的增加而缓慢增加。对于大的 $h/D$ 值，$C_{12}$ 大体上保持不变化，然后随着导线高度增大而减小。可以看出，感受器电路的自电容 $C_2$ 在耦合中起着重要作用。这点可以考虑用耦合系数 $K$ 来表明，即

$$K = \frac{C_{12}}{C_2} + C_{12} \qquad (11-11)$$

串扰电平可以通过下列方法来减小：

（1）降低接地平面上方的导线高度或减小同一个电路中导线间的距离。

（2）增加两个电路之间的距离。

图 11 - 6(a) 表示两个不平衡电路之间出现的容性串扰情况,其等效电路如图 11 - 5 所示。干扰源电路的自电容在串扰中没有起作用,因此可以忽略不计。感受器电路的自电容 $C_2$,与感受器电路的源阻抗 $R_S$ 和负载阻抗 $R_L$ 并联。

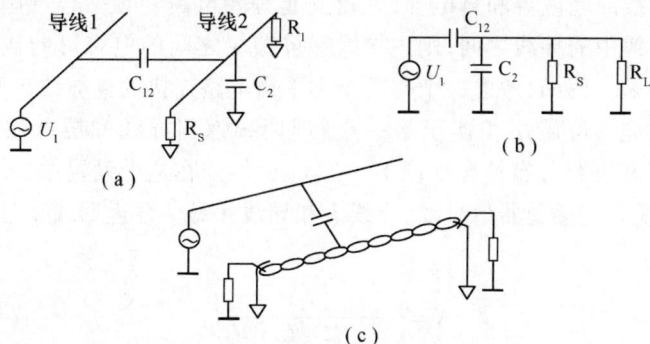

图 11 - 6  不平衡电路呈现的串扰

当导线的长度大于波长时(即 $l \geq \lambda$),则电压将沿着导线长度而变化,即不是常数,这就需要更复杂的分析。然而,对于简单的情况,即波长使得电压在整个导线长度上可以假设为常数,则串扰电压 $U_c$ 由式(11 - 12)给出,即

$$U_c = U_1 \frac{Z_2}{Z_1 + Z_2} \qquad (11 - 12)$$

式中:$Z_2 = XC_2$,与 $R_L$ 和 $R_S$ 并联,有

$$Z_1 = XC_{12} = \frac{1}{2\pi f C_{12}} \qquad (11 - 13)$$

总电阻 $R_t$ 等于 $R_L$ 和 $R_S$ 并联,即

$$R_t = \frac{1}{1/R_L + 1/R_S} \qquad (11 - 14)$$

$$Z_2 = \frac{1}{\sqrt{(1/R_t)^2 + (2\pi f C_2)^2}} \qquad (11 - 15)$$

若图 11 - 5 所示的感受器导线由双绞线替代,其中一根导线在两端与接地平面相连,如图 11 - 6(c)所示,那么其容性串扰与感受器导线是非双绞线的情况相同。假定感受器的非双绞线导线很接近,若与接地平面上的单根导线相比,则非双绞线的串扰将减少。原因很简单,因为导线很接近而导致 $C_2$ 增加。

如图 11 - 6 所示,若双绞线与一个平衡电路相连,那么容性串扰理论上为零。

实际上,串扰电平对双绞线的不规则性,以及对干扰源和感受器的距离沿导线长度方向上的变化是很敏感的。与平衡电路相连的双绞线通常比非双绞线的串扰电平更低。正如以后在4导线电缆串扰估计中所讨论的那样,在一个与平衡电路相连的非双绞线中产生的串扰电平,取决于干扰源导线与感受器两根导线之间的相对距离。若干扰源和感受器导线之间的距离已知,或可以假定处在最坏的情况,那么就可以计算导线的互电容和自电容,并建立起等效电路和预估容性串扰。当串扰发生在屏蔽电缆中的导线之间,则内导线和屏蔽层之间的电容可能成为评价串扰电平的重要因素。例如,考虑一个与两个不平衡电路连接的4导线屏蔽电缆,其中返回导线与电缆的屏蔽层相连于某一点(即两根返回导线和屏蔽层有相同的电位),电缆配置和电容分布情况如图11-7(a)所示。在这个设置中,导线1是干扰源信号线,导线2是感受器信号线,导线3和导线4是信号返回线。这种配置的串扰系数 $K$ 为

$$K = \frac{C_1}{C_1 + C_2 + C_3 + C_4} \qquad (11-16)$$

式中:$C_1$ 为耦合对信号线间的互电容;$C_2$,$C_3$ 为感受器信号线和信号返回线之间的电容;$C_4$ 为屏蔽电容。

用电容 $C_2$、$C_3$、$C_4$ 之和代替 $C_2$,式(11-14)至式(11-16)即可适用于屏蔽电缆。下面举出一个4导线屏蔽电缆实际的串扰例子。

本例中的电缆包含20号线规($27 \times 34$AWG)的绞合线,线径为0.89mm,绝缘厚度为0.4mm,绝缘导线间的轴间对角间距大约是0.008英寸。聚乙烯绝缘材料的相对介电常数为2.3,导线1和2、2和4、4和3、3和1之间的互电容为11pF,对角的1和4、2和3之间的电容为5pF。导线对屏蔽层的电容为20pF。假定该电缆用于两个不平衡电路,如图11-7所示。

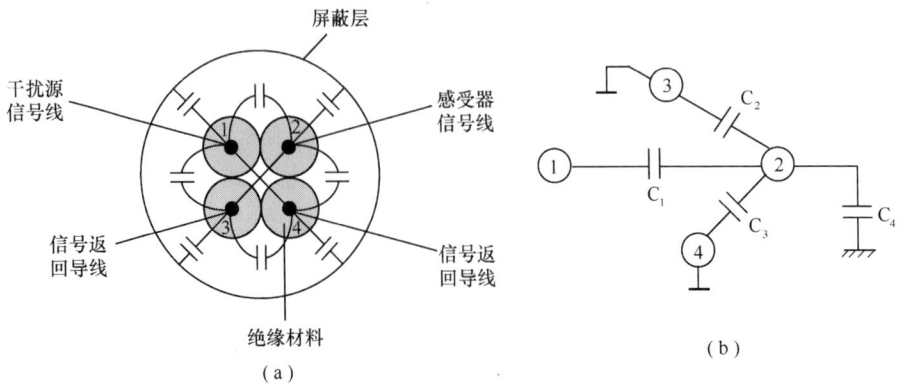

图 11-7　4线屏蔽电缆结构形式

感受器的源阻抗和负载阻抗均为 $20k\Omega$,假定交流电源 1V 加于干扰源电路,则与频率对应的串扰如图 11-8 所示。在本例电路中,可以看出串扰电压随频率线性增加直到大约 160kHz 之后斜率减小,在 1MHz 串扰电压呈水平状。随着感受器电路的负载电阻和干扰源电阻减小到 $2k\Omega$,高频转折点在 10MHz,频率高于转折点的串扰幅度由串扰系数给出,与频率无关。在本例中串扰系数 $K$ 由式(11-16)算出,即

$$K = \frac{11\text{pF}}{11\text{pF} + 11\text{pF} + 5\text{pF} + 20\text{pF}} = 0.234 \tag{11-17}$$

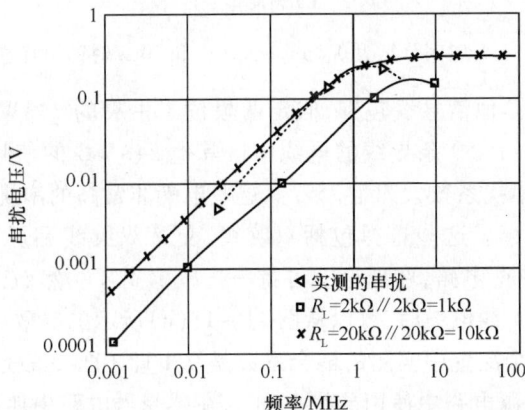

图 11-8　不平衡电路中 4 线屏蔽电缆中实测的和预估的串扰

因此,最大串扰电压是 $1V \times 0.234 = 0.234V$,即为施加在干扰源电路电压的 23% 。在 $R_L = 10k\Omega$ 时,相对于理论值的 4 线电缆的串扰实测值如图 11-8 所示。

当干扰源电压是阶跃函数,其上升或下降时间不大于感受器电路时间常数的 0.2 倍,串扰的峰值电压可以由串扰系数求出。时间常数是电缆电容量之和乘以感受器电路的负载电阻和源阻抗并联。因此,在本例中,时间常数是

$$\tau = \frac{20k\Omega \times 20k\Omega}{20k\Omega + 20k\Omega}(11\text{pF} + 11\text{pF} + 5\text{pF} + 20\text{pF}) = 0.47\mu s$$

当阶跃函数的上升或下降时间大于时间常数时,串扰的峰值电压大约是 $K\tau/t$。串扰电压的上升或下降时间在本例中定义在从 10% 和 90% 的电压电平之间的时间,大约可以给定为 $2\tau$,串扰电压的持续时间等于干扰源的上升时间 $t_r$。图 11-9 表明,在 $\tau = 0.47\mu s$,$R_L = R_S = 20k\Omega$,和 $t_r = 0.1\mu s$、$2\mu s$、$5\mu s$ 和 $10\mu s$ 条件下实测的串扰电压。

多芯电缆是难以采用等效电路法处理的。比较简单的方法是用已知的数据,它们包括电感性串扰和电容性串扰。

在多芯屏蔽电缆中容性串扰最坏情况的例子是当两导线位于电缆中央(即离

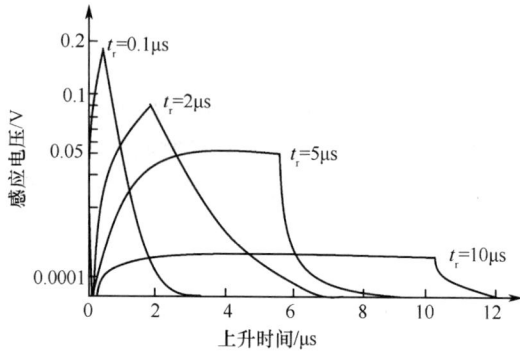

图 11 - 9 上升时间分别为 0.1μs、2μs、5μs 和 10μs 时的串扰感应电压

屏蔽层最远),并被其他信号线包围,假定两根位于中央的 24AWG 信号线与不平衡电路相连,在一根有 50 条导线的电缆中被其他 24AWG 的信号线包围,导线间的互电容是 14pF,串扰系数大约是 25%。这些电平非常高的串扰通过正确地选择电缆就可以大大减小。这些选择包括双绞线、交叉双绞线和屏蔽双绞线。如图 11 - 10 所示,使用平衡电路,在理论上可将串扰减少到零。然而,当在平衡电路中使用上述例子中的 4 线电缆时,可以从图 11 - 11(a)所示的等效电路中,可以发现情况并不如此。这个配置中实测的耦合系数是 0.1 即 10%,仅仅比不平衡电路改善了 13%。在干扰源电路中使用导线 1 和 4,在感受器电路中使用导线 2 和 3,理

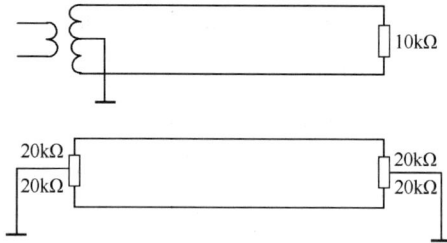

图 11 - 10 平衡电路的结构形式

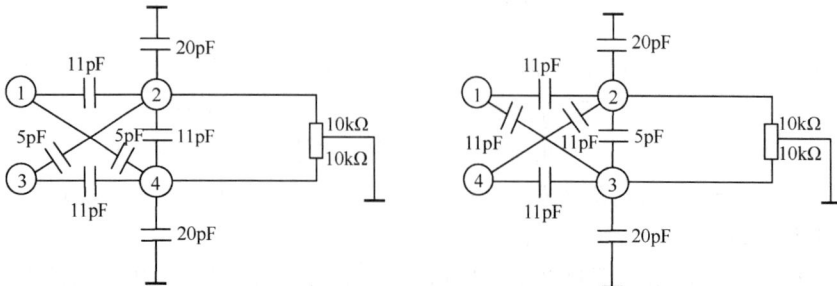

(a) 在平衡电路中 4 线电缆的等效电路      (b) 用于干扰源和感受器电路的对角导线的电缆等效电路

图 11 - 11 电缆的等效电路

论上的串扰值是零,而实测串扰系数是6.8,即0.68%。图11-11(b)中表明了这种配置和为什么导线2和3中的电压应该是零,事实上,在感受器导线中产生的串扰电压是由于4导线间的电容不平衡引起的。通过使用平衡电路和包括双绞线的电缆,串扰有可能大大地减小。

## 11.4  导线和电缆间的感性串扰和磁场耦合

在高频时,耦合通常主要是容性的。然而,若干扰源导线和感受器导线两者之一或两者都是屏蔽的,而且一般情况下屏蔽层在两端接地,那么二者耦合的将是磁场耦合。同样在低频时,当遇到低电路阻抗时,串扰很可能是感性的。在接地平面上方的导线电感 $L(\mu H/ft)$ 为

$$L = 0.14 \lg\left(\frac{4h}{d}\right) \qquad (11-18)$$

式中:$h$ 为超出接地平面的高度;$d$ 为导线直径。

接地平面上方两根导线的互电感($\mu H/ft$)为

$$M = 0.07 \lg\left[1 + \left(\frac{2h}{D}\right)^2\right] \qquad (11-19)$$

式中:$D$ 为两根导线之间的距离。

图11-12和图11-13是指作为 $h/D$ 和 $h/d$ 函数的互感和电感。当高度远远大于直径,但电缆的直径也大时,导线的电感可能受到导线远离接地平面距离的限制。

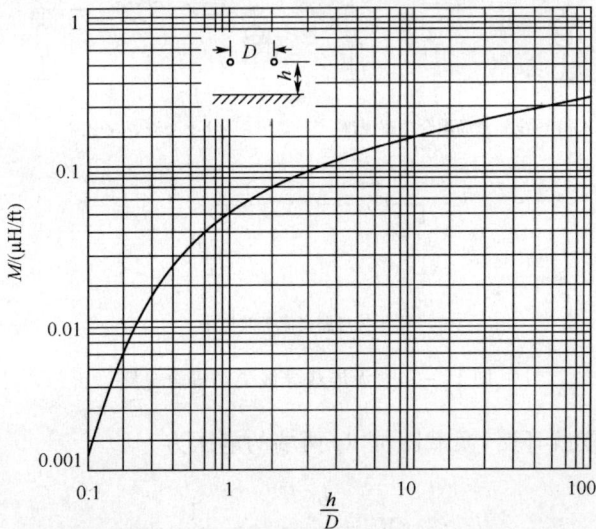

图 11-12  导线间的互感

233

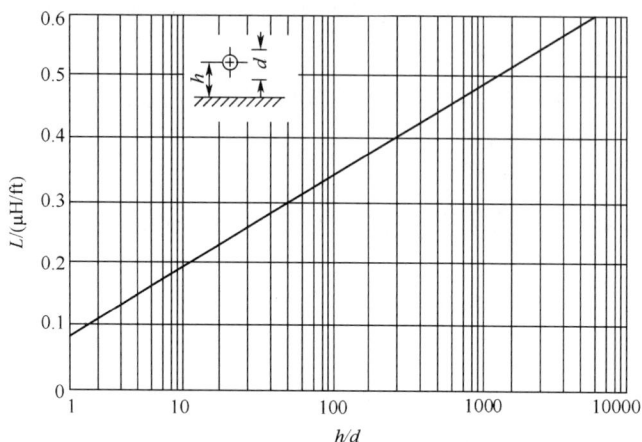

图 11 - 13  高出接地平面的导线电感

图 11 - 14(a)是一个说明无屏蔽的导线间磁场耦合的实际电路原理图。图 11 - 14(b)是其交流等效电路,图 11 - 14(c)是受干扰环路的交流等效电路。这里,电缆电容可以忽略,线长小于波长。发生器电压 $e_1$ 使发射环路中产生电流 $i_1$。电流 $i_1$ 由电压 $e_1$、干扰源电阻 $R_S$、感抗 $L_1$ 和负载电阻 $R_d$ 决定。

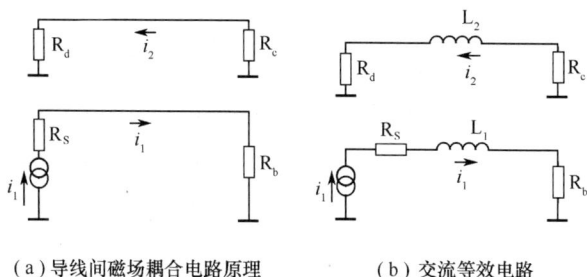

（a）导线间磁场耦合电路原理

（b）交流等效电路

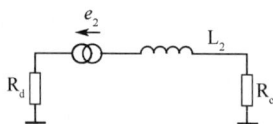

（c）受干扰环路交流等效电路

图 11 - 14  无屏蔽导线磁场耦合电路

而感受器(受扰环路)负载阻抗 $R_d$ 两端的电压为

$$U_d = 2\pi f M i_1 \frac{R_d}{R_c + R_d} \frac{1}{\left(1 + \dfrac{j\omega L_2}{R_c + R_d}\right)} \tag{11-20}$$

最后一项在下面的讨论中用因 $aL_2$ 替代,得出式(11-21),即

$$U_d = 2\pi f M i_1 \frac{R_d}{R_c + R_d} aL_2 \qquad (11-21)$$

式(11-21)以幅值形式表示则为

$$|U_d| = 2\pi M i_1 \frac{R_d}{R_c + R_d} \frac{1}{\sqrt{1 + \dfrac{\omega^2 L_2^2}{(R_c + R_d)^2}}} \qquad (11-22)$$

从式(11-21)可以看出负载电压不仅由受扰环路的源电阻和负载电阻的分压,还要由受扰环路电感 $L_2$ 的感抗分压。干扰源电压可能是一个正弦波,这种情况在感受器环路中,感应的开路电压 $e_2$ 为

$$e_2 = 2\pi f M i_1 \qquad (11-23)$$

或是一个瞬态干扰,则 $e_2$ 为

$$e_2(t) = M \frac{I_1}{\tau} A \mathrm{e}^{-t/\tau} \qquad (11-24)$$

式中:$M$ 为电路间的互电感;$i_1$ 为干扰源交流电流;$I_1$ 为干扰源瞬态电压峰值;$\tau$ 为干扰电源电流时间常数;$A$ 为与感应电压分压有关的系数。

在使用屏蔽电缆的情况下,系数 $a$ 和 $A$ 必须包括在式(11-23)和式(11-24)中,以及屏蔽的额外衰减。对于瞬态干扰,感受器(受扰环路)负载电阻两端的峰值电压为

$$U_{d(max)} = M \frac{I_1}{\tau} \frac{R_d}{R_c + R_d} \frac{1}{1 - \dfrac{L_2}{(R_c + R_d)\tau}} \left[ \mathrm{e}^{-t/\tau} - \mathrm{e}^{-(R_c + R_d)t/L_2} \right] \qquad (11-25)$$

该式可以用系数 $aL_2$ 和 $AL_2$ 来简化为

$$U_{d(max)} = M \frac{I_1}{\tau} \frac{R_d}{R_c + R_d} AL_2 \qquad (11-26)$$

## 11.5 接 口 电 路

减小电缆上共模高频电流的一个有效方法是合理地设计电缆端口的接口电路或在电缆的端口处使用低通滤波器或抑制电路,滤除电缆上的高频共模电流,如图11-15所示。

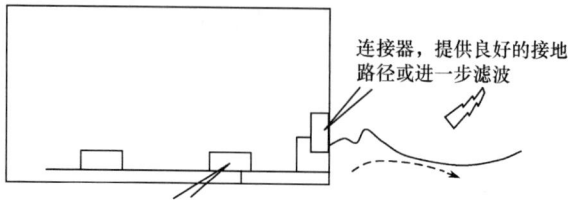

图 11 - 15　线路板上的共模低通滤波器

接口电路与电缆直接相连,接口电路是否进行了有效的 EMC 设计,直接关系到整机系统是否能通过 EMC 测试。接口电路的 EMC 设计包括接口电路的滤波电路设计和接口电路的保护设计。接口电路滤波设计的目的是减小系统通过接口及电缆对外产生的辐射,抑制外界辐射和传导噪声对整机系统的干扰;接口保护电路设计的目的是使电路可以承受一定的过电压、过电流的冲击。

接口滤波电路和防护电路设计应遵循下面的基本设计原则:

（1）滤波和防护电路对接口信号质量的影响满足要求。

（2）滤波和防护电路应根据实际需要设计,不能简单复制。

（3）需要同时进行滤波和防护时,应保证先防护后滤波。

（4）接口芯片,包括相应的滤波、防护、隔离器件等,应尽可能沿信号流方向成直线放置在接口连接器处。

（5）接口信号的滤波、防护、隔离器件等尽可能靠近接口连接器处,相应的信号连接线必须尽可能短（符合工艺要求条件下的最短距离）。

（6）接口变压器要就近放置在连接器附近,通常在对应接口连接器 3cm 以内。

（7）模拟信号接口和数字信号接口、低速逻辑信号接口和高速逻辑信号接口等（以敏感和干扰发射程度来区分）,它们之间要间隔一定的距离放置。当连接器之间存在相互干扰的可能时,必须采取隔离、屏蔽等措施。

（8）同一接口连接器里存在不同类型的信号时,必须用地针隔离这些信号,特别是对于一些敏感的信号。

（9）接口信号线布线的线宽应始终一致。对于高速信号线,如果走线有需要弯曲的地方,则应采用圆弧平滑弯曲布线。

（10）禁止在差分线和信号回线之间走其他信号线,差分对线对应的部分应平行、就近、同层布线,且布线的长度应尽可能一致。

（11）若接口信号线较长（从驱动、接收器到接口连接器超过 2.5cm）,应按传输线布线方法,使布线满足规定的特性阻抗。

（12）所有的信号布线不能跨平面布线,除非已经过隔离滤波器。

（13）接口信号线和接口芯片,必须遵守供应商或标准的要求进行阻抗匹配、滤波、隔离和防护等。

（14）所有信号都要进行滤波处理，只要有一根信号上有频率较高的共模电流，它就会耦合连接到同一个连接器上的其他导线上，造成辐射。

## 11.6　连　接　器

连接器的主要作用是给电缆或接口电路提供一个良好的互连，并保证良好的接地。选用一个不好的连接器也许会将前级滤波电路的效果毁于一旦，连接器要考虑阻抗匹配、针定义、接地接触特性等。连接器选择也要考虑 ESD 问题，如果是塑料封装的连接器，就要保证表面缝隙到内部金属导体之间有足够的空气间隙。

有时安装在电路板上的接口滤波电路有一个问题就是经过滤波电路后的信号线在机箱内较长，容易再次感应上干扰信号，形成新的共模电流，导致电缆辐射。再次感应的信号有两个来源：一个是机箱内的电磁波会感应到电缆上；另一个是滤波电路前的干扰信号会通过寄生电容直接耦合到电缆端口上。解决这个问题的方法是尽量减小滤波后暴露在机箱内的导线长度。带有滤波功能的连接器是解决这个问题的理想器件。滤波连接器的每个插针上有一个低通滤波器，能够将插针共模电流滤掉。这些滤波连接器往往在外形和尺寸上与变通连接器相同，可以直接替代普通连接器。由于连接器安装在电缆进入机箱的端口处，因此滤波后的导线不会再感应上干扰信号，如图 11–16 所示。

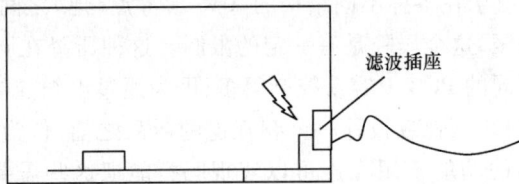

图 11–16　滤波连接器能够防止滤波后的导线再次感应上干扰

如果选择了带滤波的连接器，就要保证滤波连接器有良好的接地特性。特别是对于含有旁路电容的滤波连接器（大部分都含有），由于信号线中的大部分干扰被旁路到地上，因此滤波器与地的接触点上会有较大的干扰电流流过。如果滤波器与地的接触阻抗较大，会在这个阻抗上产生较大的电压降，导致严重的 EMC问题。

以下几点是选择连接器的基本原则：

（1）接口信号连接器建议选用带屏蔽外壳的连接器，尤其是高频信号连接器。

（2）连接器的金属外壳应与机壳保持良好的电连续性，对于能够360°环绕的

237

连接器,则必须 360°环绕连接,而且通常连接阻抗要小于 1 mΩ。

（3）对于不能进行 360°环绕连接的连接器,则建议采用外壳四周有向上簧片的连接器,而且簧片必须有足够的尺寸和性能(弹性),以保持与机壳间有良好的电连接。

（4）滤波连接器对产品 EMC 性能往往有很大的帮助,但其成本比较高,通常在采用板内滤波、电缆屏蔽等方法能解决问题的情况下,就不采用滤波连接器。滤波连接器通常用在一些特殊的情况下,如严格的军标要求、恶劣工业环境的小批量应用及一些特殊情况下的运用等(如结构尺寸限制等)。

（5）屏蔽线的屏蔽层要尽可能与接插件外壳保持 360°的连接。对于做不到这一点的接口,通常有其他对应的措施来保证接口的 EMC 性能。

（6）如果连接器安装在线路板上,并且通过线路板上的地线与机箱相连,则要注意为连接器提供一个干净的地,这个地与线路板上的信号地分开,仅通过一点连接,并且要与机箱保持良好的搭接。

## 11.7 PCB 之间的互连

EMI 问题常常因为高速、快沿信号的互连而变得更为复杂,因此互连的过程通常伴随着串扰和地参考电平的分离,一个没有屏蔽或良好地平面的互连连接器,其间信号线之间的串扰要远比多层 PCB 中信号线之间的串扰大;互连连接器针脚的寄生电感造成的不同子系统之间的地阻抗,及其带来的"0V"参考点之间的压差也要远比 PCB 中大(由于在各种不同结构的"0V"参考点(地)之间会产生压降,作为一个常用的参考电压,这个压降是有一定的限制。这种压降在同一个 PCB 上要比在通过电缆连接不同的 PCB 上容易控制得多,因为通过电缆连接这种物理结构对外界有更高的感应)。因此在设计一个有互连的产品之前,作为设计者,应该要自问一下:"这个产品的功能不用互连可以实现吗? 能把这些需要互连的子系统集中到一块 PCB 中吗?"使用一个子系统(PCB)比用电缆把几个小的 PCB 连接到一起组成的系统更可取。

在已经决定采用互连的产品系统中,互连连接器中信号之间的串扰和互连地("0V")阻抗,将是 EMC 设计的重点。

（1）如果地针较少,那么信号的 RF 回路较大,产生较大的差模辐射(尽管有时候差模辐射并不是导致产品辐射超标的主要因素)。

（2）如果不能保证每个信号线旁都至少有一个地针,那么不同信号之间容性耦合和感性耦合引起的串扰也将加剧。

（3）如果地针较少,其地针引起的总体等效寄生电感也较大,RF 回流将产生较高的共模压降,即在两块被互连的 PCB 之间就会有高频 RF 电压存在(除非有其他额外措施),高频 RF 电压在设备间就会产生共模电流,引起电流驱动模式的共模辐射,加重产品系统整体辐射和传导发射。

(4) 即使地针足够,解决的往往也只是互连信号之间的串扰问题,如图11 – 17 插板结构产品互连示意图所示。这种产品的机械结构架构中,通常高速总线位于背板中,并与插板互连。如果没有额外的改进措施,那么插板与背板之间形成的共模电压 $U_{CM}$ 将是该产品形成 EMI 问题的主要原因,互连导致的共模辐射原理如图 11 – 18 所示。

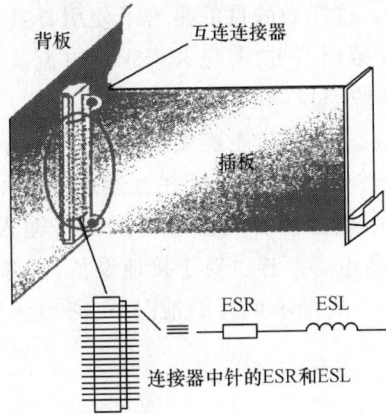

图 11 – 17 插板结构产品互连示意图

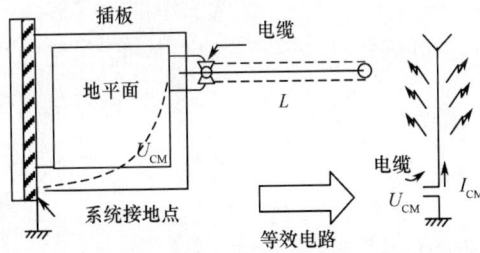

图 11 – 18 互连导致的共模辐射原理

产品内部互连连接器或互连电缆也是影响产品抗干扰能力的主要原因。因为互连连接器或互连电缆的寄生电感而导致在高频下的高阻抗。当进行类似 BCI、EFT/B、ESD 抗扰度测试时,测试时产生的共模瞬态干扰电流会流过互连连接器中或互连电缆的地("0V")线,由于互连连接器或互连电缆中地线的阻抗,必然会在互连连接器中的地线上产生共模压降,如果互连连接器或互连电缆中地线的两端的压降 $\Delta U_{ZOV}$ 超过了互连连接器或互连电缆两端电路的噪声容限,就会产生错误。

因此,进行产品设计时,以免互连连接器或互连电缆中有共模干扰电流流过是解决产品内部互连 EMC 抗扰度问题的第一步。当产品机械构架不能避免共模干扰电流流过互连连接器或互连电缆时,产品内部互连设计应该考虑以下几点:

(1) 有共模瞬态干扰电流流过互连连接器和互连电缆时,建议采用金属外壳的互连连接器,电缆采用屏蔽电缆,而且连接器的金属外壳与电缆的屏蔽层在电缆的两端进行 360°搭接,并将互连信号中的"0V"工作地与连接器的金属外壳在 PCB 的信号输入/输出端直接互连。在不能直接互连时,通过旁路电容互连。对于接地设备,要将金属板接大地。这样做的目的是为了使引导共模瞬态干扰电流从互连连接器的外壳和电缆的屏蔽层流过,避免共模干扰电流流过互连连接器和互连电缆中的高阻抗线缆而产生瞬态压降。

(2) 如果只采用非金属外壳互连连接器和非屏蔽电缆(如非屏蔽带状态电缆),那么建议采用一块额外的金属板连接在互连连接器和非屏蔽电缆的两端,并将互连信号中的"0V"工作地与金属板在 PCB 的信号输入/输出端直接互连。在不能直接互连时,通过旁路电容互连。对于接地设备,要将金属板接大地。

(3) 在(1)、(2)所述方式都不可行的情况下,必须将所有互连的设备进行滤波处理。

# 参 考 文 献

[1] 甘文刚. 电磁兼容测试技术. 计量与测试技术. 2005. 32(12):31-32.

[2] Mark I. Montrose, Enward M. Nakauchi. 游佰强,周建华译. 电磁兼容的测试方法与技术. 电子与电气工程丛书. 北京:机械工业出版社,2008.

[3] Kodali V P. 陈淑凤,高攸纲,苏东林,等译. 工程电磁兼容图灵电子与电气工程丛书. 北京:人民邮电出版社,2006.

[4] 阚润田. 电磁兼容测试技术. 北京:人民邮电出版社,2009.

[5] 李楠. 电磁兼容测试系统的研究、设计及建设. 成都:电子科技大学,2006.9.

[6] 刘鸿琴. 浅谈电磁兼容及其测试. 国外电子测量技术,2001(S1):20-25.

[7] 陆敏. 电磁兼容与测试(连载1). 上海计量测试, 2003,30(5):37-38.

[8] 孟东林. CISPR 22:2008 中 1GHz 以上辐射骚扰测试的场地要求. 安全与电磁兼容,2010(3):9-12.

[9] 杨长杰. 电磁兼容发射辐射测试中的新技术. 安全与电磁兼容,2004(3):19-21.

[10] 杨盛祥. 开阔试验场的建造和测试. 计量学报,1998,19(1):57-63.

[11] 杨晓红. EMC 测试设备选型. 安全与电磁兼容,2004(3):16-18.

[12] 朱军. 浅析仪器设备电磁兼容设计与测试. 仪器仪表用户,2010,17(5):73-74.

[13] 杨晓红. 电磁兼容测量常用电平单位解析. 安全与电磁兼容,2005,(5):36-37.

[14] 陈炜峰,刘伟连,周香. 电磁兼容及其测试技术. 电子测量技术,2008,31(1):101-104.

[15] 艾明. 电磁兼容测试场地的检测. 计量技术,1997,(6):29-33.

[16] 邓重一. 电磁兼容测试技术选析. 电力自动化设备,2005,25(8):92-95.

[17] 阚润田. 电磁兼容测试场地性能及影响要素. 中国无线电,2004,(5):30-33.

[18] 李旭华. 电磁兼容测试的发展动态. 电工电气,2009(11):56-58.

[19] MIL-STD-464 Electromagnetic Environmental Effects Requirements for systems,1997.

[20] GJB 152A—97 军用设备和分系统电磁发射和敏感度测量,1997.

[21] GJB 151A—97 军用设备和分系统电磁发射和敏感度要求,1997.

[22] 湖北省电磁兼容学会. 电磁兼容性原理及应用. 北京:国防工业出版社,1996.

[23] 王庆斌,石珂. 电磁兼容. 大连:大连海事大学出版社,2000.

[24] 李靖,张兴国. 飞机电磁兼容预测分析系统设计. 测控技术,2009,28(6):79-81.

[25] 杨国伟,张厚,姜燕. 利用网络思想构建 EMC 预测模型. 电子工程师,2006,(32)4:24-27.

[26] 夏惠诚,毛建舟. 舰艇作战系统电磁兼容的综合预测. 火力与指挥控制,2005,(30)8:46-49.

[27] 赵欣楠,程光伟. 雷达系统间电磁兼容性的计算与预测. 火控雷达技术,2007,(36)4:48-51.

[28] 贾传钊. 通信系统间电磁兼容性预测分析技术. 成都:电子科技大学硕士论文,2009.

[29] 李永明,祝言菊,李旭,等. 电磁兼容的人工神经网络预测技术分析. 重庆大学学报,2007,(31)11:1313-1317.

［30］江庆平,刘光斌,余志勇.导弹武器系统的电磁兼容分析和预测研究.导弹与航天运载技术,2004,6:16-21.

［31］于晓乐,张凯,王旭东,等.航天器电子设备机箱屏蔽效能的有限元方法预测.空间电子技术,2008,3:63-67.

［32］安霆.电磁脉冲作用下某型装备线缆场线耦合效应研究.军械工程学院学位论文,2009.

［33］路敏宏.工程电磁兼容.西安:西安电子科技大学出版社,2003.

［34］刘培国,侯冬云.电磁兼容基础.北京:电子工业出版社,2008.

［35］林福昌,李化.电磁兼容原理及应用.北京:机械工业出版社,2009.

［36］梁振光.电磁兼容原理、技术及应用.北京:机械工业出版社,2007.

［37］杨继深.电磁兼容技术之产品研发与认证.北京:电子工业出版社,2004.

［38］杨克俊.电磁兼容原理与设计技术.北京:人民邮电出版社,2004.

［39］蔡仁钢.电磁兼容原理、设计和预测技术.北京:北京航空航天大学出版社,1997.

［40］高攸纲.电磁兼容总论.北京:北京邮电大学出版社,2001.

［41］区健昌.电子设备的电磁兼容性设计.北京:电子工业出版社,2003.

［42］周开基,赵刚.电磁兼容性原理.哈尔滨:哈尔滨工程大学出版社,2003.

［43］白同云,吕晓德.电磁兼容设计.北京:北京邮电大学出版社,2001.

［44］王庆斌.电磁干扰与电磁兼容技术.北京:机械工业出版社,1999.